"十二五"国家计算机技能型紧缺人才培
教育部职业教育与成人教育司
全国职业教育与成人教育教学用书行业规划教材

新编
After Effects CC 标准教程

编著／尹小港

光盘内容
14个视频语音教学文件+素材文件+范例源文件

海洋出版社
2016年·北京

内 容 简 介

本书是专为想在较短时间内学习并掌握影视后期特效软件 After Effects CC 的使用方法和技巧而编写的标准教程。本书语言平实，内容丰富、专业，并采用了由浅入深、图文并茂的叙述方式，从最基本的技能和知识点开始，辅以大量的上机实例作为导引，帮助读者轻松掌握 After Effects CC 的基本知识与操作技能，并做到活学活用。

本书内容：全书共分为 10 章，主要介绍了影视特效基础知识、影视编辑工作流程、创建二维合成项目、关键帧动画与跟踪运动、蒙版与抠像特效、文字编辑与特效应用、颜色校正特效、创建三维合成、图像处理特效等知识。最后通过"娱乐栏目片头—娱乐头条"、"体育栏目片头—炫彩世界杯"、"电影预告片头—决战猩球"和"企业形象片头—新尚传媒"4 个综合范例介绍了使用 After Effects CC 进行影视特效后期制作的方法。

本书特点：1. 基础知识讲解与范例操作紧密结合贯穿全书，边讲解边操练，学习轻松，上手容易；2. 提供重点实例设计思路，激发读者动手欲望，注重学生动手能力和实际应用能力的培养；3. 实例典型、任务明确，由浅入深、循序渐进、系统全面，为职业院校和培训班量身打造。4. 每章后都配有练习题，利于巩固所学知识和创新。5.书中实例收录于光盘中，采用视频语音讲解的方式，一目了然，学习更轻松！

适用范围：适用于全国高校影视动画后期特效专业课教材；社会培训机构影视动画后期特效课培训教材；用 After Effects 从事影片后期特效制作的从业人员实用的自学指导书。

图书在版编目(CIP)数据

新编 After Effects CC 标准教程/ 尹小港编著. -- 北京：海洋出版社，2014.4
ISBN 978-7-5027-8712-7

Ⅰ.①新… Ⅱ.①尹… Ⅲ. ①图象处理软件—教材 Ⅳ.①TP391.41

中国版本图书馆 CIP 数据核字(2013)第 257906 号

总 策 划：刘斌	发 行 部：(010) 62174379（传真）(010) 62132549
责任编辑：刘斌	(010) 62100075（邮购）(010) 62173651
责任校对：肖新民	网 址：http://www.oceanpress.com.cn/
责任印制：赵麟苏	承 印：北京华正印刷有限公司
排 版：海洋计算机图书输出中心 晓阳	版 次：2014 年 4 月第 1 版
出版发行：海洋出版社	2016 年 1 月第 2 次印刷
地 址：北京市海淀区大慧寺路 8 号（707 房间）	开 本：787mm×1092mm 1/16
100081	印 张：16.5
经 销：新华书店	字 数：396 千字
技术支持：010-62100055	印 数：1~4000 册
	定 价：35.00 元 （1DVD）

本书如有印、装质量问题可与发行部调换

前　言

　　After Effects 是 Adobe 公司开发的一款功能强大的影视后期特效制作与合成设计软件，以其在非线性影视编辑领域中出色的专业性能，广泛应用于电影后期特效、电视特效制作、电脑游戏动画视频、多媒体视频编辑等领域。

　　本书用简洁易懂的语言，丰富实用的范例，带领读者从了解非线性编辑与专业影视后期特效的基础知识开始，循序渐进地学习并掌握使用 After Effects CC 进行各种影视特效编辑制作的实用技能，并在每个部分的软件功能了解与学习后，立即安排典型的操作实例，对该部分的编辑功能进行实践练习，使读者逐步掌握影视后期特效编辑的全部工作技能。

　　本书包括 10 章，主要内容介绍如下：

　　第 1 章：主要介绍影视特效编辑的基础知识，以及快速认识 After Effects CC 的工作界面和主要工作窗口、功能面板的用途。

　　第 2 章：主要介绍影视项目编辑工作流程中各个环节的主要内容，并通过一个典型的影视编辑实例，带领读者快速体验使用 After Effects CC 进行影视项目编辑的完整实践流程。

　　第 3 章：主要介绍在 After Effects CC 中创建二维合成项目的各种编辑操作技能，包括图层的创建与编辑、图层的属性设置、轨道蒙版的设置、父子图层关系设置等内容。

　　第 4 章：主要介绍在创建的合成项目中进行关键帧动画的创建和设置和运动追踪特技的应用与设置方法。

　　第 5 章：主要介绍在合成中的素材对象上绘制并创建遮罩特效的方法，以及利用抠像特效命令和工具编辑抠像特技影片的实用技能。

　　第 6 章：主要介绍文本输入工具的使用和属性设置方法、字符面板和段落面板的功能与设置方法，以及使用预设的文字特效快速编辑精彩的文字特效动画的方法。

　　第 7 章：主要介绍了应用各种色彩校正命令，进行影像色彩校正与色彩特效编辑的各种方法。

　　第 8 章：主要介绍在 After Effects CC 中创建三维合成项目的各种编辑操作技能，包括设置 3D 图层属性、操作 3D 空间视图、摄像机与灯光创建与设置等方法。

　　第 9 章：主要介绍 After Effects CC 中几类常用图像处理特效命令的设置参数与应用效果，并通过典型的实例练习，掌握特效命令的应用设置方法。

　　第 10 章：通过安排多个典型的设计实例，对在 After Effects CC 中利用动画编辑与各种特效应用功能，进行影视后期制作的工作并进行实践操作，进一步掌握符合实际工作需要的影视特效编辑技能。

　　在本书的配套光盘中提供了本书所有实例的源文件、素材和输出文件以及包含全书所有实践操作实例的多媒体教学视频，方便读者在学习中参考。

　　本书由尹小港编写，参与本书编写与整理的设计人员有徐春红、严严、覃明樊、高山泉、周婷婷、唐倩、黄莉、张颖、贺江、刘小容、黄萍、周敏、张婉、曾全、李静、黄琳、曾祥辉、穆香、诸臻、付杰、翁丹等。对于本书中的疏漏之处，敬请读者批评指正。

　　本书适合作为对视频编辑感兴趣的广大初、中级读者的自学参考图书，也适合各大中专院校相关专业作为教学教材。

编　者

目 录

第1章 影视后期特效与After Effects CC 1
1.1 影视后期特效基础知识 1
1.1.1 认识影视后期特效合成 1
1.1.2 了解影视合成相关概念 2
1.2 快速认识After Effects CC 4
1.2.1 安装After Effects CC的系统要求 4
1.2.2 安装必要的辅助程序 4
1.2.3 After Effects CC的工作界面 6
1.2.4 工作区的设置与应用 6
1.2.5 首选项参数设置 9
1.3 认识主要的工作窗口与功能面板 18
1.3.1 项目窗口 18
1.3.2 时间轴窗口 19
1.3.3 合成窗口 23
1.3.4 工具面板 26
1.3.5 信息面板 27
1.3.6 预览面板 28
1.3.7 效果和预设面板 29
1.4 课后习题 29

第2章 After Effects CC影视编辑基本工作流程 30
2.1 影视项目编辑的准备工作 30
2.2 素材的导入与管理 30
2.2.1 将素材导入到项目窗口 30
2.2.2 导入序列图像 31
2.2.3 导入含有图层的素材 32
2.2.4 导入文件夹 34
2.2.5 新建文件夹 34
2.2.6 重新载入素材 35
2.2.7 替换素材 36
2.2.8 素材与文件夹的重命名 37
2.3 创建合成项目 37
2.3.1 新建合成 37
2.3.2 修改合成设置 38
2.4 在时间线中编排素材 38
2.4.1 将素材加入时间轴窗口 39
2.4.2 修改图像素材的默认持续时间 39
2.4.3 调整入点和出点 40
2.5 为素材添加特效 42
2.5.1 添加特效 42
2.5.2 复制特效 43
2.5.3 关闭特效 43
2.5.4 删除特效 43
2.6 预览合成项目 44
2.7 影片的渲染输出 44
2.7.1 渲染参数设置 45
2.7.2 输出模块参数设置 46
2.7.3 设置输出保存路径 48
2.8 课堂实训——可爱的动物 48
2.9 课后习题 53

第3章 创建二维合成 55
3.1 创建图层 55
3.1.1 由导入的素材创建图层 55
3.1.2 使用剪辑创建图层 55
3.1.3 使用其他素材替换目标图层 57
3.1.4 创建和编辑文本图层 57
3.1.5 创建和修改纯色图层 58
3.1.6 创建空对象图层 59
3.1.7 创建矢量形状图层 59
3.1.8 创建调整图层 60
3.1.9 创建Photoshop文件图层 60
3.2 图层的编辑 61
3.2.1 选择目标图层 62
3.2.2 调整图层的层次 62
3.2.3 修改图层的持续时间 62
3.2.4 修改图层的颜色标签 63
3.3 图层的属性设置 64
3.3.1 锚点 64
3.3.2 位置 64
3.3.3 缩放 65

		3.3.4 旋转 ·················· 65
		3.3.5 不透明度 ············· 66
	3.4	图层样式效果的设置 ············ 66
	3.5	图层的混合模式 ··················· 69
	3.6	轨道遮罩的设置 ··················· 72
	3.7	图层的父子关系 ··················· 74
	3.8	课堂实训——火树银花 ········ 75
	3.9	课后习题 ··························· 79
第4章	关键帧动画与跟踪运动 ········ 81
	4.1	认识关键帧动画 ··················· 81
	4.2	创建关键帧动画 ··················· 81
	4.3	编辑关键帧动画 ··················· 83
		4.3.1 添加与删除关键帧 ········ 83
		4.3.2 选择与移动关键帧 ········ 84
		4.3.3 复制与粘贴关键帧 ········ 85
		4.3.4 调整动画的路径 ·········· 85
		4.3.5 调整动画的速度 ·········· 86
		4.3.6 设置关键帧插值运算 ···· 87
	4.4	跟踪运动特效编辑应用 ········ 89
		4.4.1 跟踪运动的设置 ·········· 89
		4.4.2 跟踪运动的创建 ·········· 91
		4.4.3 跟踪运动的类型 ·········· 92
	4.5	课堂实训 ··························· 94
		4.5.1 制作短片——《2015》 ··· 94
		4.5.2 制作影片——《火焰魔法》··· 99
	4.6	课后习题 ························· 103
第5章	蒙版与抠像特效 ··············· 105
	5.1	蒙版特效的编辑 ················· 105
		5.1.1 蒙版的创建 ··············· 105
		5.1.2 蒙版的编辑 ··············· 107
		5.1.3 蒙版的合成模式 ········· 109
	5.2	创建蒙版动画 ··················· 110
	5.3	抠像特效的编辑 ················· 111
		5.3.1 使用键控特效抠像 ······ 111
		5.3.2 使用 Roto 笔刷工具抠像 ······ 118
	5.4	课堂实训 ························· 121
		5.4.1 制作蒙版动画 ············ 121
		5.4.2 绿屏抠像 ·················· 126
	5.5	课后习题 ························· 128
第6章	文字编辑与特效应用 ········ 129

	6.1	文字的创建与编辑 ··············· 129
		6.1.1 文字的输入工具 ········· 129
		6.1.2 文本层的属性设置 ······· 130
	6.2	字符与段落的格式化 ··········· 131
		6.2.1 字符面板 ·················· 131
		6.2.2 段落面板 ·················· 132
	6.3	应用预设文字特效 ··············· 133
	6.4	课堂实训——制作语文古诗视频课件 ························· 133
	6.5	课后习题 ························· 138
第7章	颜色校正特效 ··················· 139
	7.1	颜色校正特效 ··················· 139
		7.1.1 CC Color Neutralizer（CC 颜色中和）··············· 139
		7.1.2 CC Color Offset（CC 颜色偏移）··················· 140
		7.1.3 CC Kernel（CC 核心）··· 140
		7.1.4 CC Toner（增色）······· 140
		7.1.5 PS 任意映射 ············· 141
		7.1.6 保留颜色 ·················· 141
		7.1.7 更改为颜色 ··············· 141
		7.1.8 更改颜色 ·················· 142
		7.1.9 广播颜色 ·················· 143
		7.1.10 黑色和白色 ············· 143
		7.1.11 灰度系数/基值/增益 ··· 144
		7.1.12 可选颜色 ················· 144
		7.1.13 亮度和对比度 ·········· 145
		7.1.14 曝光度 ··················· 145
		7.1.15 曲线 ······················ 146
		7.1.16 三色调 ··················· 146
		7.1.17 色调 ······················ 147
		7.1.18 色调均化 ················ 147
		7.1.19 色光 ······················ 148
		7.1.20 色阶 ······················ 149
		7.1.21 色阶（单独控件）···· 150
		7.1.22 色相/饱和度 ············ 150
		7.1.23 通道混合器 ············· 151
		7.1.24 颜色链接 ················ 151
		7.1.25 颜色平衡 ················ 152
		7.1.26 颜色平衡（HLS）····· 153

7.1.27	颜色稳定器	153
7.1.28	阴影/高光	154
7.1.29	照片滤镜	154
7.1.30	自动对比度	155
7.1.31	自动色阶	155
7.1.32	自动颜色	155
7.1.33	自然饱和度	156
7.2	课堂实训——制作会变色的树蛙	156
7.3	课后习题	159

第8章 创建三维合成 160

8.1	认识三维合成	160
8.2	3D图层的创建与设置	160
8.2.1	通过转换图层创建3D图层	160
8.2.2	查看三维合成的视图	161
8.2.3	移动3D图层	162
8.2.4	旋转3D图层	163
8.2.5	设置坐标模式	164
8.2.6	3D图层的材质选项属性	164
8.3	摄像机与灯光	165
8.3.1	创建并设置摄像机图层	165
8.3.2	创建并设置灯光图层	169
8.3.3	灯光的属性选项	171
8.4	课堂实训——制作影片《体坛面面观》	173
8.5	课后习题	180

第9章 图像处理特效 181

9.1	扭曲特效	181
9.1.1	贝塞尔曲线	181
9.1.2	边角定位	181
9.1.3	变换	182
9.1.4	变形	183
9.1.5	变形稳定器 VFX	184
9.1.6	波纹	185
9.1.7	波形变形	186
9.1.8	放大	187
9.1.9	改变形状	188
9.1.10	光学补偿	189
9.1.11	果冻效应修复	189
9.1.12	极坐标	190
9.1.13	镜像	191
9.1.14	偏移	191
9.1.15	球面化	192
9.1.16	凸出	192
9.1.17	湍流置换	193
9.1.18	网格变形	194
9.1.19	旋转扭曲	194
9.1.20	液化	195
9.1.21	置换图	197
9.1.22	漩涡条纹	198
9.2	"模糊和锐化"特效	198
9.2.1	定向模糊	199
9.2.2	钝化蒙版	199
9.2.3	方框模糊	200
9.2.4	复合模糊	201
9.2.5	高斯模糊	201
9.2.6	减少交错闪烁	201
9.2.7	径向模糊	202
9.2.8	快速模糊	203
9.2.9	锐化	203
9.2.10	摄像机镜头模糊	204
9.2.11	双向模糊	205
9.2.12	通道模糊	206
9.2.13	智能模糊	206
9.3	生成特效	207
9.3.1	单元格图案	207
9.3.2	分形	208
9.3.3	高级闪电	209
9.3.4	勾画	210
9.3.5	光束	211
9.3.6	镜头光晕	212
9.3.7	描边	213
9.3.8	棋盘	214
9.3.9	四色渐变	215
9.3.10	梯度渐变	216
9.3.11	填充	216
9.3.12	涂写	217
9.3.13	椭圆	218
9.3.14	网格	218
9.3.15	无线电波	219
9.3.16	吸管填充	220

9.3.17 写入 ……………………………… 220
　　9.3.18 音频波谱 …………………………… 221
　　9.3.19 音频波形 …………………………… 224
　　9.3.20 油漆桶 ……………………………… 224
　　9.3.21 圆形 ………………………………… 225
9.4 课堂实训——修复视频抖动 ………… 226
9.5 课后习题 ……………………………… 229

第10章 影视特效制作综合实例 ……… 231
10.1 娱乐栏目片头——娱乐头条 ……… 231
10.2 体育栏目片头——炫彩世界杯 …… 235
10.3 电影预告片头——决战猩球 ……… 241
10.4 企业形象片头——新尚传媒 ……… 246

习题参考答案 ………………………………… 254

第 1 章 影视后期特效与 After Effects CC

学习要点

- 了解影视后期特效合成的基本概念和相关知识
- 了解 After Effect CC 的功能特点
- 熟悉 After Effect CC 的工作界面，掌握设置工作区的方法
- 熟悉 After Effect CC 的主要工作窗口

1.1 影视后期特效基础知识

自从电影、电视媒体诞生以来，影视后期合成技术就伴随着影视工业的发展不断地革新。在早期的黑白影片时期，影视后期合成技术主要是通过在电影的拍摄、胶片的冲印过程中加入特别的人工技术，实现直接拍摄所不能得到的影像效果。在计算机诞生以后，计算机图像处理技术的发展为影视后期特效的进步提供了前所未有的推动作用；各种专门服务于影视编辑领域的软件程序也逐渐在发展的过程中，为各种电影、电视内容提供了更加丰富、奇妙的视觉特效，让我们可以得到越来越多盛宴般的视觉享受。

1.1.1 认识影视后期特效合成

在影像技术进入数字媒体时代后，影视编辑技术也就从线性编辑开始向非线性编辑发展，即将传统的通过摄像机用胶片拍摄、记录得到的影像画面、声音等素材资源，利用专门的硬件和程序采集、转换成可以用文件形式记录保存的数字媒体资源，可以很方便地直接输入到专业的影视编辑软件中，对数字媒体素材进行编排、裁剪、拆分、合成、添加各种特效等处理，然后再输出为需要的影视媒体文件，方便在电影、电视、网络等各种现代媒体中放映展示，这个过程就是所谓的影视后期特效合成。例如，在如图 1-1 所示的影片中，拍摄影片时不可能使用真枪实弹，但可以通过在后期合成时，在原始素材层的上面，加入机枪扫射时的火光、弹跳出来的弹壳影像，再配合激烈的枪声音效，便可以得到逼真的枪战画面，这就是典型的影视后期特效合成应用。

图 1-1 通过后期处理制作逼真影像

1.1.2 了解影视合成相关概念

在进行影视后期特效合成编辑的学习之前，先了解一下关于视频处理方面的各种必要的基础知识，理解相关的概念、术语的含义，以便在后面的学习中快速掌握各种视频编辑操作的实用技能。

1. 帧和帧速率

在电视、电影以及网络 Flash 影片中的动画，其实都是由一系列连续的静态图像组成，这些连续的静态图像在单位时间内以一定的速度不断地快速切换显示时，由于人眼所具有的视觉残像生理特性，就会产生"看见了运动的画面"的"感觉"，这些单独的静态图像就称为帧；而这些静态图像在单位时间内切换显示的速度，就是帧速率（也称作"帧频"），单位为帧/秒（fps）。帧速率的数值决定了视频播放的平滑程度，帧速率越高，动画效果越顺畅；反之就会有阻塞、卡顿的现象。在影视后期编辑中也常常利用这个特点，通过改变一段视频的帧速率，来实现快动作与慢动作的表现效果。

2. 电视制式

最常见的视频内容就是在电视中播放的电视节目，它们都是经过视频编辑处理后得到的。由于各个国家对电视影像制定的标准不同，其制式也有一定的区别。制式的区别主要表现在帧速率、宽高比、分辨率、信号带宽等方面。传统电影的帧速率为24fps，英国、中国、澳大利亚、新西兰等国家和地区的电视制式，都是采用这个扫描速率，称之为 PAL 制式；在美国、加拿大等大部分西半球国家以及日本、韩国等国家和地区的电视视频内容，主要采用帧速率约为 30fps（实际为 29.7fps）的 NTSC 制式；在法国和东欧、中东等地区，则采用帧速率为 25fps 的 SECAM（顺序传送彩色信号与存储恢复彩色信号）制式。

除了帧速率方面的不同，图像画面中像素的高宽比也是这些视频制式的重要区别。在进行影视项目的编辑、素材的选择、影片的输出等工作时，要注意选择合适或指定的视频制式进行操作。

3. 视频压缩

视频压缩也称为视频编码。通过电脑或相关设备将胶片媒体中的模拟视频数字化后，得到的数据文件会非常大，为了节省空间和方便应用、处理，需要使用特定的方法对其进行压缩。

视频压缩的方式主要分为两种：无损压缩和有损压缩。无损压缩是利用数据之间的相关性，将相同或相似的数据特征归类成一类数据，以减少数据量；有损压缩则是在压缩的过程中去掉一些人眼和人耳所不易察觉的图像或音频信息，这样既大幅度地减小了文件尺寸，也同样能够展现视频内容。不过，有损压缩中丢失的信息是不可恢复的；丢失的数据量与压缩比有关，压缩比越大，丢失的数据越多，一般解压缩后得到的影像效果越差。此外，某些有损压缩算法采用多次重复压缩的方式，这样还会引起额外的数据丢失。

有损压缩又分为帧内压缩和帧间压缩。帧内压缩也称为空间压缩（Spatial compression），在压缩一帧图像时，它仅考虑本帧的数据而不考虑相邻帧之间的冗余信息；由于帧内压缩时各个帧之间没有相互关系，所以压缩后的视频数据仍可以以帧为单位进行编辑。帧内压缩一般得不到很高的压缩率。帧间压缩也称为时间压缩（Temporal compression），是基于许多视频或动画的前后连续两帧具有很大的相关性，或者说前后两帧信息变化很小（即连续的视频其相邻帧之间具有冗余信息）这一特性，压缩相邻帧之间的冗余量就可以进一步提高压缩量，减小压缩比，对帧图像的影响非常小，所以帧间压缩一般是无损的。帧差值（Frame differencing）算法是一种典型的时间压缩法，它通过比较本帧与相邻帧之间的差异，仅记录本帧与其相邻帧的差值，这样可以大大减少数据量。

4. 视频格式

使用了一种方法对视频内容进行压缩后，就需要用对应的方法对其进行解压缩来得到动画播放效果。使用的压缩方法不同，得到的视频编码格式也不同。目前视频压缩编码的方法有很多，由此也出现了许多常用的视频文件格式。

- AVI 格式（Audio\Video Interleave）：专门为微软 Windows 环境设计的数字式视频文件格式，这种视频格式的优点是兼容性好、调用方便、图像质量好，缺点是占用空间大。
- MPEG 格式（Motion Picture Experts Group）：该格式包括了 MPEG-1、MPEG-2、MPEG-4。MPEG-1 被广泛应用于 VCD 的制作和一些视频片段下载的网络上，使用 MPEG-1 的压缩算法可以把一部 120 分钟长的非视频文件的电影压缩到 1.2GB 左右。MPEG-2 则应用在 DVD 的制作方面，同时在一些 HDTV（高清晰电视广播）和一些高要求视频编辑、处理上也有一定的应用空间。MPEG-4 是一种新的压缩算法，可以将一部 120 分钟长的非视频文件的电影压缩到 300MB 左右，以供网络播放。
- QuickTime 格式（MOV）：是苹果公司创立的一种视频格式，在图像质量和文件大小的处理上具有很好的平衡性，既可以得到清晰的画面，又可以很好地控制视频文件的大小。
- REAL VIDEO 格式（RA、RAM）：主要定位于视频流应用方面，用于网络传输与播放。它可以在 56K MODEM 的拨号上网条件下实现不间断的视频播放，因此同时也必须通过损耗图像质量的方式来控制文件的体积，图像质量通常很低。
- ASF 格式（Advanced Streaming Format）：是微软为了和 Real Player 竞争而发展出来的一种可以直接在网上观看视频节目的流媒体文件压缩格式，可以实现一边下载一边播放，不用存储到本地硬盘。由于它使用了 MPEG4 的压缩算法，所以在压缩率和图像的质量方面都很好。
- FLV 格式（Flash Video）：随着 Flash 动画的发展而诞生的流媒体视频格式。FLV 视频文件体积小巧，同等画面质量的一段视频，其大小是普通视频文件体积的 1/3 甚至更小；同时以其画面清晰、加载速度快的流媒体特点，成为了网络中增长速度最快、应用范围最大的视频传播格式；目前几乎所有的视频门户网站都采用 FLV 格式视频，它也被越来越多的视频编辑软件支持导入和输出应用。

5. SMPTE 时间码

在视频编辑中，通常用时间码来识别和记录视频数据流中的每一个帧画面，从一段视频的起始帧到终止帧，其间的每一帧都有一个唯一的时间码地址。根据动画和电视工程师协会 SMPTE（Society of Motion Picture and Television Engineers）使用的时间码标准，其格式是"小时：分钟：秒：帧"。

电影、录像和电视工业中使用不同帧速率，各有其对应的 SMPTE 标准。由于技术的原因，NTSC 制式实际使用的帧率是 29.97 帧/秒而不是 30 帧/秒，因此在时间码与实际播放时间之间有 0.1%的误差。为了解决这个误差问题，设计出丢帧格式，即在播放时每分钟要丢 2 帧（实际上是有两帧不显示而不是从文件中删除），这样可以保证时间码与实际播放时间的一致。与丢帧格式对应的是不丢帧格式，它提示会忽略时间码与实际播放帧之间的误差。

> **TIPS** 为了更方便用户区分视频素材的制式，在对视频素材时间长度的表示上也做了区分。非丢帧格式的 PAL 制式视频，其时间码中的分隔符号为冒号 (:)，例如 0:00:30:00。而丢帧格式的 NTSC 制式视频，其时间码中的分隔符号为分号 (;)，例如 0;00;30;00。在实际编辑工作中，可以据此快速分辨出视频素材的制式以及画面比例等。

6. 数字音频

数字音频是一个用来表示声音振动频率强弱的数据序列，由模拟声音经采样、量化和编码后得到。数字音频的编码方式也就是数字音频格式，不同数字音频设备一般对应不同的音频格式文件。数字音频的常见格式有 WAV、MIDI、MP3、WMA、MP4、VQF、RealAudio、AAC 等。

1.2 快速认识 After Effects CC

Adobe After Effects 是革新性的非线性视频编辑应用软件，在众多影视后期制作软件中脱颖而出，拥有先进的设计理念，支持大量的素材格式导入使用和无限多个图层，可以制作出丰富的视觉特效动画和影像合成效果，被广泛应用在影视特效合成、视频内容编辑、游戏视频制作、电视广告加工、MTV 制作等多媒体领域。

1.2.1 安装 After Effects CC 的系统要求

最新的 After Effects CC 在之前版本的基础上，又实现了大量工作体验的完善与强大功能的创新。同时对电脑系统运行环境的要求也提出了更高的要求，只有在电脑系统满足这些最低的性能需求时，才能安装 After Effects CC 并更好地发挥其强大的视频编辑功能。

- 英特尔® Core™ 2 Duo 或 AMD Phantom® II 处理器；需要 64 位系统支持。
- 64 位的 Microsoft® Windows® 7、8（苹果系统为 Mac OS X v10.6.8 or v10.7）。
- 4G 内存（推荐 8G 以上）。
- 5G 硬盘空间；安装的时候另需额外空间，10G 以上用来缓存的硬盘空间。
- 支持 1280×1080 及以上分辨率的显示器。
- 支持 OpenGL 2.0 的系统。
- 如果从 DVD 安装，则需要 DVD 光驱。
- 为了支持 QuickTime 功能，需要安装 QuickTime 7.6.6 软件。
- 为了配合 GPU 加速的光线追踪 3D 渲染器*，可以选择 Adobe 认证的显卡。
- 本软件不激活不可用。为了激活软件，需要宽带连接并且注册认证，不支持电话激活。

1.2.2 安装必要的辅助程序

在 After Effects CC 中进行影视内容的编辑时，需要使用大量不同格式的视频、音频素材内容。对于不同格式的视频、音频素材，首先要在电脑中安装有对应解码格式的程序文件，才能正常地播放和使用这些素材。所以，为了尽可能地保证数字视频编辑工作的顺利完成，需要安装一些相应的辅助程序及所需要的视频解码程序。

- Windows Media Player：Microsoft 公司出品的多媒体播放软件，可以播放多种格式的多媒体文件，本书实例编辑中会用到的"*.avi"、"*.mpeg"和"*.wmv"格式的文件都可以通过它来播放，如图 1-2 所示。可以在 Microsoft 的官方网站下载其最新版本。
- 视频解码集成软件：要应用各种文件格式的视频素材，就需要在系统中提前安装好播放不同格式视频文件所需要的视频解码器。可以选择安装集成了主流视频解码器的软件包，如 K-Lite Codec Pack，它集合了目前绝大部分的视频解码器；在安装了该软件包之后，视频解码文件即可安装到系统中，绝大部分的视频文件都可以被顺利播放。如图 1-3 所示即是该软件包的安装界面。

图 1-2　Windows Media Player 播放器界面 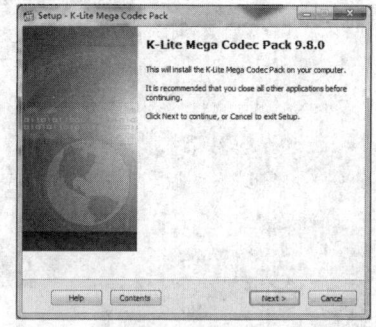　　　图 1-3　K-Lite Codec Pack 安装界面

- QuickTime：QuickTime 是 Macintosh 公司（2007 年 1 月改名为苹果公司）在 Apple 电脑系统中应用的一种跨平台视频媒体格式，具有支持互动、高压缩比、高画质等特点。很多视频素材都采用 QuickTime 的格式进行压缩保存。为了在 After Effects 中进行视频编辑时可以应用 QuickTime 的视频素材（*.mov 文件），就需要先安装好 QuickTime 播放器程序（或其视频解码程序）。在 Apple 的官方网站（http://www.apple.com）下载最新版本的 QuickTime 播放器程序进行安装即可。如图 1-4 所示为 QuickTime 界面。
- Adobe Photoshop：Photoshop 是一款非常出色的图像处理软件，它支持多种格式图片的编辑处理，本书中部分实例的图像素材就是先通过它进行处理后得到的。Adobe Photoshop CC 启动画面如图 1-5 所示。

图 1-4　QuickTime 界面 　　　图 1-5　Adobe Photoshop CC 启动画面

1.2.3　After Effects CC 的工作界面

程序安装完成后，执行"开始→所有程序→Adobe After Effects CC"命令，或双击系统桌面上的 Adobe After Effects CC 快捷方式图标，即可启动程序。在程序启动时，需要检测系统配置和装载程序文件，这个过程所用的时间长短取决于电脑的总体性能。启动完成后，即可进入如图 1-6 所示的 After Effects CC 工作界面。

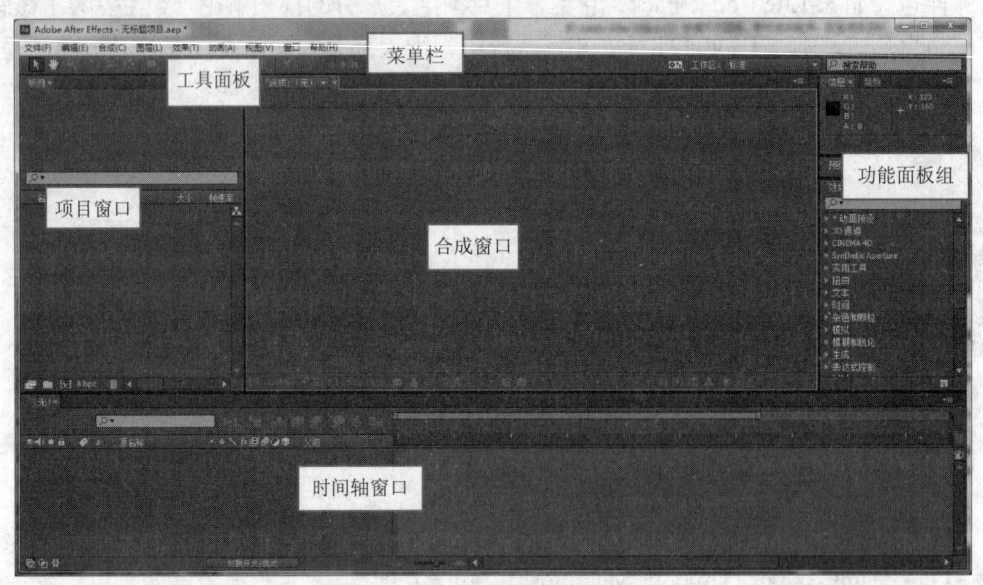

图 1-6　After Effects CC 工作界面

- 菜单栏：整合了 After Effects 中几乎所有的操作命令，通过这些菜单命令，可以完成对文件的创建、保存、输出，以及特效、图层、工作界面等的设置操作。
- 工具面板：使用工具面板中的工具，可以对合成窗口中的素材对象进行缩放、查看、旋转、擦除等操作。
- 项目窗口：保存各种素材、合成对象的功能窗口，可以通过在其中创建文件夹对素材进行分类管理，以及查看素材信息等。
- 合成窗口：对编辑的项目内容进行即时预览，并可以在其中对素材进行简单的编辑操作。
- 时间轴窗口：编辑工作中最常用的工作窗口，主要用于组接各种素材，创建并设置素材基本属性及特效的关键帧参数，调整素材及合成的时间长度等。
- 功能面板组：集成了在编辑工作中用以进行操作辅助的各种功能面板，如播放预览控制，列出预设特效，设置声音效果、字体属性，指示目前鼠标位置、色彩信息等。

1.2.4　工作区的设置与应用

为了满足不同的工作需要，Adobe After Effects CC 提供了 8 种界面模式，方便用户根据编辑内容的不同需要，选择最方便的界面布局。执行"窗口→工作区"命令或单击工具面板右边的"工作区"下拉按钮，可以在弹出的子菜单中选择所需要的工作区布局模式，如图 1-7 所示。

不同的工作区具有不同的界面布局结构，并显示出对应的主要工

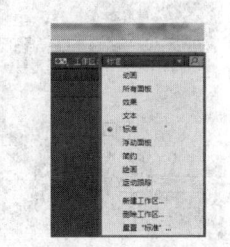

图 1-7　工作区模式列表

作窗口和常用功能面板。安装好程序后第一次启动时，默认为"标准"工作区。单击所需要的工作区命令，可以将程序的工作窗口切换到对应的布局模式，如图1-8至图1-10所示。

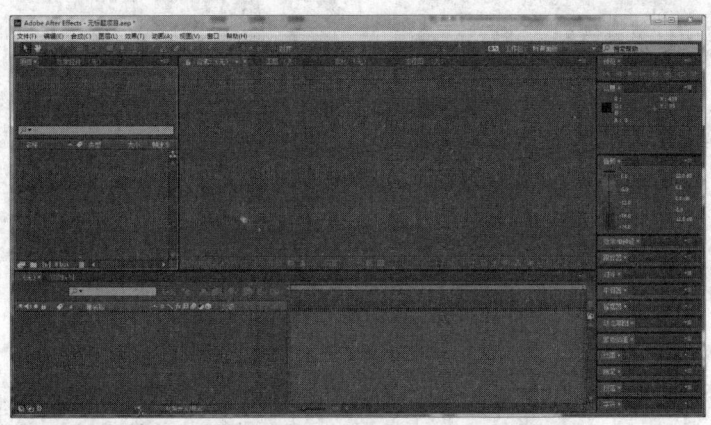

图1-8 所有面板：显示出所有工作面板

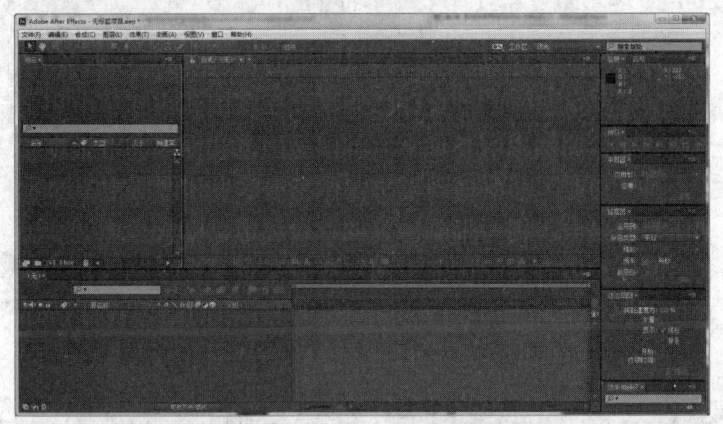

图1-9 动画编辑布局模式

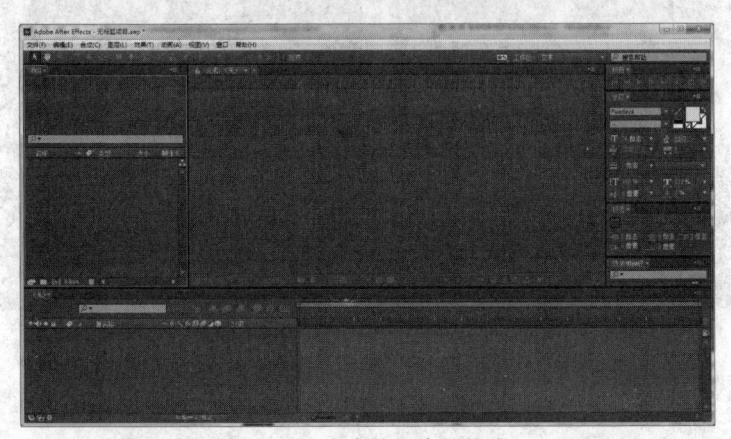

图1-10 文本编辑布局模式

After Effects 的工作区采用"可拖放区域管理模式"，允许用户根据编辑需要或使用习惯，对工作面板组进行自由的组合：将鼠标移动到工作窗口或面板的名称标签上，然后按下鼠标左键并向需要集成到的工作窗口或面板拖动，移动到目标窗口后，该窗口会显示出6个部分区域，包括环绕窗口四周的4个区域、中心区域以及标签区域；将鼠标移动到需要停靠的区域后释放鼠标，即可将其集成到目标窗口所在面板组中，如图1-11所示。

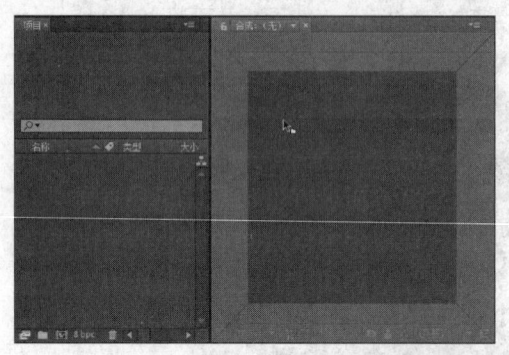

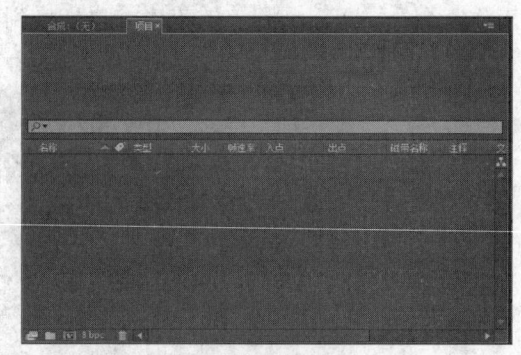

图1-11 自由组合工作面板

按住工作窗口或面板名称标签前面的■并拖动，或者在拖动工作面板的过程中按"Ctrl"键，可以在释放鼠标后将其变为浮动面板，方便将其停放在软件工作界面的任意位置，如图1-12所示。

> **TIPS** 执行"窗口→工作区→浮动面板"命令，可以快速地将当前工作区中的所有功能面板变成浮动面板状态。

将鼠标移动到工作面板之间的空隙上时，鼠标光标会改变为双箭头形状 ◄╟► （或 ╪ ），此时按住鼠标并左右（或上下）拖动，即可调整相邻两个面板的宽度，方便需要的编辑操作，如图1-13所示。

图1-12 将工作面板拖放为浮动面板

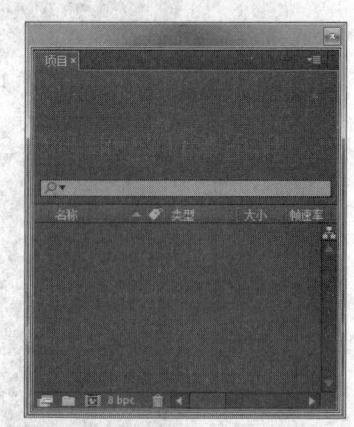

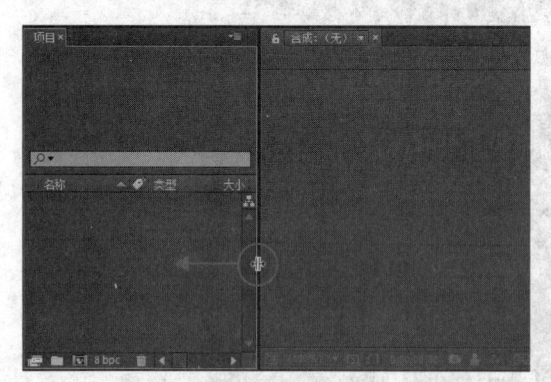

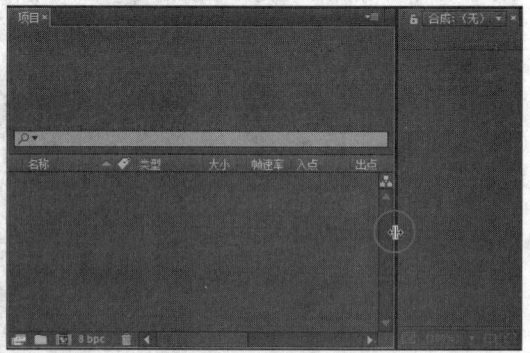

图1-13 调整工作面板宽度

在需要将调整了面板布局的工作区恢复到初始状态时，可以通过执行"窗口→工作区→重置…"命令来完成。

在调整好适合自己使用习惯的界面布局后，可以通过执行"窗口→工作区→新建工作区"命令，在弹出的"新建工作区"对话框中输入需要的工作区名称并按下"确定"按钮，将其创建为一个新的界面布局，方便在以后可以继续选择使用，如图1-14所示。

图1-14 创建新的工作区布局

在实际的编辑操作中，按键盘上的"~"键，可以快速将当前处于激活状态的面板（面板边框为高亮的橙色）放大到铺满整个工作窗口，方便对编辑对象进行细致的操作；再次按"~"键，可以切换回之前的布局状态，如图1-15所示。

图1-15 切换窗口最大化显示

1.2.5 首选项参数设置

After Effects CC 允许用户对程序工作的基本参数进行设置，方便用户在更加符合工作需要和操作习惯的环境中进行编辑工作。执行"编辑→首选项→常规"命令，即可在打开的"首选项"对话框中，通过在左边的列表中选择需要的项目，然后在右边展开的参数选项中对 After Effects CC 的基本参数进行设置。

1. 常规

"常规"页面中的选项用于设置 After Effects 中基本的常规选项，如图1-16所示。

- 撤销次数：设置可以撤销操作的次数，默认值为32，最大为99次；可撤销的次数越多，占用系统资源越多。
- 路径点和手柄大小：设置绘制的路径上的节点和控制手柄的像素大小。
- 显示工具提示：勾选该选项，当鼠标悬停在工具按钮上时，将显示该工具的提示信息，如图1-17所示。
- 在合成开始时创建图层：勾选该选项，在时间轴窗口中新建或拖入层时，层的开始位置将以合成的开始时间对齐入点；不勾选，则以时间指针所在的位置对齐入点，如图1-18所示。
- 开关影响嵌套的合成：设置当合成中有嵌套的合成时，嵌套影像的显示品质、运动模糊、帧融合或3D等属性设置，是否显示到当前合成中。

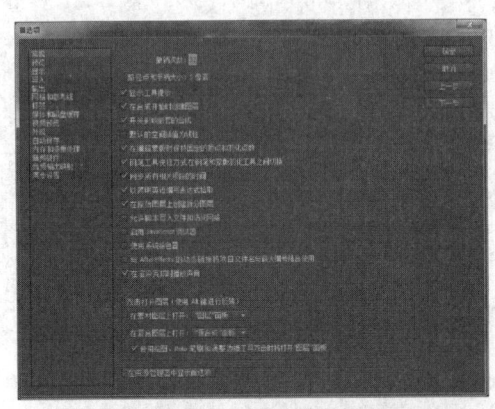

图1-16 "常规"选项

图1-17 鼠标悬停提示

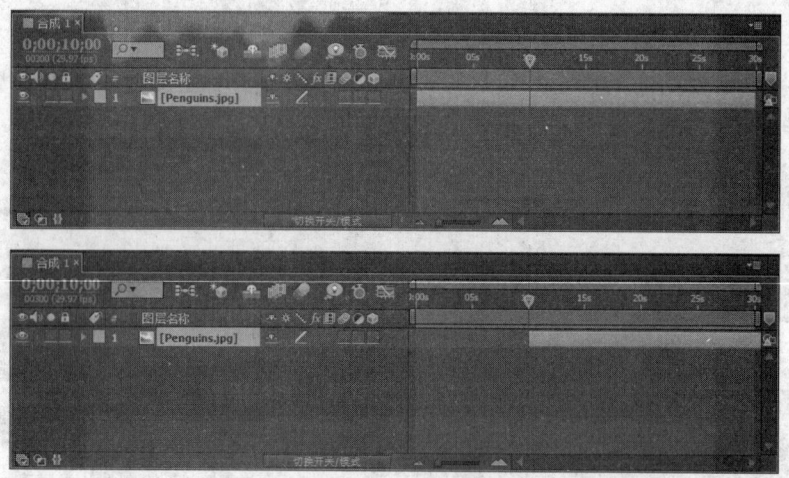

图 1-18 勾选 "在合成开始时创建图层" 复选框的前后区别

- 默认的空间插值为线性：勾选该选项，可以将关键帧的运动插值方式默认为线性插值方式。
- 在编辑蒙版时保持固定的顶点和羽化点数：在为图层中的蒙版添加、删除控制点或羽化点时，如果勾选该复选框，则添加或删除的控制点（或羽化点）将在整个动画中保持目前状态；不勾选该复选框时，添加或删除的控制点（或羽化点）只在目前时间添加或删除。
- 钢笔工具快捷方式在钢笔和蒙版羽化工具之间切换：勾选该选项，可以按 "Shift+G" 键在钢笔工具和蒙版羽化工具之间切换。
- 同步所有相关项目的时间：勾选该选项，可以使嵌套层或合并层与其调用层的时间线在不同的合成中保持同步。
- 以简明英语编写表达式拾取：勾选该选项，输入表达式，将以简明英语的方式书写。
- 在原始图层上创建拆分图层：勾选该选项，在使用 "Ctrl+Shift+D" 快捷键拆分一个图层时，可以使拆分后得到的图层（后半段）保持在原始层上方。
- 允许脚本写入文件或访问网络：勾选该选项，可以将表达式输入到文件或数据库网络。
- 启用 Java 调试器：勾选该选项，可以使用 JavaScript 调试窗口来对动画进行调试。
- 使用系统拾色器：勾选该选项，将使用操作系统提供的色彩拾取器。
- 在渲染完成时播放声音：勾选该选项，在渲染输出完成时播放提示音。
- 双击打开图层（使用 Alt 键进行反转）：该选项用于设置在用鼠标双击素材图层或符合图层时打开哪个对应的面板。

2. 预览

"预览"页面中的选项用于设置在 After Effects 中进行效果预览的常规参数，如图 1-19 所示。

- 自适应分辨率限制：该选项用于设置拖动或调整图层、特效时所使用动态分辨率的最大值。
- GPU 信息：单击该按钮，可以在打开的对话框中，设置用于进行纹理材质渲染的最大内存值，以及进行光线追踪时使用核心显卡还是其他显卡，如图 1-20 所示。
- 缩放质量：用于设置在进行显示比例缩放时，影像显示质量的运算方式。

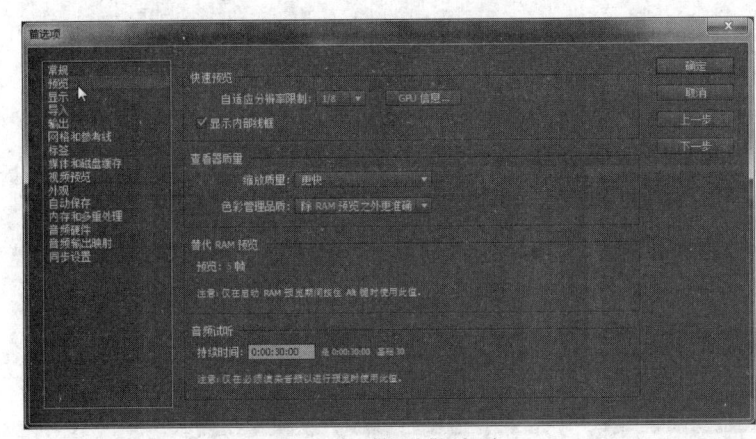

图 1-19 "预览"选项 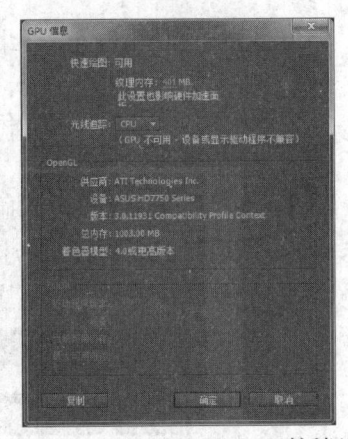　　　　　图 1-20　GPU Information 对话框

- 色彩管理品质：用于设置影像像素的色彩显示质量运算方式。
- 替代 RAM 预览：用于设置按住 Alt 键进行内存预览时的帧速率。
- 音频试听：设置音频预览的持续时间。

3. 显示

设置 After Effects 中显示方面的选项，如图 1-21 所示。

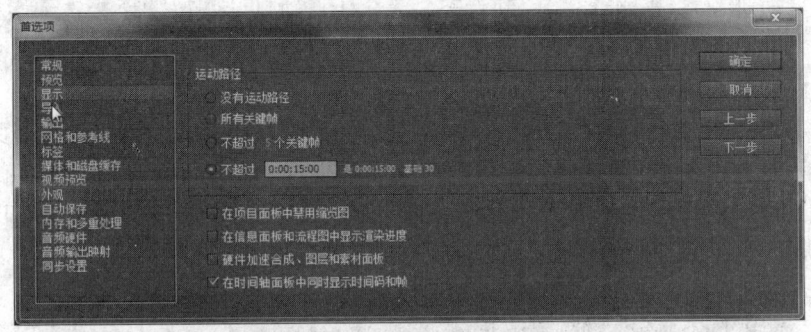

图 1-21　"显示"参数设置

- 没有运动路径：选择该选项，则不显示位移关键帧动画的运动路径，如图 1-22 所示。
- 所有关键帧：显示运动路径上所有的关键帧，如图 1-23 所示。
- 不超过_个关键帧：设置运动路径中显示关键帧个数的最大值，如图 1-24 所示。

图 1-22　不显示运动路径 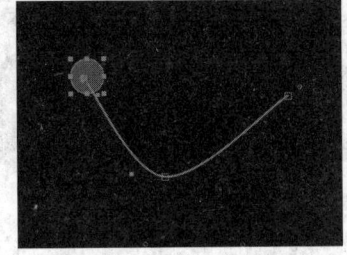　　　图 1-23　显示关键帧 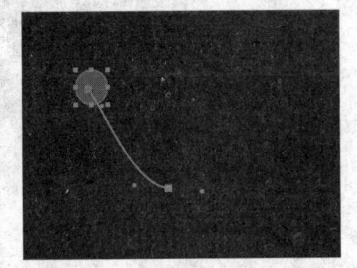　　　图 1-24　只显示 2 个关键帧时

- 不超过 0;00;05;00 是 0;00;15;00 基础 30：以当前时间位置为中心，在指定的时间范围内运动路径上显示的关键帧不超过 30 个。
- 在项目面板中禁用缩览图：在项目窗口的预览区域中关闭素材缩略图的显示。

- 在信息面板和流程图中显示渲染进度：选择该选项，可以在信息面板和流程图窗口中显示影片的渲染进程。
- 硬件加速合成、图层和素材面板：选择该选项，可以开启对合成、图层、素材等显示渲染的硬件加速。
- 在时间轴面板中同时显示时间码和帧：选择该选项，可以在时间轴窗口中同时显示当前时间位置的时间码和帧数、帧频；取消选择，则只显示当前时间的时间码，如图 1-25 所示。

图 1-25　当前时间位置的显示模式

4．导入

设置在 After Effects 中导入素材的默认方式，如图 1-26 所示。

- 合成的长度：设置导入静态素材的持续时间是否与合成的持续时间相同。
- 0;00;01;00 是 0;00;01;00 基础 30：对导入的图像素材的持续时间进行自定义。
- 序列素材：设置序列帧素材的播放速率。
- 自动重新加载素材：在该下拉列表中，选择在重新打开或持续连接外部素材时，是重新加载所有的外部素材，还是只加载序列帧素材以外的其他类型素材，以及可以选择关闭自动加载。
- 不确定的媒体：NTSC 制式的实际帧率是 29.97 帧/秒而不是 30 帧/秒，因此在时间码与实际播放时间之间有 0.1%的误差。为了解决这个误差问题，设计出丢帧格式，即在播放时每分钟要丢 2 帧（是不显示而非删除）。在这个下拉列表中，可以选择对导入视频素材时间长度的计算是"丢帧"还是"无丢帧"。

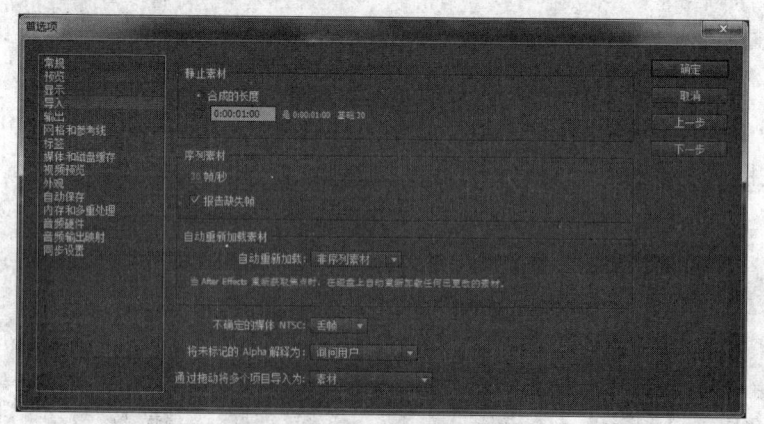

图 1-26　"导入"参数设置

- 将未标记的 Alpha 解释为：设置在导入带有 Alpha 通道的素材时，对 Alpha 通道的处理方式。
  ➢ 询问用户：每次导入带有 Alpha 通道的素材时，系统都会自动打开"解释素材"对话框进行设置。
  ➢ 猜测：系统自动决定 Alpha 通道的处理方式。

➢ 忽略 Alpha：忽略 Alpha 通道信息。
➢ 直接（无遮罩）：可以直接导入素材，不处理 Alpha 通道。
➢ 预乘（黑色遮罩）：以预乘方式导入素材，并把素材的 Alpha 作为黑色蒙版。
➢ 预乘（白色遮罩）：以预乘方式导入素材，并把素材的 Alpha 作为白色蒙版。
- 通过拖动将多个项目导入为：After Effects 允许用户直接从资源管理器中将素材拖入项目窗口中来完成导入。可以设置以什么方式拖动导入素材。
  ➢ 素材：以文件序列的方式导入素材。
  ➢ 合成：以合成的方式导入素材。
  ➢ 合成-保持图层大小：以合成的方式导入素材，并保留素材所包含各图层的原始尺寸，适用于多图层图像文件。

5. 输出

设置在 After Effects 中进行输出时的各种处理选项，如图 1-27 所示。
- 序列拆分为：设置图像序列文件的数量大小。
- 仅拆分视频影片为：设置视频文件段的最大文件大小。
- 使用默认文件名和文件夹：勾选该项，如非自行定义，将使用默认的文件名和文件夹保存渲染的影片。

图 1-27 "导出"参数设置

- 在输出模块设置中显示弃用的格式：勾选该项，在设置渲染影片格式时，可以显示不支持输出的格式。
- 音频块持续时间：设置在渲染影片过程中中断操作时，保存音频阻滞的持续时间。

6. 网格和参考线

设置 After Effects 中的网格、参考线和线条的样式等，如图 1-28 所示。

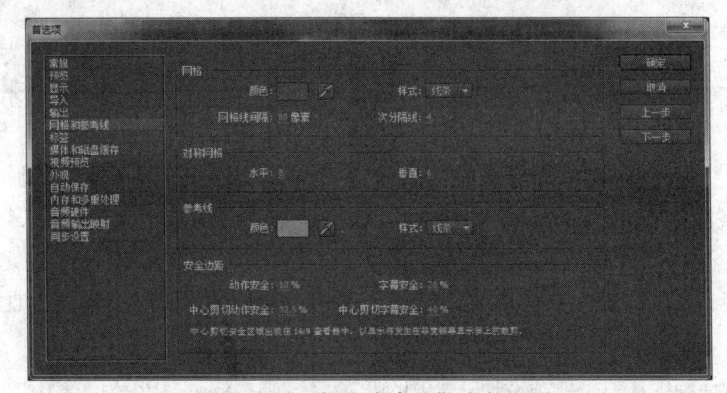

图 1-28 "网格和参考线"参数设置

- "网格"栏中的选项，用于设置网格的颜色和风格。
  - ➢ 颜色：设置网格的颜色，默认为绿色。
  - ➢ 网格线间隔：设置网格的间隔大小，单位为像素。
  - ➢ 样式：用于设置网格的样式。包括"直线"、"虚线"、"点"3种，如图1-29所示。

直线　　　　　　　　　　虚线　　　　　　　　　　点

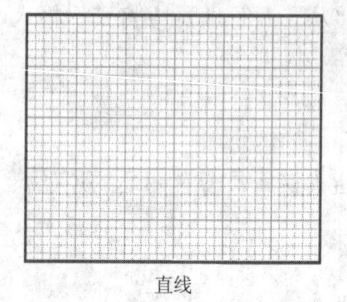

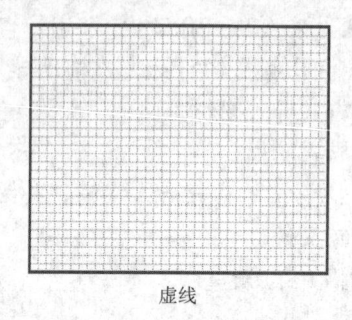

图1-29　不同样式的网格

> **TIPS** 可以通过执行"视图"→"显示网格"命令，切换合成窗口中网格的显示状态。

  - ➢ 次分隔线：设置每个网格的细分数量。
  - ➢ 对称网格：用于设置网格的对称数值。
  - ➢ 水平/垂直：设置网格的水平/垂直格数的数量。
  - ➢ 参考线：用于设置参考线的颜色和风格。

> **TIPS** 可以通过执行"视图"→"显示参考线"命令，来切换合成窗口中参考线的显示状态。

  - ➢ 颜色：设置参考线的颜色，默认颜色为蓝色。
  - ➢ 样式：设置参考线的类型，包括"直线"和"虚线"，如图1-30所示。

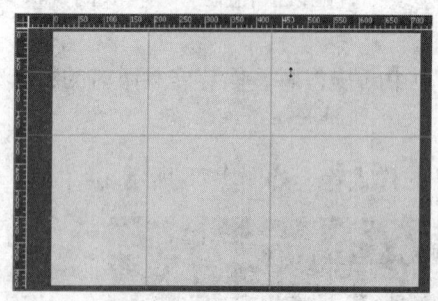

图1-30　直线和虚线参考线效果

- 安全边距：用于设置合成窗口中的安全区域显示。在安全区域外的画面可能会因为超出了电视机的扫描范围而不能完整显示。
  - ➢ 动作安全：设置动作内容显示的安全区域到画面边缘的距离百分比。
  - ➢ 字幕安全：设置字幕内容显示的安全区域到画面边缘的距离百分比。

7. 标签

设置After Effects中用以区分素材类型的标签的预设颜色。先在"标签默认值"选项中为各种类型的对象设置颜色类型，然后在下面的"标签颜色"中通过调色板或拾色器来设定各种颜色类型的具体色相，如图 1-31 所示。

8. 媒体和磁盘缓存

设置 After Effects 中媒体高速缓存区的大小，如图 1-32 所示。

- 启用磁盘缓存：用来打开硬盘的高速缓存，并指定一个临时文件缓冲保存路径。
- 最大磁盘缓存大小：设置高速缓存区的空间大小。

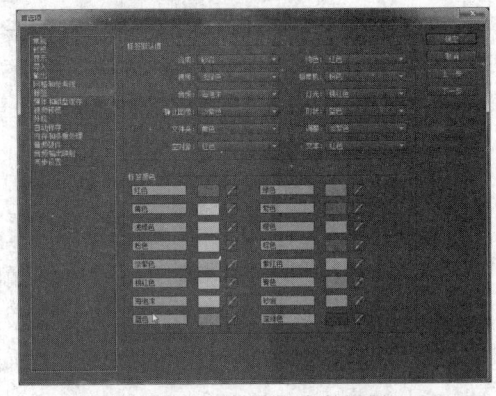

图 1-31 "标签"参数设置

- 清空磁盘缓存：当缓存区中保存了过多的临时文件而造成硬盘空间不足时，可以通过单击该按钮，来清空缓存区中的临时文件。
- 符合的媒体缓存：用于为数据库和缓存文件指定临时存储路径。

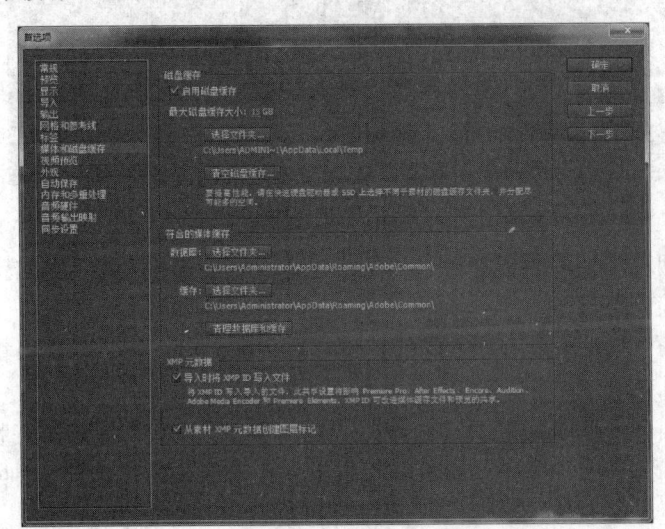

图 1-32 "媒体和磁盘缓存"参数设置

9. 视频预览

设置 After Effects 中视频预览的相关参数，如图 1-33 所示。

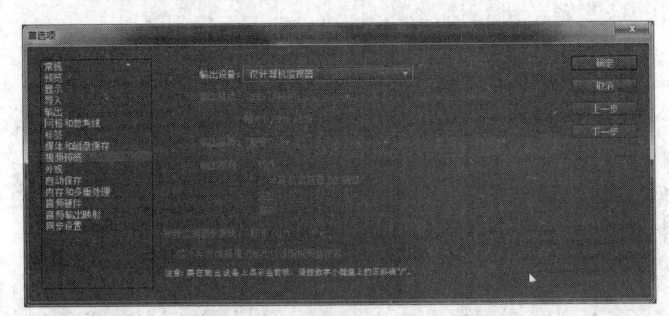

图 1-33 "视频预览"参数设置

- 输出设备：设置用于输出的硬件设备。选择"仅计算机监视器"选项，则只作为在电脑上的播放演示，下面的选项将不可设置。

- 输出模式：设置输出模式，电脑中安装的显卡不同，这里的内容选项也不同。
- 输出期间：设置在输出期间，程序窗口中可以进行的操作。
- 预览：勾选该选项后，下面的"计算机监视器上的镜像"被激活；勾选后可以在电脑监视器上显示预览的渲染过程。
- 交互：在输出期间，可以进行其他的编辑操作。
- 渲染：在输出期间，可以进行其他的渲染。
- 视频监视器的长宽比：设置视频输出后适应的监视器屏幕高宽比。
- 缩放并以信箱模式输出以适配视频监视器：勾选该选项，在预览输出时，将缩放画面比例和文字大小，以适合（上面所选的）视频监视器。

10. 外观

设置 After Effects 的工作界面外观效果，如图 1-34 所示。

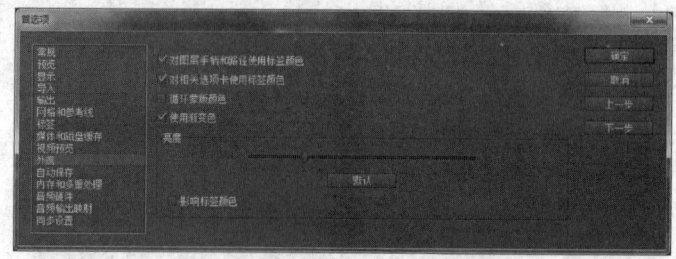

图 1-34 "外观"参数设置

- 对图层手柄和路径使用标签颜色：勾选该选项后，图层在合成中的操作控制点和路径都将以标签颜色显示。
- 对相关选项卡使用标签颜色：勾选该选项后，对于与当前功能使用相关的选项卡使用标签颜色。
- 循环蒙版颜色：设置每新添加一个蒙版的时候，是否使用默认的蒙版边框颜色。勾选该选项，则为新添加蒙版的边框随机设置一个颜色；取消选择，则使用默认的颜色。
- 使用渐变色：勾选该选项后，软件界面的原色将用渐变来显示。
- 亮度：左右拖动下面的滑块，可以调整 After Effects 界面的亮度，方便用户使用习惯的界面亮度。单击"默认值"按钮，可以还原到默认的界面亮度。
- 影响标签颜色：勾选该选项后，在调整上面的界面亮度时，同时也对合成、项目、时间轴等窗口的标签颜色进行调整。

11. 自动保存

设置 After Effects 中执行自动保存的相关参数，如图 1-35 所示。

图 1-35 "自动保存"参数设置

- 自动保存项目：设置 After Effects 是否自动保存项目。
- 保存间隔：设置两次自动保存之间的间隔时间。
- 最大项目版本：通过输入数值，设置可以自动保存项目数量的最大值。

12. 内存和多重处理

设置 After Effects 的多线程处理技术。当进行多线程渲染时可以激活该项，如图 1-36 所示。

- 安装的 RAM：显示当前电脑系统的内存大小。
- 为其他应用程序保留的内存：可以通过输入数值来设置被当前程序占用后，可用于其他程序的剩余内存。

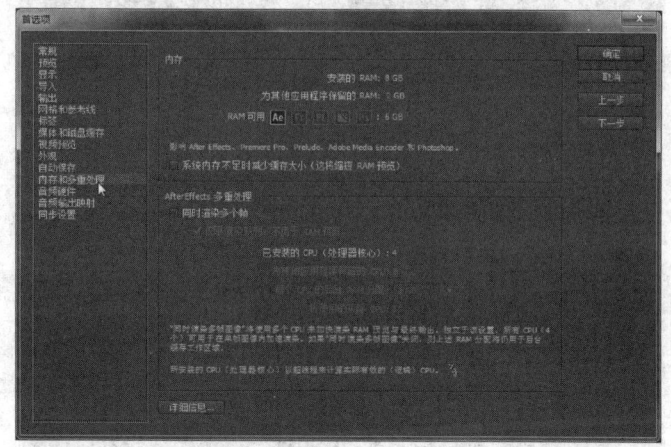

图 1-36 "内存和多重处理"参数设置

- 系统内存不足时减少缓存大小：勾选该复选框，在系统内存不足时，自动减少缓存的大小。
- 同时渲染多个帧：勾选该选项后，可以在下面的选项中设置对电脑系统中工作 CPU 核心线程的分配。
- 已安装的 CPU：显示当前电脑系统中工作 CPU 的核心数量。
- 为其他应用程序保留的 CPU：可以通过输入数值来设置被当前程序占用后，可用于其他程序的 CPU 工作核心数量。

13. 音频硬件

设置音频硬件所使用的设置，如图 1-37 所示。

图 1-37 "音频硬件"参数设置

- 默认设备：在该列表中选择分配给 After Effects 的音频硬件，如果没有单独安装独立声卡，则只有一个选项。可以在单击"设置"按钮后打开的对话框中，对当前工作音频硬件的输入和输出选项进行设置。

14. 音频输出映射

设置音频硬件的左右通道输出映射。在"映射其输出"下拉列表中选择工作音频硬件后，在下面的"左侧"和"右侧"列表中分别指定左右声道的扬声器，如图 1-38 所示。

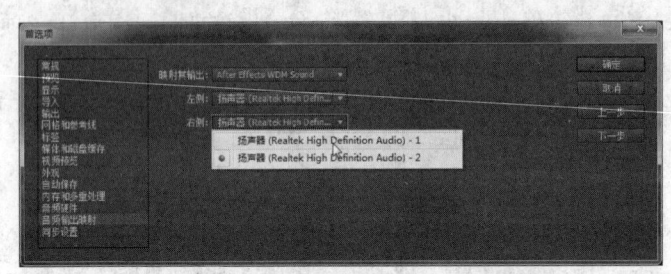

图 1-38 "音频输出映射"参数设置

15. 同步设置

用于设置需要进行同步到云端空间的内容，如图 1-39 所示。

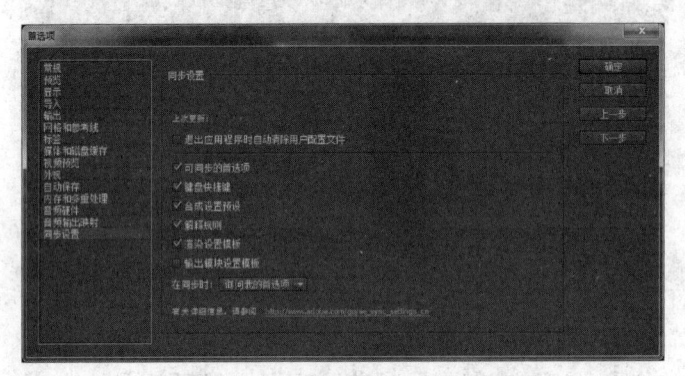

图 1-39 "同步设置"参数设置

1.3 认识主要的工作窗口与功能面板

项目、时间轴和合成窗口是在 After Effects 中进行影视项目编辑的主要工作窗口，下面对这些主要的工作窗口和功能面板的操作方法和功能进行详细的了解。

1.3.1 项目窗口

在 After Effects 中，项目窗口主要用于管理项目文件中的素材，可以在其中完成对素材的新建、导入、替换、删除、注解和整合等编辑操作，其中各组成部分的功能如图 1-40 所示。

在预览窗口中，显示了当前所选素材的影像内容；在其右边显示了所选素材的文件名、文件属性、在当前项目中被使用的次数等；在下面的搜索栏中输入关键字，可以在素材列表中快速找到需要的素材对象；单击功能按钮区中相应的按钮，可以执行新建文件夹、新建合成、删除等操作。

将项目窗口的宽度拉宽，可以显示出当前窗口中显示的各项素材属性；单击对应的图标，可以将窗口中的对象以对应的方式进行降序或升序排列，包括名称、类型、大小、帧速率、入/出点、注释、文件路径等，如图 1-41 所示。

图 1-40　项目窗口

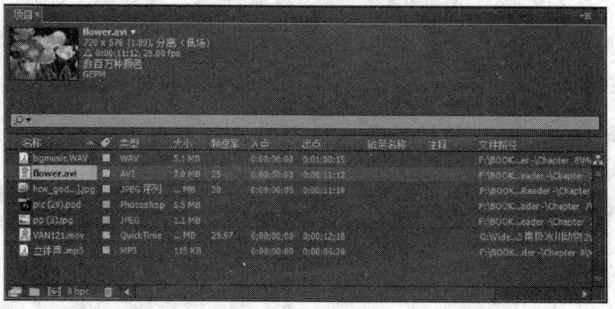

图 1-41　标签栏

在标签栏上单击鼠标右键，或者单击窗口右上角的选项按钮，可以在弹出的菜单"列数"子菜单中，通过选择对应的属性选项，显示或隐藏标签栏中素材对象的属性选项，如图1-42 所示。

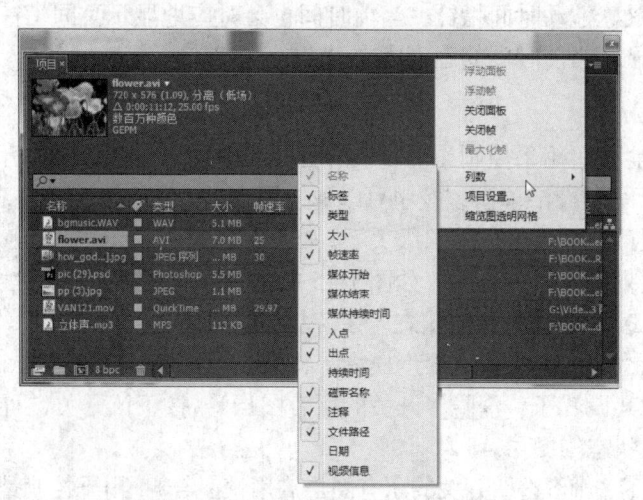

图 1-42　显示或隐藏标签栏中的选项

1.3.2　时间轴窗口

时间轴窗口是将素材组合成影片的主要工作窗口。用鼠标将项目窗口中的素材拖入时间轴窗口中，即可创建图层；然后将多个素材层按时间先后排列，并对素材进行位置、比例、旋转等属性的修改，编辑关键帧动画和添加特效等操作，如图 1-43 所示。

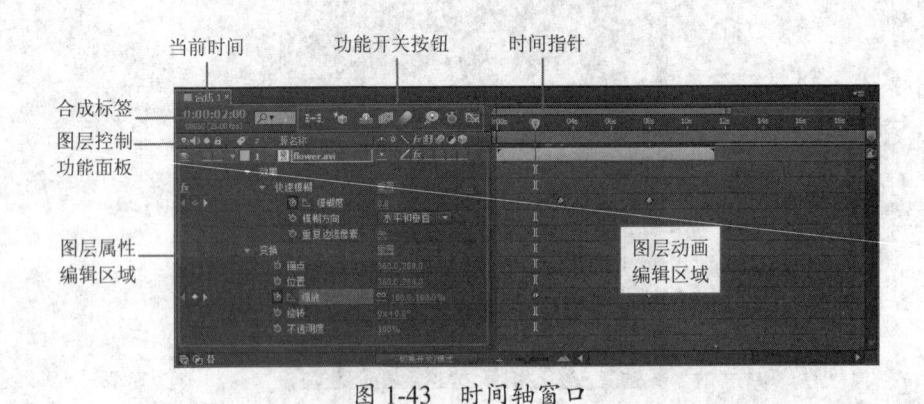

图 1-43 时间轴窗口

1. 合成标签

一个典型的"合成"通常包含多个层，这些层就是在时间轴窗口中的各种素材对象，包括视频素材、音频素材、图像、文本等内容。一个 After Effects 工程项目可以由多个合成组成，而一个合成也可以被当作包含了影像内容的素材对象嵌入到其他的合成中。在时间轴窗口的合成标签栏中，可以显示当前项目文件中的多个合成；可以通过单击对应的合成标签，打开需要的合成对象，在时间轴窗口中显示其图层内容，如图 1-44 所示。

图 1-44 合成标签

2. 当前时间与时间指针

当前时间和时间指针是对应显示的。将鼠标移动到当前时间的时间码上，在鼠标光标改变形状后，按住鼠标左键并向左或向右拖动，可以将时间指针定位到需要的时间位置；单击鼠标左键，可以使时间码进入编辑状态，输入需要的时间位置，即可将时间指针定位到准确的位置。同样，用鼠标拖动时间指针，当前时间也会对应地显示时间指针的位置，同时在合成窗口中也将同步显示当前时间的画面内容。

3. 功能开关按钮

该区域中的功能按钮用于控制当前合成的时间线中图层对应效果的开关状态。

- 合成微型流程图：单击该按钮可以弹出图表框，显示当前项目中嵌套合成的层级关系。如果没有嵌套关系，则只显示当前合成，如图 1-45 所示。

图 1-45 显示合成嵌套关系

- （草图 3D）：默认为弹起状态，系统将忽略 3D 层中的灯光、阴影、摄像机深度模糊等特效。

- （隐藏为其设置了"消隐"开关的所有图层）：按下该开关，可以隐藏时间轴窗口中处于消隐状态的图层。

- （为设置了"帧混合"开关的所有图层启用帧混合）：用于控制是否在图像刷新时启用帧平滑融合效果。按下该开关，可以弥补帧速率加快或减慢时产生的图像质量下降。

- （为设置了"运动模糊"开关的所有图层启用运动模糊）：用于控制在合成窗口中是否显示运动图层的模糊效果。按下该开关，可以使时间轴窗口中打开了运动模糊开关的有运动设置的图层产生运动模糊效果。
- ▣（变化）：可以根据所选参数在动画上进行创新。它将提供9幅全动态变更预览影像供用户选择，也可以取消某些影像，根据保留的影像进一步修改，如图1-46所示。
- ▣（修改时的"自动关键帧"属性）按下该开关，可以在图层的基本属性（位置、大小、旋转、不透明度、轴心点）发生改变时，自动在该时间位置创建对应属性的关键帧。
- ▣（图表编辑器）：按下该开关，可以在时间轴窗口中将关键帧编辑状态切换为曲线图形编辑状态，可以方便地对当前所选属性或特效的关键帧动画，以曲线图形模式进行编辑，可以得到更加平滑、多变的动画效果，如图1-47所示。

图1-46　变化窗口

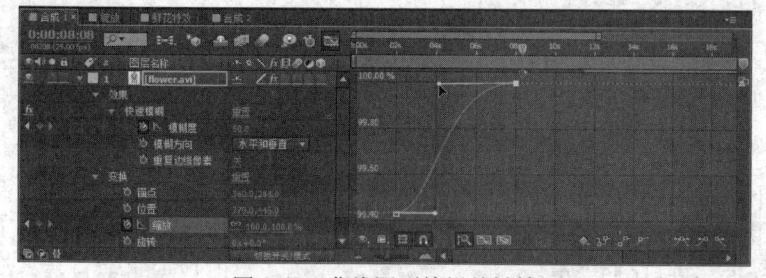

图1-47　曲线图形编辑关键帧

4. 图层属性编辑区

在时间轴窗口的面板栏上单击鼠标右键，可以在弹出的菜单中选择打开需要显示的相关功能窗格，如图1-48所示。

默认情况下，在时间轴窗口中会显示A/V功能、标签、#（序号）、图层名称、效果开关等在编辑工作中最常用的窗格。单击素材层上与窗格栏中效果开关对应的开关按钮，可以启用或停用对应的效果。

- ▣（视频）：激活该开关，显示当前选中图层里的对象；反之则隐藏该图层在合成窗口中所显示的内容。

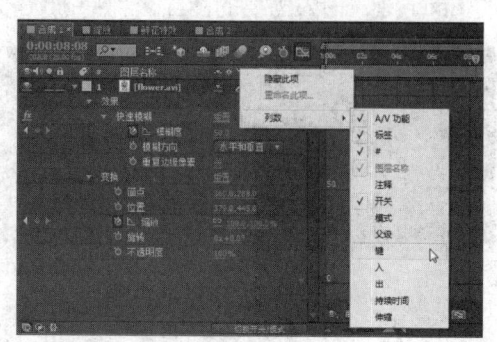

图1-48　选择需要显示的窗格

- ▣（音频）：激活该开关，可以正常播放该素材图层的音频，反之则使其静音。
- ▣（独奏）：激活该开关时，其他图层的影像内容将不在合成窗口中显示，便于分别查看各个图层的对象并进行编辑。同时激活多个图层的独奏开关，则只显示启用了独奏开关的图层。
- ▣（锁定）：激活该开关，可以使被锁定的图层不能进行任何编辑操作，以免在编辑多个图层时产生误操作。再次单击该开关，即可解除锁定。
- ▣（消隐）：配合"隐藏为其设置了'消隐'开关的所有图层"▣按钮使用，可以将激活了"消隐"开关的图层在时间轴窗口中隐藏，但不影响其内容在合成窗口中的显示。

- ▦（对于合成图层：折叠变换/对于矢量图层：连续光栅化）：该开关主要在加入到当前时间线中的合成和矢量图形对象（形状、空对象、调整图层以及导入的 Illustrator 矢量图形）上使用，激活该开关，可以将矢量图像转换为像素图像。
- ▨（质量和采样）：单击该开关，可以使图层的图像在显示和渲染时，在低质量的▨状态和高质量的▨状态间切换。在低质量状态下，不对图像应用抗锯齿和子像素技术，并忽略一些特效，图像会比较粗糙，但渲染速度快，适合在制作小样预览时使用。
- ƒx（效果）：打开或关闭应用于所有图层上的特效，方便观察应用视频特效前后的效果对比。
- ▦（帧混合）：配合"为设置了'帧混合'开关的所有图层启用帧混合"按钮，对视频素材应用帧融合。
- ◉（运动模糊）：配合"为设置了'运动模糊'开关的所有图层启用运动模糊"按钮，为运动素材应用动态模糊。
- ◐（调整图层）：激活该按钮，可以将所选图层转换成调整图层，来为其他图层应用色彩、明暗度等调节效果。
- ▦（3D 图层）：激活该按钮，可以将所选图层转换成 3D 图层，以在三维空间中对其进行空间效果的编辑操作。

5. 源名称和图层名称

默认情况下，加入到时间轴窗口中的素材层，都是以素材的源文件名称来命名的。为了方便用户在编辑过程中管理和识别，After Effects 提供了源名称和图层名称两种方式来显示图层名称。源名称就是素材的源文件名称，不可更改。用户可以根据需要自行修改图层名称：单击"源名称"窗格栏，切换到图层名称显示状态，选择需要修改图层名称的层后按键盘上的 Enter 键，输入需要的图层名称并确认，即可完成对图层名称的修改，如图 1-49 所示。

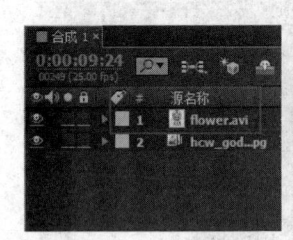

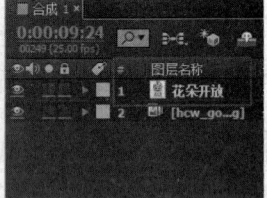

图 1-49 修改图层名称

6. 展开与隐藏功能窗格

单击时间线窗口底部对应的按钮，可以展开或隐藏对应的功能窗格，调整时间线窗口的外观。

- ▦（展开或折叠"图层开关"窗格）：单击该按钮，可以切换图层"效果开关"窗格的显示与隐藏，如图 1-50 所示。

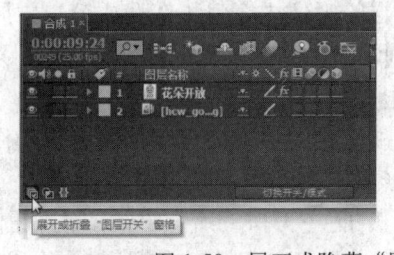

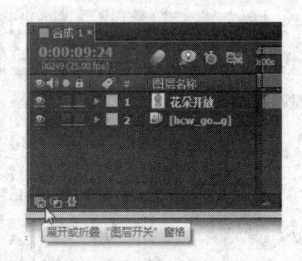

图 1-50 展开或隐藏"图层开关"窗格

- ▣（展开或折叠"转换控制"窗格）：单击该按钮，可以切换"转换控制"窗格的显示与隐藏，如图 1-51 所示。

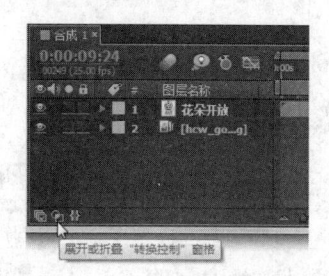

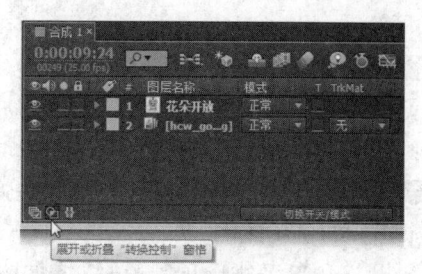

图 1-51　展开或隐藏"转换控制"窗格

- ▣（展开或折叠"入点"/"出点"/"持续时间"/"伸缩"窗格）：单击该按钮，可以切换时间控制窗格的显示与隐藏，如图 1-52 所示。

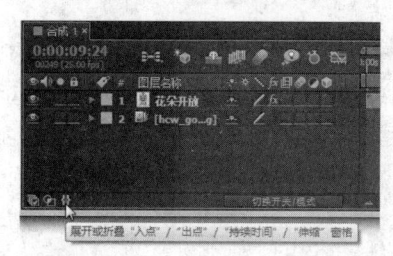

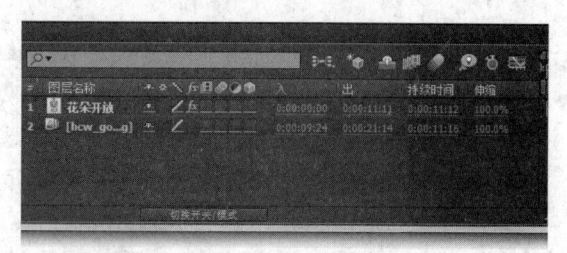

图 1-52　展开或隐藏时间控制窗格

- ▣（切换开关/模式）：单击该按钮可以切换"图层开关"窗格和"转换控制"窗格。

1.3.3　合成窗口

合成窗口主要用于预览合成影像和素材内容，以及对合成中的素材对象进行位置、大小、旋转等基本编辑操作，如图 1-53 所示。

图 1-53　合成窗口

- ▣（合成预览窗口标签）：默认显示当前正在编辑的合成。如果当前工程文件中有多个合成，可以通过在项目窗口中双击需要显示的合成，或单击合成预览窗口标签后面的下拉按钮，在弹出的列表中选择需要的合成来切换显示。单击标签前面的▣按钮，可以锁定该预览窗口，需要查看其他合成时，将在新打开的预览窗口中显示。单击末尾的▣按钮，可以关闭该预览窗口。

- ■ 图层:pp(3).jpg ▼（图层预览窗口标签）：在时间轴窗口中双击需要预览的图层，或在合成预览窗口中双击需要单独查看的图层，即可打开图层预览窗口，查看该图层当前的图像内容。
- ■ 素材:VAN121.mov ▼（素材预览窗口标签）：在项目窗口中双击需要查看内容的素材对象，即可打开素材预览窗口，预览素材的原始内容。
- ■（始终预览此视图）：保持查看该窗口。
- (25%) ▼（放大率）：单击该按钮，可以在弹出的菜单中选择合成窗口中画面的显示比例。
- ■（选择网格和参考线选项）：单击该按钮，可以在弹出的菜单中选择要在合成窗口中显示的参考线，包括标题/动作安全区、对称网格、网格、参考线、标尺、3D 参考轴，如图 1-54 所示。

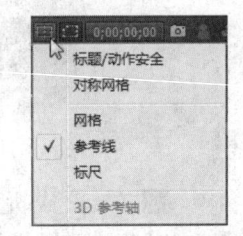

图 1-54　选项下拉菜单

> 在球面显像管电视机时代，电视机屏幕边缘弯曲的区域不能被完整地显示出来，为保证字幕内容和关键动作能被完整显示，而设置了字幕安全区和动作安全区来作为拍摄影片时的参考。其中，内圈为标题字幕安全区，外圈为动作安全区。虽然现在主流的液晶电视机已经不存在边缘弯曲问题，但是仍然可以作为影视内容编辑的安全范围参考，如图 1-55 所示。

- ■（切换蒙版和形状路径可见性）：按下该按钮后，蒙版和路径轮廓可见，反之则不可见，如图 1-56 所示。

图 1-55　字幕/动作安全区　　　　图 1-56　显示蒙版轮廓

- 0:00:00:00（当前时间）：显示时间轴窗口中时间指针当前的时间位置；单击该按钮，可以在弹出的"转到时间"对话框中输入时间、帧位置，然后单击"确定"按钮，即可快速跳转到该时间位置，并在合成窗口中显示该时间位置的画面，如图 1-57 所示。
- ■（拍摄快照）：按下该按钮，可以记录当前画面，方便在更改后进行对比。

图 1-57　"转到时间"对话框

- ■（显示快照）：按住该按钮不放，可以显示最后一次快照图像，释放后则显示当前画面。

> 按住 Shift 键不放，再分别按 F5、F6、F7、F8 功能键可进行多次快照，需要显示对应的快照时，再按 F5、F6、F7、F8 键即可。

- ■（显示通道及色彩管理设置）：在该下拉列表中选择相应的通道，即可在合成窗口中查看相应颜色的轮廓。
- ■（分辨率）：在该下拉列表中选择相应的选项或自定义数值，可以切换合成窗口中图像的显示分辨率，但不影响影片的最终输出效果。分辨率越低，合成窗口中图像的刷新率就越快。
- ■（目标区域）：按下该按钮后，可以在合成窗口中绘制一个矩形，只有矩形区域中的图像才能显示出来；方便在编辑过程中，针对某一局部位置进行观察或编辑。不同于在图层上绘制的蒙版，这里绘制的矩形只用于辅助观察细节，不会影响影片输出效果。再次单击该按钮，可以恢复正常显示，如图1-58所示。
- ■（切换透明网格）：在默认的情况下，合成窗口的背景为黑色；按下该按钮，可以使合成窗口中的背景显示为透明网格，如图1-59所示。

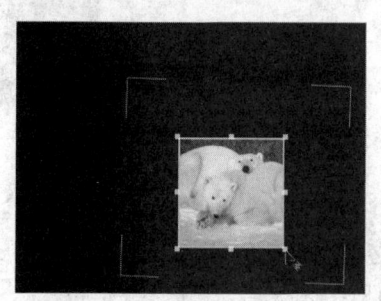

图1-58　绘制关注矩形　　　　图1-59　显示透明背景

- ■（3D视图）：在该下拉菜单中，可以为合成窗口选择需要的视图角度，通常在三维编辑时使用，如图1-60所示。
- ■（选择视图布局）：配合 ■ 按钮，可以在该下拉菜单中选择需要的选项，将合成窗口设置为显示多个角度的视图及排列方式，方便在三维编辑时准确地定位素材对象，如图1-61所示。

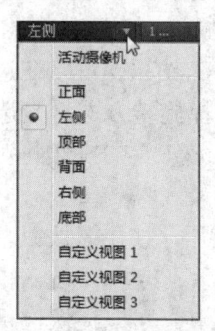

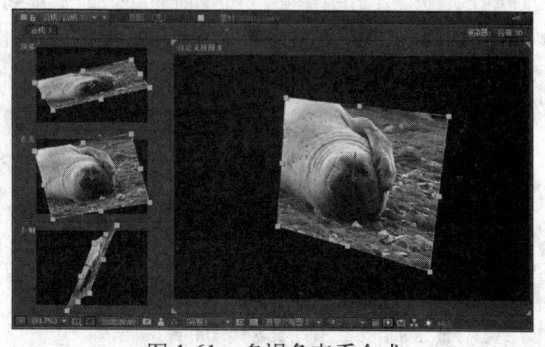

图1-60　视图角度选择　　　　图1-61　多视角查看合成

- ■（切换像素长宽比校正）：按下该按钮，可以切换像素的长宽比校正显示效果；通常在导入的素材图像像素长宽比与当前合成的图像像素长宽比不一致时使用。
- ■（快速预览）：在该下拉菜单中可以选择不同的动态加速预览选项，包括：关（最终质量）、自适应分辨率、草图、快速绘图、线框等模式，方便快速预览当前完成的编辑效果。
- ■（时间轴）：单击该按钮，可以打开与当前合成对应的时间轴窗口。

- ▦（合成流程图）：单击该按钮，可以打开与当前合成对应的流程图窗口，查看当前合成中素材的应用与嵌套关系，如图 1-62 所示。
- ▦（重设曝光度）：按下该按钮后，可以通过调整后面的"调整曝光度" +0.0 数值，查看合成窗口中的画面在不同数值曝光度时的效果，如图 1-63 所示。该设置只用于画面对比预览，不影响影片的渲染输出效果。

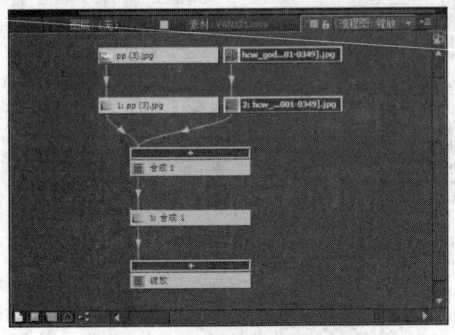

图 1-62　查看合成流程图　　　　　　图 1-63　调整曝光度

1.3.4　工具面板

工具面板为条状面板，位于菜单栏下。某些工具必须在相应的状态下才能使用，比如坐标轴工具只有在选择 3D 图层模式时才可激活。工具面板关闭之后，可以执行"窗口→工具"命令，恢复显示，如图 1-64 所示。

图 1-64　工具面板

- ▦（选择工具）：主要用于在合成窗口中选择或移动对象，以及调整路径的控制点。
- ▦（手形工具）：在放大视图时，可以使用该工具平移视图位置。在编辑操作过程中按住鼠标之间的滑轮，可以随时从当前工具切换到"手形工具"。
- ▦（缩放工具）：用于放大或缩小（按住 Alt 键的同时单击鼠标）视图显示比例。
- ▦（旋转工具）：用于旋转合成窗口中的素材对象。对于 3D 图层，可以在选择该工具后，在工具面板后面的 组 方向 ▼ 对于 3D 图层 下拉列表中选择旋转方式；当选择"方向"时，将对层的坐标方向进行调节；当选择"旋转"时，该工具的操作将对层的角度属性进行调节。
- ▦（统一摄像机工具）：该工具只能在创建了摄像机以后使用。按住该按钮，可以在弹出的子面板中选择需要的摄像机调整工具，如图 1-65 所示。其中，"统一摄像机工具"用于旋转当前所选的活动摄像机视角；"轨道摄像机工具"可以使摄像机视图在任意方向和角度进行旋转；"跟踪 XY 摄像机工具"可以在水平或垂直方向上移动摄像机视图；"跟踪 Z 摄像机工具"用于调整摄像机的视图深度。
- ▦（向后平移锚点工具）：用于调整素材对象的定位锚点。
- ▦（矩形工具）：按住该按钮，可以在弹出的子面板中选择需要的绘图工具，绘制对应形状的矢量图像或蒙版，如图 1-66 所示。包括矩形工具、圆角矩形工具、椭圆工具、多边形工具、星形工具。选择形状工具后，在工具面板后面的选项中，按下"工具创建形状"按钮▦，可以在工具面板后面设置绘制形状的填充色、描边色、描边宽度，以及与下方图层中图像的混合模式；按下"工具创建蒙版"按钮，则可以在合成窗口中的当前图层上绘制对应形状的蒙版。

图 1-65　摄像机调整工具　　　　　　　图 1-66　形状工具

- （钢笔工具）：用于绘制任意形状的蒙版或开放的路径。按住该按钮，可以在弹出的子面板中选择需要的路径编辑工具，包括钢笔工具、添加顶点工具、删除顶点工具、转换顶点工具、蒙版羽化工具，如图 1-67 所示。
- （横排文字工具）：主要用于在合成窗口中直接输入建立水平文字或垂直文字，或者设置文字形状的蒙版，如图 1-68 所示。

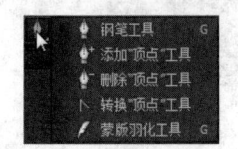

图 1-67　钢笔工具　　　　　　　图 1-68　文本工具

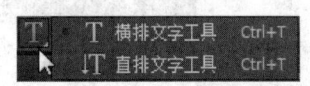

- （画笔工具）：用于在素材层的图像中绘制线条或者图形。需要注意的是，该操作只能在图层窗口中进行。
- （仿制图章工具）：该工具与 Photoshop 中的图章工具功能相同，主要用于对画面中的区域进行有选择的复制，还可以很轻松地去除素材中的瑕疵和不需要的画面。在使用"仿制图章工具"时，绘画面板的"仿制选项"栏中的工具将被激活，如图 1-69 所示。需要注意的是，该工具只能在图层窗口中使用。
- （橡皮擦工具）：主要用于擦除画面中的图像，该工具也只能在图层窗口中使用。
- （Rote 笔刷工具）：使用该工具，只需在需要与背景分离开来的前景物体上，沿需要的分离边缘绘制出范围，After Effects

图 1-69　绘画面板

就可以自动计算出其他帧中的前景物体并进行分离，大大提高工作效率。不过，需要应用的素材画面最好是前景与背景差异较大的图像，才能得到更好的分离效果。
- （操控点工具）：该工具可以为合成中创建的角色对象设置形体运动效果，用来移动角色的胳膊和腿部，也可用于在图形和文本上制作动画效果（"操控叠加工具"）：用于设置对象层在组成角色对象的多个层中的层次顺序（在前或在后）（"操控补粉工具"）用于固定不需要有形体动作的对象，以避免被其他运动对象影响，方便编辑需要的动画效果。
- （坐标轴工具）：主要用于在三维空间中显示对象的坐标系的类型，包括本地轴模式 、世界轴模式 、视图轴模式 。

1.3.5　信息面板

信息面板用于显示在合成窗口（或图层窗口、素材窗口）中鼠标当前所在位置图像的颜色和坐标信息以及在时间轴窗口中当前所选图层的名称、持续时间、入点和出点等信息，方便用户了解编辑对象的相关信息，如图 1-70 所示。

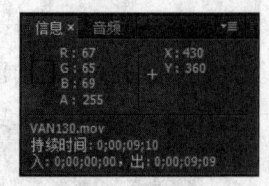

图 1-70 "信息"面板

1.3.6 预览面板

预览面板用于对素材、层、合成中的内容进行预览播放，通过面板中的控制按钮和相关选项，来进行控制预览设置。默认情况下，"预览"面板只显示基本的播放控制按钮，用鼠标按住并向下拖动面板的下边缘，可以将该面板完整地显示出来，如图 1-71 所示。

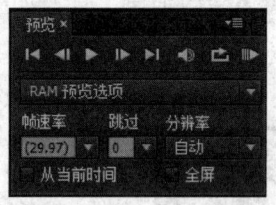

图 1-71 "预览"面板

- ：（第一帧）：跳转到开始位置。
- ：（上一帧）：逐帧后退。
- ：（播放/暂停）：播放当前窗口中的素材，或暂停播放。
- ：（下一帧）：逐帧前进。
- ：（最后一帧）：跳转到最后位置。
- ：（静音）：切换是否播放音频，在按下状态时静音。
- ：（单击更改循环选项）：按下该按钮，可以在 "播放一次"、 "循环"、 "乒乓循环"之间切换。
- （RAM 预览）：按下该按钮，启用内存进行渲染预览，渲染得到的临时文件可以被保存。
- 帧速率：单击该按钮，可以在弹出的下拉列表中选择需要的帧频进行预览，如图 1-72 所示。
- 跳过：设置一个跳帧值后，在预览影片的过程中，以间隔指定的帧数进行播放，如图 1-73 所示。
- 分辨率：在该下拉列表中选择预览影片时的画面分辨率，较低的分辨率可以加快渲染速度，方便快速预览影片的大体效果，如图 1-74 所示。

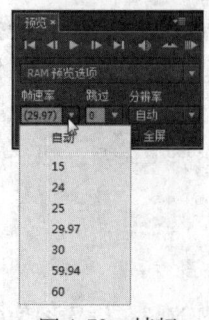

图 1-72 帧频 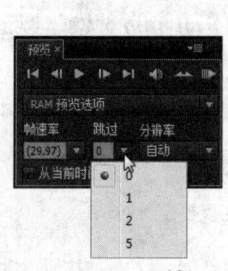　　　图 1-73 跳帧 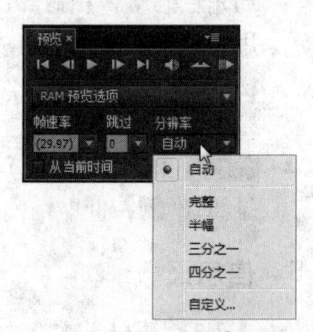　　　图 1-74 分辨率

1.3.7 效果和预设面板

效果和预设面板中包括了所有的滤镜效果和预置动画，可以通过选择需要的图层对象后，在效果列表中找到并双击需要的特效，也可以通过将特效用鼠标按住并拖动到目标对象上来完成特效的添加。在效果列表的"动画预设"文件夹中，可以直接调用成品动画效果，快速地为目标对象引用一系列完整的动画效果，如图1-75所示。

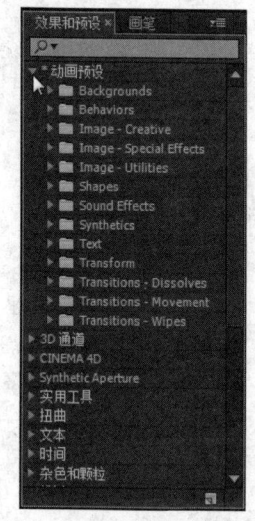

图1-75 特效与预设面板

1.4 课后习题

一．填空题

（1）静态图像在单位时间内切换显示的速度，就是_____，单位为_____。

（2）非丢帧格式的 PAL 制式视频，其时间码中的分隔符号为_____。而丢帧格式的 NTSC 制式视频，其时间码中的分隔符号为_____。

（3）拖动工作面板的过程中按下_____键，可以在释放鼠标后将其变为浮动面板，方便将其停放在软件工作界面的任意位置。在实际的编辑操作中，按下键盘上的_____键，可以快速将当前处于激活状态的面板放大到铺满整个工作窗口，方便对编辑对象进行细致的操作。

（4）在 After Effects 中_____窗口主要用于管理项目文件中的素材，可以在其中完成对素材的新建、导入、替换、删除、注解和整合等编辑操作。

二．选择题

（1）NTSC 制式的视频，实际使用的帧率是（　　）。

　　A. 24fps　　　　B. 25fps　　　　C. 29.7fps　　　　D. 30fps

（2）在时间轴窗口中，按下（　　）按钮，可以显示当前项目中嵌套合成的层级关系。

　　A. 　　　　B. 　　　　C. 　　　　D.

（3）在时间轴窗口中激活（　　）开关时，其他图层的影像内容将不在合成窗口中显示，便于分别查看各个图层的对象并进行编辑。

　　A. 锁定　　　　B. 消隐　　　　C. 帧混合　　　　D. 独奏

（4）使用工具面板中的（　　）工具进行涂绘，可以将需要与背景分离开来的前景物体，沿需要的分离边缘绘制出范围，将其从连续的帧中分离出来。

　　A. 选择工具　　　　　　　　　B. Rote 笔刷工具
　　C. 旋转工具　　　　　　　　　D. 仿制图章工具

（5）在时间轴窗口底部单击（　　）按钮，可以切换"图层开关"窗格的显示与隐藏。

　　A. 　　　　B. 　　　　C. 　　　　D. 切换开关/模式

第 2 章　After Effects CC 影视编辑基本工作流程

学习要点

- 了解影视项目编辑的准备工作所需要完成的事项
- 掌握导入和管理素材、创建合成项目、在时间轴窗口中编排素材等基本编辑操作方法
- 掌握为素材添加、复制、关闭、删除特效的方法，并练习对合成项目进行预览播放的方法
- 了解影片的渲染输出方法，掌握渲染设置中的重点操作部分
- 通过课堂实训，对影片编辑的基本工作流程进行实践练习

2.1　影视项目编辑的准备工作

在使用 After Effects CC 进行视频编辑之前，需要先做好必要的准备工作，主要包括项目的编辑制作方案和相关素材的准备工作。在制作方案可以罗列出影片的主题、主要的编辑环节、需要实现的目标效果、准备应用的特殊效果、需要准备的素材资源、各种素材文件和项目文件的保存路径设置等，尽量详细地在动手制作前将编辑流程和可能遇到的问题考虑全面，并提前确定实现目标效果和解决问题的办法，作为进行编辑操作时的参考指导，可以为更顺利地完成影片的编辑制作提供帮助。

素材的准备工作，主要包括图片、视频、音频以及其他相关资源的收集，并对需要的素材做好前期处理，以方便适合影片项目的编辑需要，例如，修改图像文件的尺寸、裁切视频或音频素材中需要的片段、转换素材文件格式以方便导入到 After Effects 中使用、在 Photoshop 中提前制作好需要的图像效果等，并将它们存放到电脑中指定的文件夹，以便管理和使用。

2.2　素材的导入与管理

在前面的学习中，我们已经了解到在 After Effects CC 中编辑影片项目，需要将素材导入到项目窗口中。After Effects CC 在启动时，会默认创建一个空白的项目，导入的素材将会被罗列在项目窗口中。在实际的编辑工作中，也可以根据需要，在当前工作窗口通过执行"文件→新建→新建项目"命令，新建一个空白的项目，开始新的编辑操作。

2.2.1　将素材导入到项目窗口

After Effects 支持图像、视频、音频等多种类型和文件格式的素材导入，它们的导入方法都基本相同。将准备好的素材导入到项目窗口中，可以通过多种操作方法来完成。

方法 1　通过命令导入。执行"文件→导入→文件"命令，或在项目窗口文件列表区的空白位置，单击鼠标右键并选择"导入→文件"命令，在弹出的"导入文件"对话框中，选择需要导入的素材，然后单击"打开"按钮，即可将所选择的素材导入到项目窗口中，如图 2-1 所示。

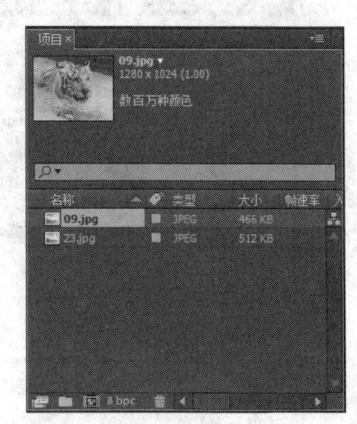

图 2-1 导入素材文件

> **TIPS**：在项目窗口文件列表区的空白位置双击鼠标左键，可以快速打开"导入文件"对话框，进行文件的导入操作。

方法 2 拖入外部素材。在文件夹中将需要导入的一个或多个文件选中，然后按住并拖动到项目窗口中，即可快速地完成指定素材的导入，如图 2-2 所示。

图 2-2 拖入素材文件

2.2.2 导入序列图像

序列图像通常是指一系列在画面内容上有连续的单帧图像文件。在以序列图像的方式将其导入时，可以作为一段动态图像素材使用。

After Effects CC 默认以连续数字序号的文件名作为识别序列图像的标识，在"导入文件"对话框中导入序列图像时，只需选择序列图像的第一个文件，然后勾选"**序列"复选框，再单击"打开"按钮，即可将当前文件夹中同一数字序号文件名的文件以序列图像的方式导入，如图 2-3 所示。

图 2-3 导入序列图像

在项目窗口中双击导入的序列图像素材，可以打开素材预览窗口，通过拖动时间指针或按键盘上的空格键，预览序列图像中的动态内容，如图 2-4 所示。

图 2-4 预览序列图像

> **TIPS**：有时候准备的素材文件是以连续的数字序号命名，如果不想以序列图像的方式将其导入，或者只需要导入序列图像中的一个或多个图像，可以在"导入文件"对话框中取消对"**序列"复选框的勾选，再执行导入即可。

2.2.3 导入含有图层的素材

在实际的编辑工作中，常常在 Photoshop、Illustrator 等图像编辑软件中制作好需要的多图层图像，然后直接导入到 After Effects 中使用，可以很方便地得到包含透明内容、美观的字体、精确的尺寸、特殊滤镜效果的图像素材。这里以导入 PSD 素材为例，介绍在 After Effects 中导入含有图层的素材的方法。

上机实战 导入 PSD 素材

1 在项目窗口的空白区域双击鼠标左键，打开"导入文件"对话框，找到本书配套光盘中的 Chapter 2/Media/shoes.psd 文件，然后单击"打开"按钮，如图 2-5 所示。

2 在 After Effects CC 弹出的对话框中，可以在"导入种类"下拉列表中，选择导入 PSD 文件的方式，如图 2-6 所示。

图 2-5　导入 PSD 文件　　　　　　　　　图 2-6　选择导入类型

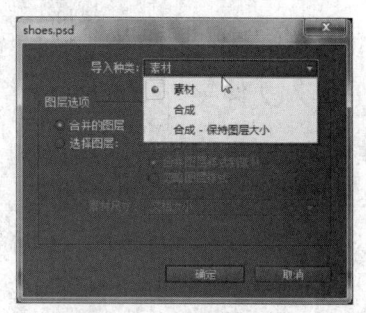

- 素材：以素材形式导入。当选择该选项时，对话框的"图层选项"栏中将有"合并的图层"和"选择图层"两个选项。在以合并图层方式导入时，将只生成一个素材图层。在以选择图层方式导入时，其下拉列表中显示将要导入的文件所包含的各个图层，选择需要的图层即可，如图 2-7 所示；还可以选择"合并图层样式到素材"选项，将 PSD 文件中图层的图层样式应用到图层中，方便快速渲染，但不能在 After Effects 中进行编辑；或选择"忽略图层样式"，忽略 PSD 文件中的图层样式；在"素材尺寸"下拉列表中默认选择"文档大小"，即保持 PSD 文件中图层的原始大小和位置，选择"图层大小"，则可以使 PSD 文件中每个图层都以本图层有像素区域的边缘作为导入素材的大小，如图 2-8 所示。

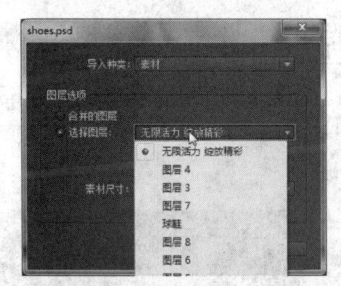

图 2-7　选择需要导入的图层　　　　　　　图 2-8　设置图层导入方式

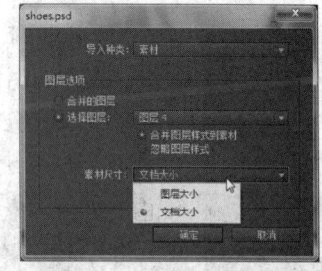

- 合成：以合成形式导入文件，文件的每一个图层都将成为合成中单独的图层，并保持与 PSD 中相同的图层顺序。在"图层选项"中选择"可编辑的图层样式"选项，则可以保持图层样式的可编辑性，在 After Effects 中进行修改编辑。单击"确定"按钮，以合成方式导入 PSD 文件，After Effects 将创建一个合成和一个合成文件夹，如图 2-9 所示。

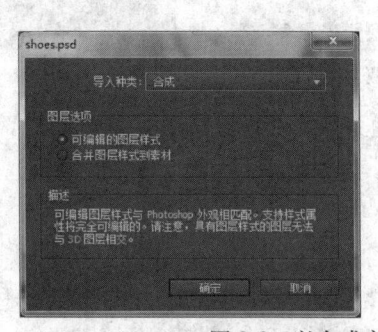

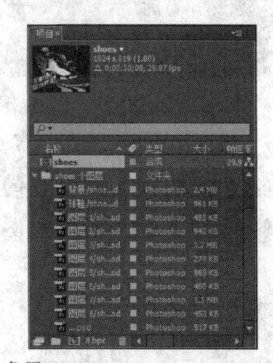

图 2-9　以合成方式导入

- 合成-保持图层大小：与导入为合成的方式基本一样，只是该形式可以直接使 PSD 文件中的每个图层都以本图层有像素区域的边缘作为导入素材的大小。

2.2.4 导入文件夹

在实际工作中，也可以提前编辑好需要的各种图像文件，并保存在指定的目录中，通过导入文件夹的方式，直接将素材导入项目窗口中并保存在相同名称的文件夹内，方便规范管理和识别。在打开"导入文件"对话框后，选择需要导入的文件夹，然后单击对话框下面的"导入文件夹"按钮即可，如图 2-10 所示。

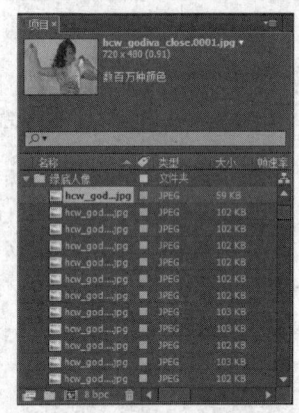

图 2-10　导入文件夹

与从文件夹中将图像文件拖入项目窗口不同，将只包含了图像文件的文件夹整个拖入项目窗口，可以以该文件夹中所有的图像文件生成一个序列图像，即使这些图像文件的文件名没有序列规律，也可以得到序列图像效果，如图 2-11 所示。

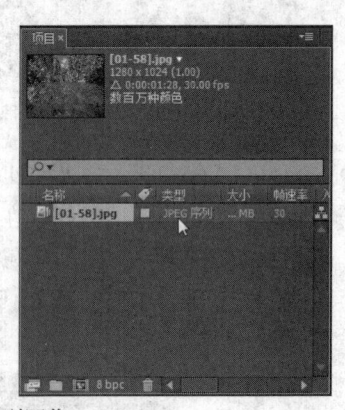

图 2-11　拖入图像文件夹，生成序列图像

> **TIPS** 在将文件夹直接拖入项目窗口的同时按 Alt 键，可以使拖入的文件夹同样生成图像文件夹，而不生成一个序列图像。

2.2.5 新建文件夹

一个复杂的影片项目，常常需要导入大量的素材，如果全部直接存放在项目窗口中，在查找使用时会非常麻烦。通过新建文件夹，可以将项目窗口中的素材，按照需要的方式进行分类存放，可方便查找选用和整理。

单击项目窗口下面的"新建文件夹"按钮，然后为素材文件列表中新创建的文件夹命名，即可用鼠标将素材拖入到该文件夹中存放，如图2-12所示。

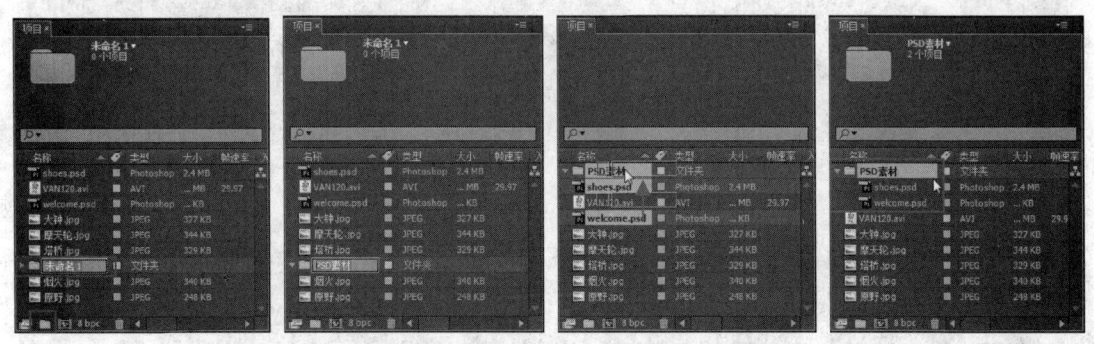

图2-12 创建文件夹并整理素材

单击文件夹前面的三角形按钮，展开文件夹，可以再次单击"新建文件夹"按钮，在该文件夹中创建新的文件夹；也可以将其他文件夹拖入到目标文件夹中，对素材进行更详细的分类，如图2-13所示。

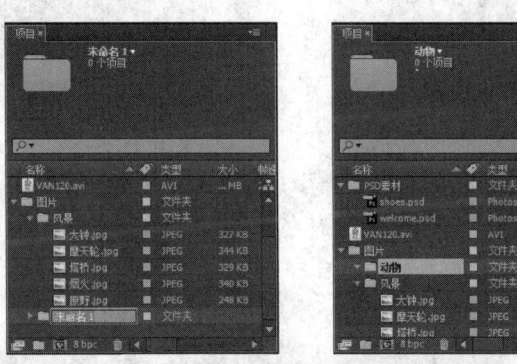

图2-13 在文件夹中创建新的文件夹

2.2.6 重新载入素材

在实际工作中，常常会在编辑过程中，发现已经导入的素材在准备阶段的编辑不够完善，需要重新修改。但修改完成后的素材文件不会立即自动更新在After Effects中的效果，此时就需要执行重新载入来完成了。

上机实战　重新载入素材

1　在项目窗口的空白区域双击鼠标左键，打开"导入文件"对话框，找到本书配套光盘中的Chapter 2/Media/welcome.psd文件，然后单击"打开"按钮，将其以"合成"的方式导入，如图2-14所示。

2　双击项目窗口中的"welcome"合成，打开合成窗口，查看其图像内容，如图2-15所示。

3　在Photoshop中打开welcome.psd文件，对其中的文字修改颜色和字体，然后保存并退出，如图2-16所示。

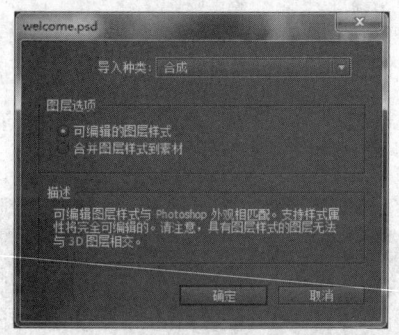

图 2-14 以"合成"方式导入 PSD 文件　　　　图 2-15 查看合成内容

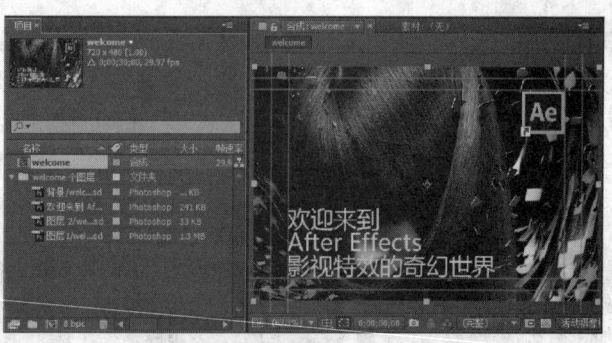

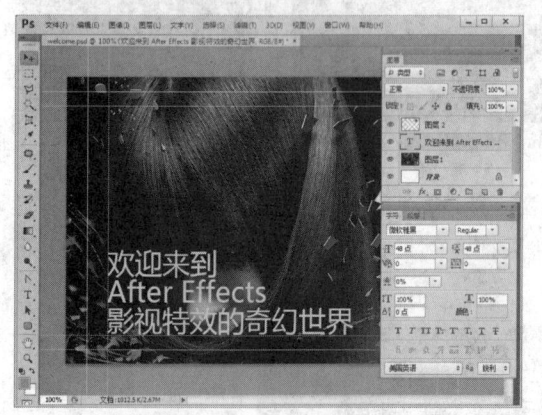

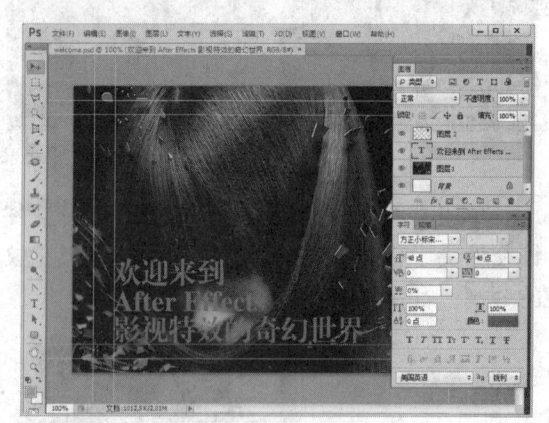

图 2-16 修改文字属性

　　4　回到 After Effects CC 中，在项目窗口中展开 PSD 合成的文件夹，在文字图层上单击鼠标右键并选择"重新加载素材"命令，即可对在外部修改后的图像素材进行更新，如图 2-17 所示。

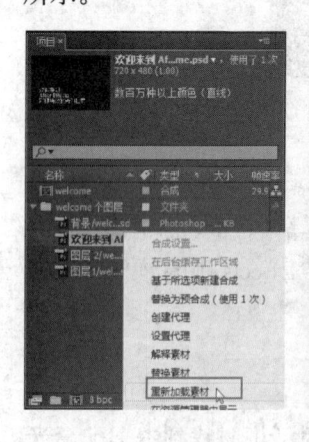

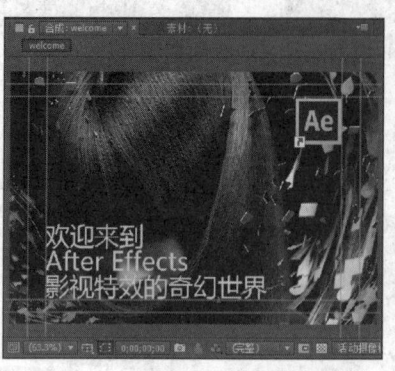

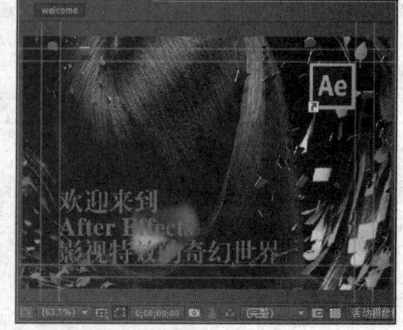

图 2-17 重新载入素材

2.2.7 替换素材

　　通过替换素材操作，可以快速地将当前合成中被替换的素材文件，替换成另外的素材内容，并且自动更新当前合成中所有命令应用了该素材的内容。在项目窗口中需要被替换的素材上单击鼠标右键并选择"替换素材→文件"，在弹出的对话框中选择要换的素材文件并单击"打开"按钮，即可完成对所选素材的替换，如图 2-18 所示。

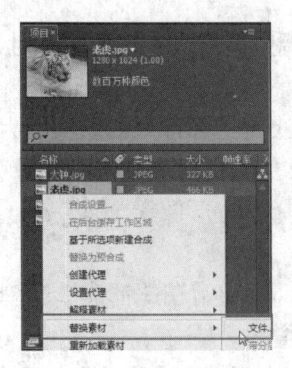

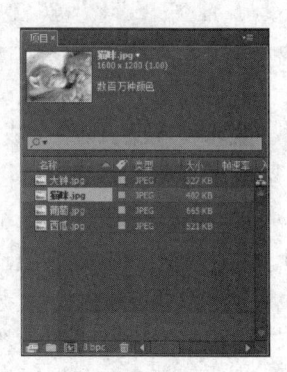

图 2-18 替换素材

2.2.8 素材与文件夹的重命名

默认情况下，导入到项目窗口中的素材保持与导入前的文件名相同。为了方便查看与管理，可以根据需要对其重新命名，方便识别与查找。在需要为素材或文件夹重新命名时，可以在选择该素材或文件夹后，单击鼠标右键并选择"重命名"命令，或者直接按键盘上的 Enter 键，即可进入其名称编辑状态，输入新的名称即可，如图 2-19 所示。

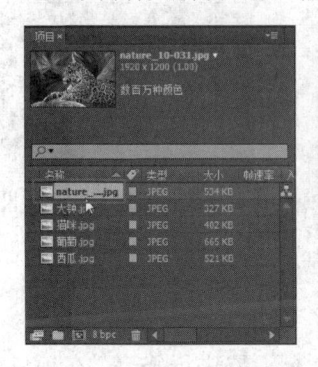

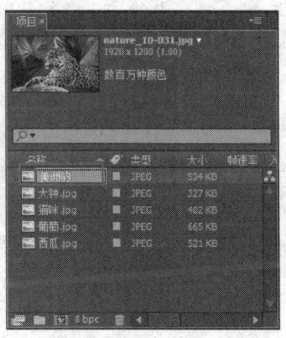

图 2-19 素材的重命名

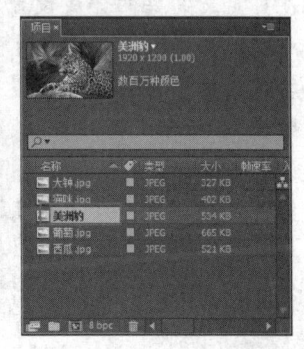

2.3 创建合成项目

合成项目是编排动画内容的容器，需要创建了合成才能在其中进行影视项目的编辑。

2.3.1 新建合成

执行"合成→新建合成"命令，或者在项目窗口中单击鼠标右键并选择"新建合成"命令，也可以打开"合成设置"对话框，对新建的合成属性进行设置，如图 2-20 所示。

- 合成名称：为创建的合成命名。
- 预设：设置合成项目的视频格式。可以选择 NTSC、PAL 制式的标准电视格式，以及 HDTV（高清电视）、胶片等其他常用影片格式。
- 宽度/高度：显示了当前所设置合成图像的宽度和高度，可以输入数值进行自定义修改。

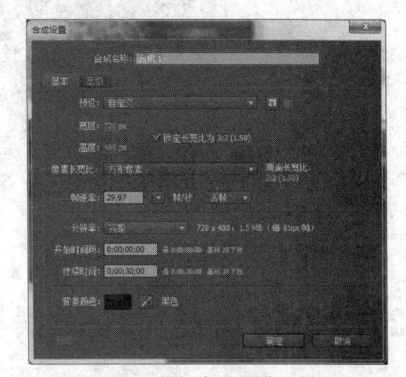

图 2-20 "合成设置"对话框

- 锁定长宽比为：勾选该选项，可以锁定画面的宽高比。调整高度或宽度的数值时，另一数值也会等比改变。
- 像素长宽比：设置合成图像的像素宽高比。像素的宽高比决定了影片画面的实际大小，电视规格的视频基本上没有正方形的像素，需要根据影片的实际应用进行选择和设置，如果只是用于电脑显示器上的播放演示，则可以选择"方形像素"。
- 帧速率：设置合成项目的帧速率。
- 分辨率：设置合成的显示精度，决定了合成影片的渲染质量。通常在此都选择"完整"，在编辑完成后需要渲染输出时，再根据需要选择输出分辨率。
- 开始时间码：默认情况下，合成项目从 0 秒开始计时，也可以根据需要设置一个开始值。
- 持续时间：设置整个合成的时间长度。
- 背景颜色：合成窗口的默认背景色为黑色，可以根据需要自定义需要的背景色。

不同的视频格式，其画面尺寸、帧速率、像素高宽比也不同，在这里设置合成属性时，通常在"预设"下拉列表中选择了需要的视频格式后，就只需要再设置好持续时间即可。单击"确定"按钮，即可在项目窗口中查看到新创建的合成。

> **TIPS** 在自定义需要的合成设置后，如果需要经常使用，可以单击"预设"下拉列表后面的 按钮，在弹出的对话框中为新建的预设项目进行命名并保存，如图 2-21 所示，即可在"预设"下拉列表中选择该设置类型，快速创建需要的合成项目。对于不再需要的预设项目，可以单击 按钮将其删除。

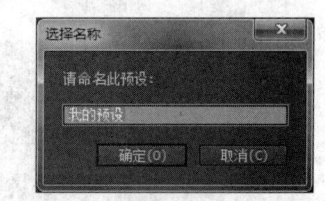

图 2-21　为新建的合成预设命名

2.3.2 修改合成设置

在编辑过程中，也可以随时根据需要，对合成项目的属性设置进行修改：在项目窗口中的合成项目上单击鼠标右键，或在当前项目的时间轴窗口、合成窗口的右上角单击 按钮，在弹出的命令菜单中选择"合成设置"命令，或者直接按"Ctrl+K"快捷键，即可打开当前所选合成的属性设置对话框进行修改设置，如图 2-22 所示。

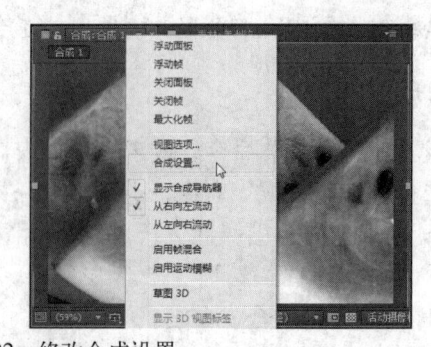

图 2-22　修改合成设置

2.4　在时间线中编排素材

将素材加入到时间轴窗口中，进行图层层次、时间位置的编排，决定着影片中各素材内容在播放时出现的先后关系。

2.4.1 将素材加入时间轴窗口

将准备好的素材导入到项目窗口中后，可以通过鼠标点选需要加入到时间轴窗口中的一个或多个素材，将其按住并拖动到时间轴窗口中，即可在时间轴窗口中创建该素材的图层。

需要注意的是，直接将素材拖入到时间轴窗口的图层列表中创建图层时，该图层在时间线中从 0 秒的位置开始，如图 2-23 所示；如果是将素材拖入到时间线区域中，则素材图层将从释放鼠标时所在的位置开始，如图 2-24 所示。

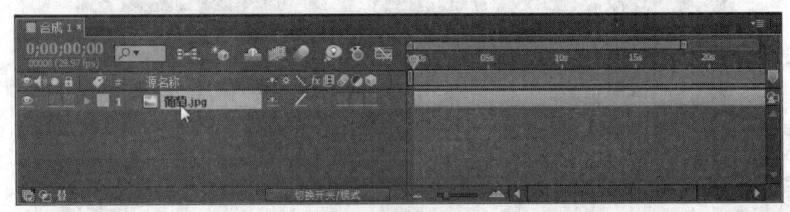

图 2-23　加入到图层列表中的素材

图 2-24　加入到时间线区域中的素材

在将项目窗口中的多个素材加入到时间轴窗口中时，所生成的图层的上下图层次，将与在项目窗口中选择素材的先后顺序保持一致，如图 2-25 所示。

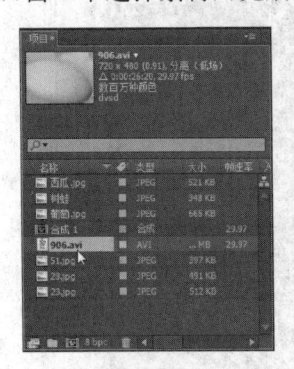

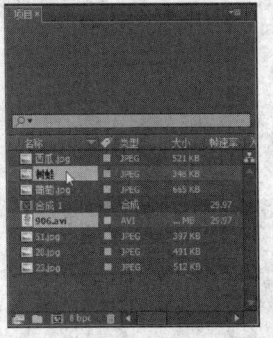

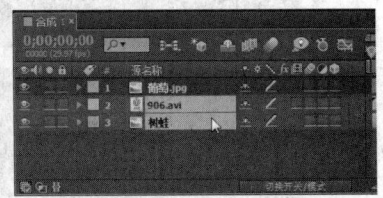

图 2-25　加入多个素材到时间轴窗口

2.4.2 修改图像素材的默认持续时间

在前面的操作中可以发现，默认情况下，将项目窗口中的图像素材加入到时间轴窗口中，素材的持续时间将与合成的持续时间保持一致。通过修改系统的基本参数，可以将图像素材加入时间轴窗口中的默认持续时间修改为自定义的长度，方便快速地对同类素材进行持续时间的统一设置。

执行"编辑→首选项→导入"命令，在"静止素材"的持续时间选项中输入数值，然后单击"确定"按钮，即可完成对素材默认持续时间的设置，如图 2-26 所示。

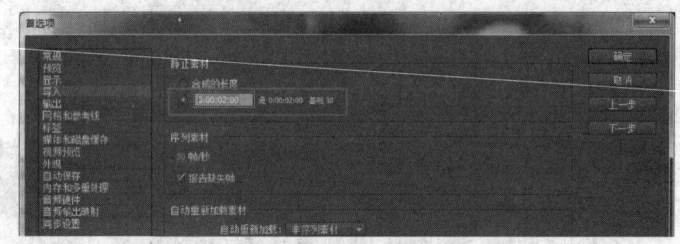

图 2-26　修改素材默认持续时间

例如，将默认的持续时间调整为 2 秒后，再次将项目窗口中的图像素材加入到时间轴窗口中时，图像素材的持续时间就会默认为 2 秒，如图 2-27 所示。

图 2-27　加入素材到时间轴窗口

2.4.3　调整入点和出点

在大部分的编辑操作中，都需要对时间线中的部分素材图层进行单独的持续时间调整，以得到更精确的时间位置。素材图层在时间轴窗口中的持续时间，就是图层的入点（即开始位置）到出点（即结束位置）之间的长度。

在时间轴窗口中的素材图层上按住并左右拖动，可以将该素材图层的时间位置整体向前或向后移动，如图 2-28 所示。

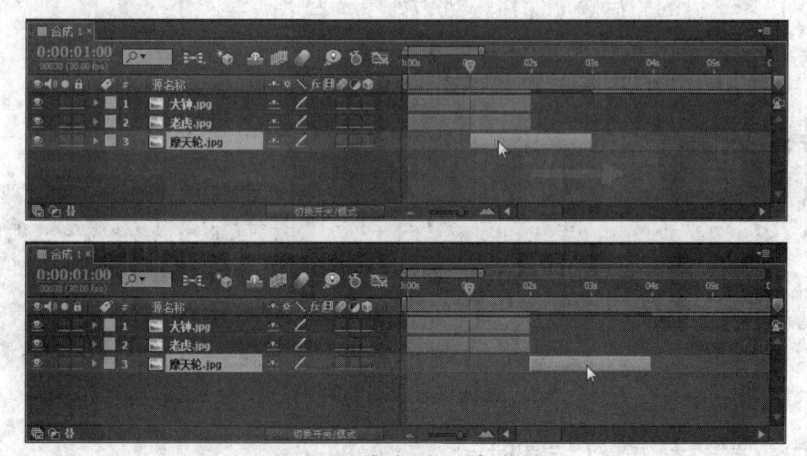

图 2-28　移动图层时间位置

将鼠标移动到图像素材图层的入点，在鼠标光标改变形状为双箭头标记时，按鼠标左键并向左或向右拖动到需要的时间线位置，即可完成素材入点的设置，如图2-29所示。同样，用鼠标按住并左右移动图像素材图层的出点，也可以调整素材出点的时间位置。

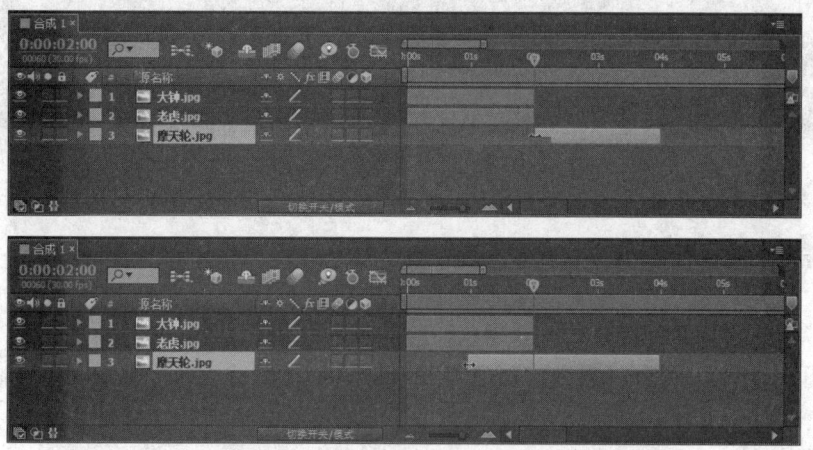

图 2-29　调整图像素材图层的入点

> **TIPS**　选择素材图层后，按键盘上的 I 键（即入点 In），可以直接将时间指针移至该图层的开始时间位置；按 O 键（即出点 Out），则将时间指针移至图层结束的时间位置。

与图像素材不同，视频、音频、序列图像等本身具有确定时间长度的动态素材，只能向右拖动入点或向左拖动出点，来调整动态素材的开始和结束位置。也可以利用此方法，截取动态素材中需要的片段应用到影片合成中，如图2-30所示。

图 2-30　调整动态素材的开始和结束位置

> **TIPS**　在需要调整时间轴窗口中时间标尺的显示比例以方便查看和操作素材图层时，可以通过调整时间导航器的开始、结束点以及停靠位置，或拖动比例缩放器上的滑块，或直接按键盘上的+（加号）或-（减号）键，快速地放大（最大可以放大到每单位一帧）或缩小时间标尺的显示比例，方便进行精细准确的编辑操作，如图2-31所示。

图 2-31 调整时间标尺比例

2.5 为素材添加特效

丰富强大的视频特效，是 After Effects 在影视特效编辑软件领域取得领先地位的重点优势。通过应用并恰当设置各种特效，可以得到精彩的影像效果。

2.5.1 添加特效

在 After Effects CC 中，可以通过以下 4 种方法来为素材图层添加特效。

方法 1 选择时间轴窗口中需要添加特效的图层，或在合成窗口中直接选择需要的素材对象，然后在主菜单中单击"效果"菜单，从其中选择需要添加的特效即可，如图 2-32 所示。

图 2-32 选择需要添加的特效命令

方法 2 在时间轴窗口中用鼠标右键单击需要添加特效的图层，在弹出菜单的"效果"子菜单中选择需要添加的特效。

方法 3 在合成窗口中用鼠标右键单击需要添加特效的对象，在弹出菜单的"效果"子菜单中选择需要添加的特效。

方法 4 在"效果和预设"面板中展开需要的特效文件夹，双击需要的特效命令，即可将其添加到当前所选的素材图层上；或者直接将其拖到时间轴窗口或合成窗口中需要添加特效的图层或素材上，如图 2-33 所示。

在为素材图层添加特效后，After Effects CC 将自动打开"效果控件"面板并显示该特效的设置选项与参数，在其中可以进行特效编辑，如图 2-34 所示。

图 2-33 "效果和预设"面板

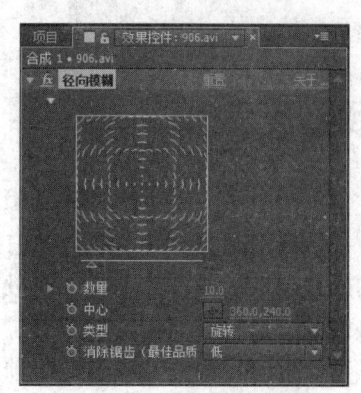

图 2-34 "效果控件"面板

2.5.2 复制特效

After Effects 允许用户在不同的图层间复制和粘贴特效效果，快速地对多个素材图层统一应用视频特效。

在设置好特效参数之后，在"效果控件"面板中选择来源图层的一个或多个特效，执行"编辑→复制"命令或按"Ctrl+C"快捷键，然后在时间轴窗口中选择需要粘贴特效的一个或多个图层，执行"编辑→粘贴"命令或按"Ctrl+V"快捷键，即可完成一个图层对一个图层，或一个图层对多个图层的特效复制。

2.5.3 关闭特效

关闭特效是指暂时取消对该特效的应用，在合成窗口中也不显示该特效，进行预览或渲染都不会显示，可以方便用户对比应用特效前后的效果；或者在为某个素材图层添加了多个特效时，可以单独查看其中部分特效的应用效果。

通过单击"效果控件"面板或时间轴窗口的图层属性编辑区域中的特效开关图标，即可关闭或打开该特效的应用状态，如图 2-35 所示。

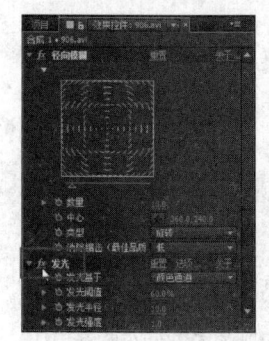

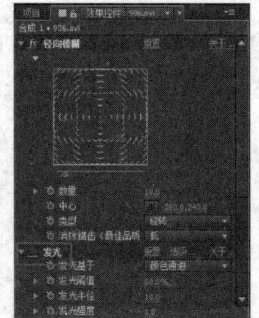

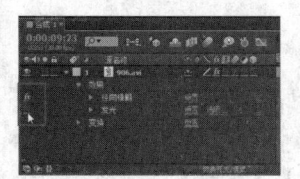

图 2-35 关闭与打开特效

2.5.4 删除特效

对于素材图层上不再需要的特效，可以在"效果控件"面板或时间轴窗口中选择需要删除的特效名称，然后按键盘上的 Delete（删除）键或执行"编辑→清除"命令删除。

如果需要一次删除图层上的全部特效，只需要在时间轴窗口或合成窗口中选择需要删除特效的图层，然后执行"效果→全部移除"命令即可。

2.6 预览合成项目

在完成一个效果或一个阶段的编辑后，可以通过预览操作来查看当前的影片效果。在实际操作中，最常用的方法就是通过向前或向后拖动时间轴窗口中的时间指针，即时预览当前合成中的影片效果。单击"预览"面板中的"播放/暂停" ■按钮或直接按键盘上的空格键，可以从时间轴窗口中时间指针的当前位置开始预览播放；单击"预览"面板中的"RAM 预览"■按钮，可以启用内存进行渲染预览，渲染得到的临时文件可以被保存。

> **TIPS** 在进行播放预览时，通过单击时间轴窗口中图层属性编辑区的"质量和采样"开关■，切换合成窗口中的图像质量到低质量■状态，可以加快图像与特效的预览渲染速度。

在执行预览播放和内存预览时，预览的范围都是时间轴窗口中当前的工作区域范围。所谓工作区域，就是在编辑过程中或最终输出时需要渲染的时间范围，默认情况下与合成的时间长度相同，在时间轴窗口中可以通过调整工作区的开头、结尾标记位置，以及拖动工作区域滑块来调整其时间位置，如图 2-36 所示。

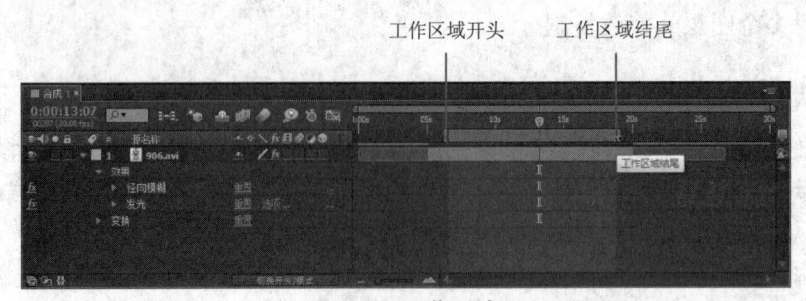

图 2-36　工作区域

> **TIPS** 将时间指针定位到需要的位置后，按键盘上的 B 键或 N 键，可以快速地设定工作区域的开头或结尾标记位置；双击工作区域滑块，可以将工作区域恢复到整个合成的长度。

2.7 影片的渲染输出

渲染是指将编辑完成的合成项目转换输出为独立影片文件的过程。当影片完成编辑后，打开需要输出影片的合成，执行"文件→导出→添加到渲染队列"命令或"合成→添加到渲染队列"命令，或者按"Ctrl + M"快捷键，打开"渲染队列"面板。单击面板中各选项前面的三角形图标，可以展开该选项下具体参数设置的显示，如图 2-37 所示。

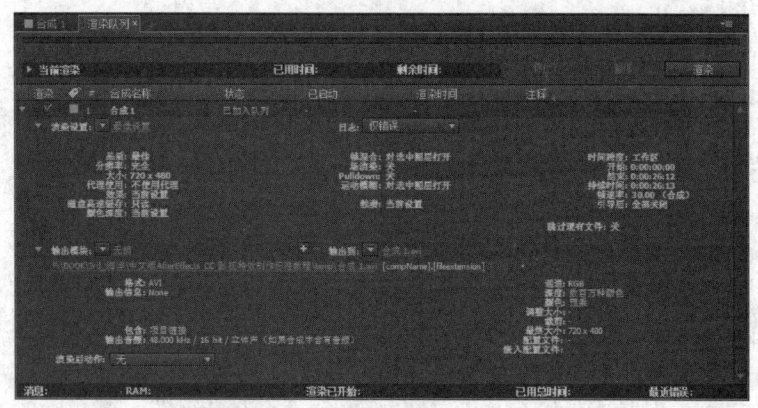

第 2 章 After Effects CC 影视编辑基本工作流程

图 2-37 "渲染队列"面板

2.7.1 渲染参数设置

"渲染设置"选项中显示了当前执行渲染所应用的设置和视频属性。单击"渲染设置"右侧的下拉按钮，可以在弹出菜单中根据需要选择不同的预设渲染模板，如图 2-38 所示。

- 最佳设置：使用最好质量的渲染设置。
- DV 设置：使用 DV 模式渲染设置。
- 多机设置：在编辑多机拍摄项目时使用，可以生成声音时间同步的系列影片文件。

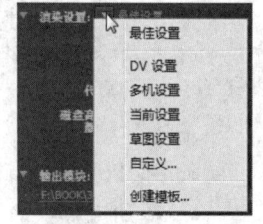

图 2-38 预设渲染模板

- 当前设置：使用当前合成项目中的渲染质量设置。
- 草图设置：使用草图质量渲染影片，用于快速生成小样或测试输出效果。
- 自定义：根据需要进行自定义渲染设置。
- 创建模板：用户自定义好常用的渲染设置后，选择此命令，在弹出的"渲染设置模板"对话框中，为新建的渲染设置模板设定名称，然后单击"确定"按钮，即可将其添加到预设渲染模板列表中，方便以后快速调用，如图 2-39 所示。

单击"渲染设置"选项后面的"最佳设置"文字按钮，可以打开"渲染设置"对话框，在其中可以对合成的渲染进行详细的参数设置，如图 2-40 所示。

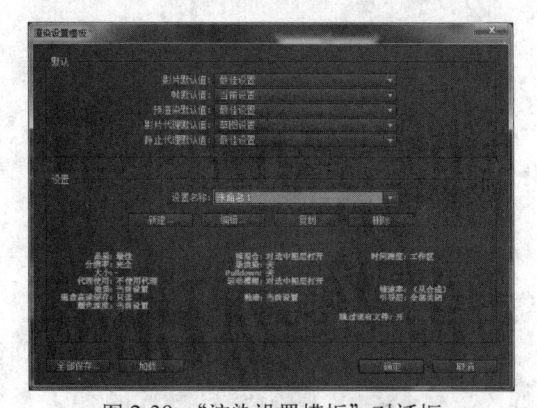

图 2-39 "渲染设置模板"对话框   图 2-40 "渲染设置"对话框

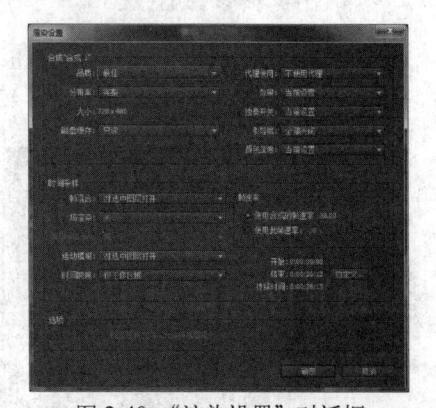

- 品质：设置影片的渲染质量。包含"最佳"、"草图"和"线框"3 种模式，一般情况下选择"最佳"。

- 分辨率：设置渲染生成影片的分辨率。
- 大小：显示当前合成项目的画面尺寸。在"分辨率"下拉列表中选择了"完整"以外的渲染分辨率时，将在此选项后面的括号内容中显示其将会生成的实际画面尺寸。
- 效果：设置渲染时是否渲染效果。可以选择"当前设置"、"全部打开"或"全部关闭"。
- 独奏开关：设置是否渲染独奏图层。
- 引导层：设置是否渲染引导图层。
- 颜色深度：设置渲染影片的每个颜色通道的色彩深度，包括 "当前设置"、"8 位"、"16 位"及"32 位"。
- 帧混合：设置渲染项目中所有图层的帧混合。
  - 当前设置：以时间轴窗口中当前的帧融合开关设置为准；
  - 对选中图层打开：只对时间轴窗口中已开启帧融合的图层有效。
  - 对所有图层关闭：关闭所有图层的帧融合。
- 场渲染：对渲染时的场进行设置。
  - 关：如果要渲染生成的视频是非交错场影片，则选择该项以关闭。
  - 高/低场优先：如果渲染生成的视频为交错场影片，则根据需要在此选择上场或下场优先。
- 3:2 Pulldown (3:2 重合位)：设置 3:2 下拉的引导相位，在渲染交错场影片时才可设置。
- 运动模糊：对渲染项目中的运动模糊进行设置。
- 时间跨度：设置渲染项目的时间范围。
  - 合成程度：渲染整个项目。
  - 仅工作区域：渲染时间轴窗口中工作区域部分。
  - 自定义：选择"自定义"选项或单击右侧的"自定义"按钮，将打开"自定义时间范围"对话框，可以设置任意渲染的时间范围，如图 2-41 所示。
- 帧速率：设置渲染生成影片的帧速率。
  - 使用合成的帧速率：使用合成中所设置的帧速率。
  - 使用此帧速率：选中该单选框后，设置自定义的帧速率。

2.7.2 输出模块参数设置

单击"输出模块"后面的下拉按钮，可以在弹出的下拉菜单中选择预设的输出文件类型，方便快速设定输出文件格式，如图 2-42 所示。

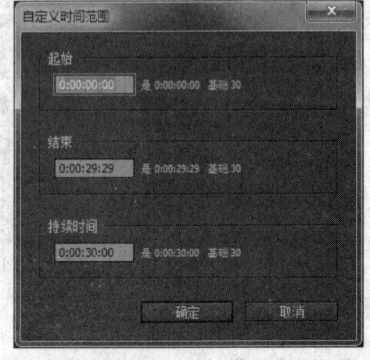

图 2-41 "自定义时间范围"对话框　　图 2-42 预设输出文件类型列表

单击"输出模块"选项后面的"无损"文字按钮，可以打开"输出模块"对话框，在其中可以对渲染影片的输出格式进行详细的参数设置，如图 2-43 所示。
- 格式：设置输出的文件格式。在此选择不同的文件格式，其他选项将显示相应的设置参数，如图 2-44 所示。

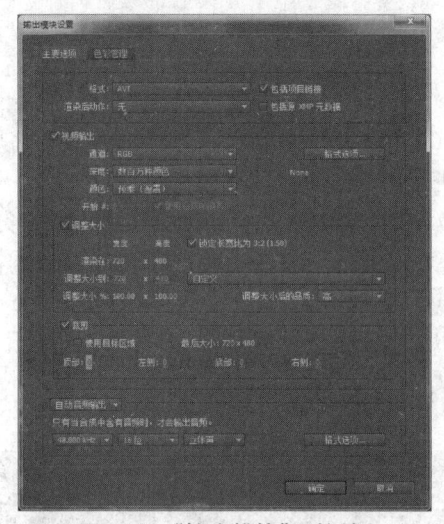

图 2-43 "输出模块"对话框 　　　　　图 2-44 文件格式列表

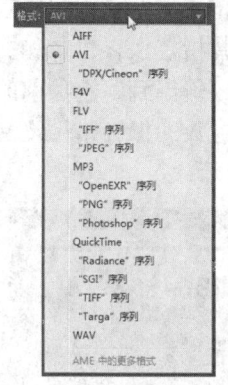

- 渲染后动作：设置渲染完成后，如何处理所生成影片与软件间的关系。
- 格式选项：打开"AVI 选项"对话框，设置影片的视频和音频压缩格式。在"格式"列表中选择不同的文件格式时，在此对话框中的选项也会不同；在"视频"标签中可以为当前所选输出影片选择视频编码格式、画面质量数值等参数；在"音频"标签中可以设置音频压缩编码、音频交错时间等参数，如图 2-45 所示。

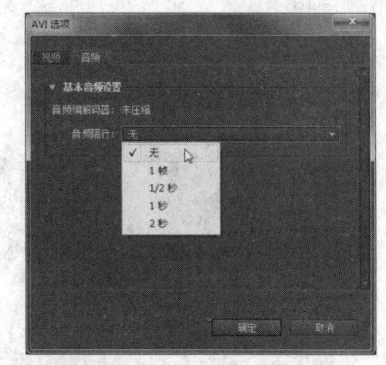

图 2-45 格式选项对话框

- 通道：设置影片的输出通道。
- 深度：设置渲染影片的颜色深度。
- 颜色：设置产生的蒙版通道的颜色类型。
- 调整大小：该选项默认没有开启，在需要时可以勾选该选项，对输出影片的画面尺寸进行重新定义。
- 裁剪：该选项默认没有开启，在需要时可以勾选该选项，可以分别对输出影片画面的四边进行指定像素距离的裁切。

- 音频选项：默认为"自动音频输出"选项，表示在合成中包含音频时才会输出音频，在下面的选项中对输出影片中的音频属性进行参数设置。选择"打开音频输出"，则即使合成中没有音频内容，也将在输出影片文件中包含一个静音的音频轨道。选择"关闭音频输出"，则合成中包含了音频内容也不会被输出。

2.7.3 设置输出保存路径

在"输出到"选项后面，显示了当前合成的输出文件名称，默认情况下与当前合成名称一致。单击该文件名称的文字按钮，可以在打开的"将影片输出到"对话框中，为将要渲染生成的影片指定保存目录和文件名，如图 2-46 所示。

单击"输出到"选项前的 按钮，可以增加输出影片的数量，并为增加的输出影片单独设置渲染参数、保存路径及文件名等属性；如果不再需要，则单击 按钮将其删除即可，如图 2-47 所示。

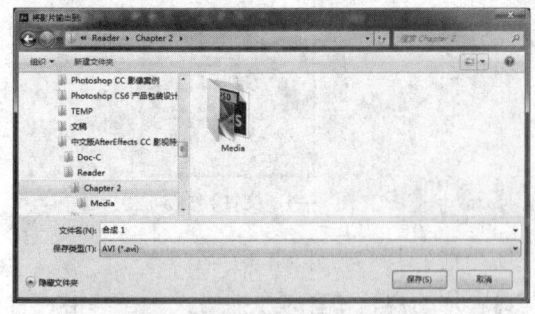

图 2-46　指定保存目录和文件名 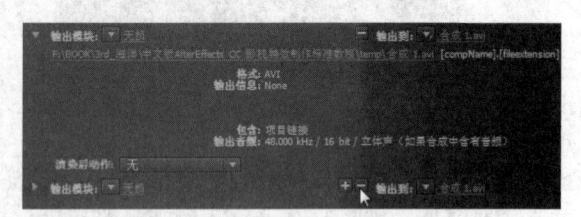　　　　　图 2-47　增加或删除输出影片数量

在实际工作中，常常只需要对输出影片的视频格式、保存路径与文件名等进行设置，其他参数保持默认或与合成项目一致，然后单击"渲染"按钮，即可执行渲染输出。

渲染输出的过程中，在"当前渲染"选项中显示了正在进行的渲染工作进度，以及渲染剩余时间、文件预计与最终尺寸、目标磁盘剩余空间等信息，如图 2-48 所示。单击"暂停"按钮，可以暂停渲染的进度，再次单击可以继续渲染。单击"停止"按钮，可以停止渲染进程。

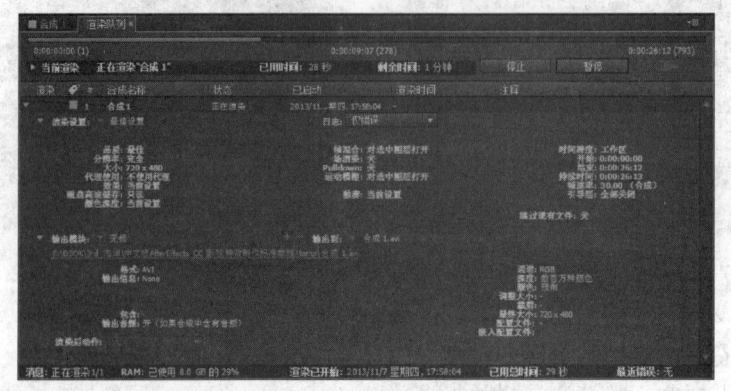

图 2-48　渲染进程

2.8　课堂实训——可爱的动物

下面通过一个风光幻灯影片制作，对在 After Effects CC 中编辑影片的基本工作流程进行

第 2 章　After Effects CC 影视编辑基本工作流程　**49**

实践练习。打开本书配套实例光盘中/Chapter 2/可爱的动物/Export/可爱的动物.avi 文件，可以欣赏本实例的完成效果，并在观看过程中分析影片的编辑要点，如图 2-49 所示。

图 2-49　观看影片完成效果

上机实战　制作影片——可爱的动物

1　启动 After Effects CC，执行"文件→导入→文件"命令或者按"Ctrl+I"快捷键，打开"导入文件"对话框，选择本书实例光盘中/Chapter 2/可爱的动物/Media 目录下的所有图像文件，然后单击"打开"按钮，将它们导入到项目窗口中，如图 2-50 所示。

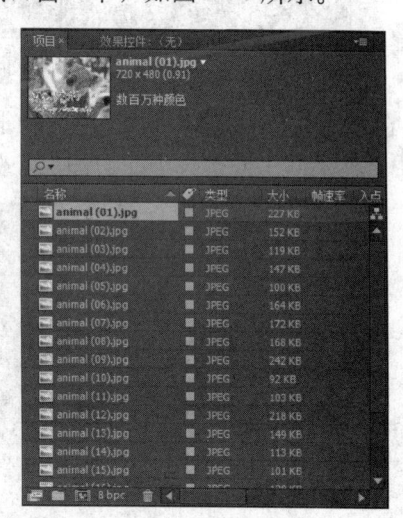

图 2-50　导入图像素材

2　按"Ctrl+S"快捷键，在打开的"保存为"对话框中，为项目文件命名并保存到电脑中指定的目录，如图 2-51 所示。

3　执行"合成→新建合成"命令或按"Ctrl+N"快捷键，打开"合成设置"对话框，为新建的合成命名，选择"预设"为 NTSC DV，设置持续时间为 0;02;00;00（即 2 分钟），然后单击"确定"按钮，如图 2-52 所示。

4　本实例准备了 20 张风景图片，将在所有图像素材的切换之间设置 1 秒的过渡效果，所以需要为每张图片安排 7 秒的显示时间。执行 "编辑→首选项→导入"命令，在"静止素材"选项中将图像素材的默认持续时间修改为 0:00:07:00，然后单击"确定"按钮，如图 2-53 所示。

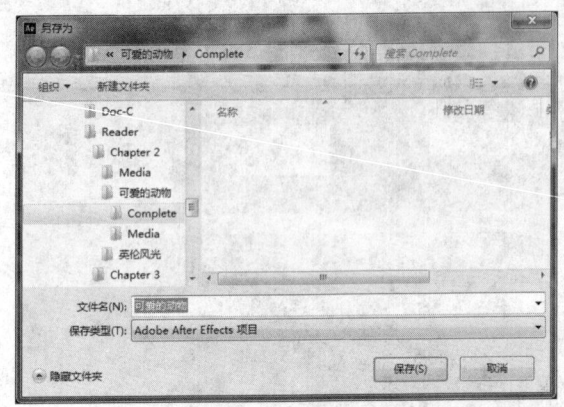

图 2-51　保存项目文件　　　　　　　　　　图 2-52　设置合成属性

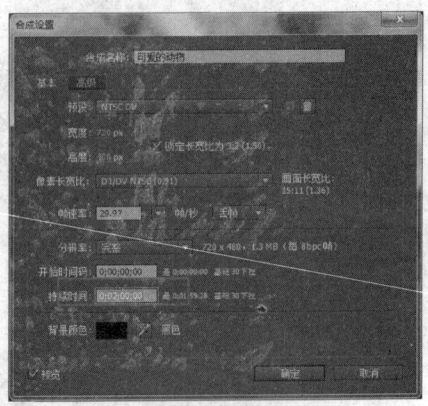

图 2-53　修改静止素材的默认持续时间

5　在项目窗口中按素材名称序号从上到下选择所有导入的图像素材，将它们拖入时间轴窗口中，然后从上向下选中所有图层，如图 2-54 所示。

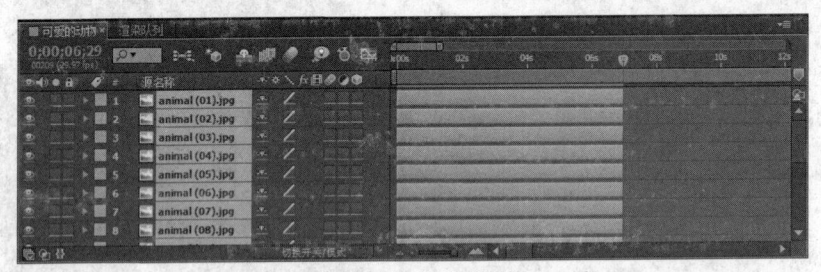

图 2-54　将素材拖入到时间轴窗口中

6　执行"动画→关键帧辅助→序列图层"命令，在弹出的"序列图层"对话框中，勾选"重叠"选项并设置持续时间为 1 秒，在下面的"过渡"下拉列表中选择"溶解前景图层"选项，这样可以使序列化的图层之间形成 1 秒的重叠，并在重叠范围内使上面的图层逐渐溶解，显现出下面的图层内容，如图 2-55 所示。

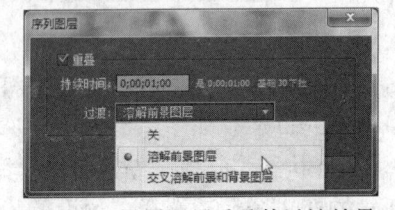

图 2-55　设置图层重叠的过渡效果

7　单击"确定"按钮，应用对所选图层的序列化处理，即可看见时间轴窗口中图层依次末尾重叠排列的效果，如图 2-56 所示。

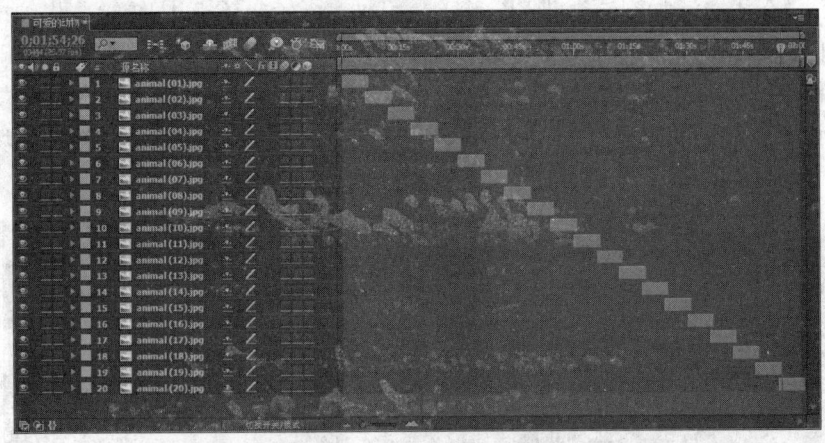

图 2-56　图层序列排列效果

8　拖动时间轴窗口中的时间指针或按空格键，在合成窗口中预览编辑好的幻灯片效果。

9　接下来为影片添加背景音乐。按"Ctrl+I"快捷键，打开"导入文件"对话框，选择本实例素材文件夹中准备的 music.wav 音频文件，将其导入到项目窗口中，如图 2-57 所示。

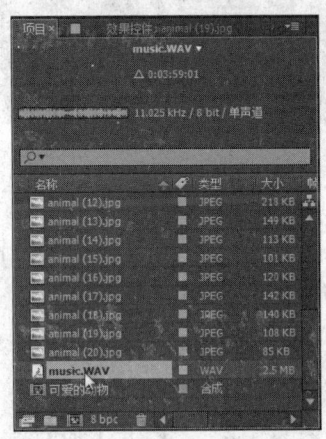

图 2-57　导入音频素材

10　在时间轴窗口中将时间指针移动到开始位置；在项目窗口中选中导入的音频文件，将其加入到时间轴窗口中图层编辑区域的最上图层，成为图层 1，如图 2-58 所示。

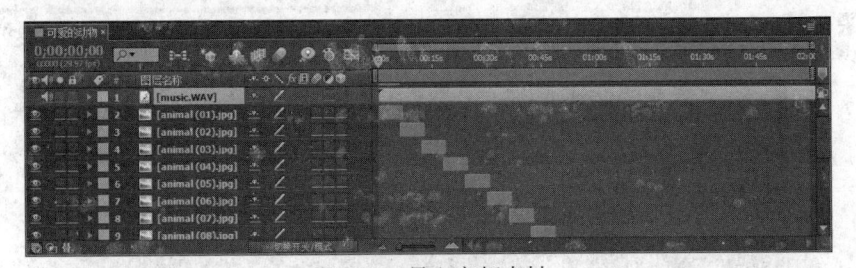

图 2-58　导入音频素材

TIPS：拖动时间指针或按空格键执行的播放是不能预览音频内容的，如果需要预览合成中的声音效果，可以按"预览"面板中的"预览"按钮，通过执行内存预览来完成。

11 按"Ctrl+S"按钮,保存编辑完成的工作。

12 执行"合成→添加到渲染队列"命令,或者按"Ctrl+M"快捷键,将编辑好的合成添加到渲染队列中;单击"输出模块"选项后面的"无损"文字按钮,在打开的"输出模块设置"对话框中,保持"格式"选项为 AVI;单击"格式选项"按钮,在弹出的"AVI 选项"对话框中,设置"视频编码器"为 DV NTSC;单击"确定"按钮回到"输出模块设置"对话框,如图 2-59 所示。

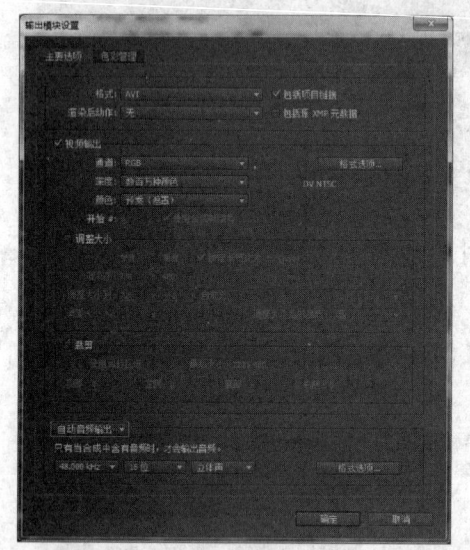

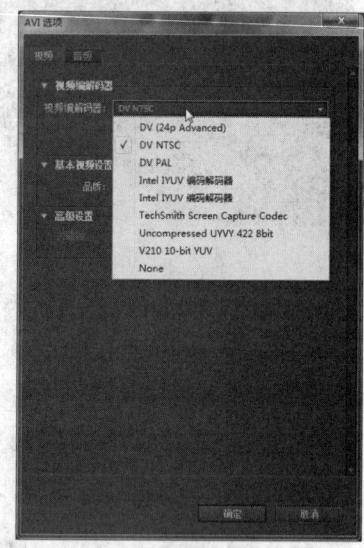

图 2-59 设置影片输出参数

13 保持其他默认的选项,单击"确定"按钮,回到"渲染队列"窗口中;单击"输出到"后面的文字按钮,打开"将影片输出到"对话框,为将要渲染生成的影片指定保存目录和文件名,如图 2-60 所示。

14 回到"渲染队列"窗口中,单击"渲染"按钮,开始执行渲染,如图 2-61 所示。

> **TIPS**：在执行渲染时,按键盘上的 Caps Lock 键,可以在执行渲染的同时,停止程序在合成窗口中对渲染结果的即时更新显示,减少系统资源占用,加快渲染速度。

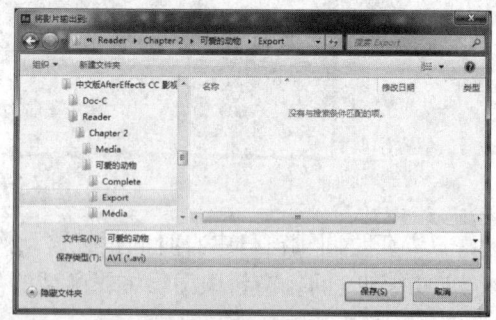

图 2-60 设置保存目录和文件名

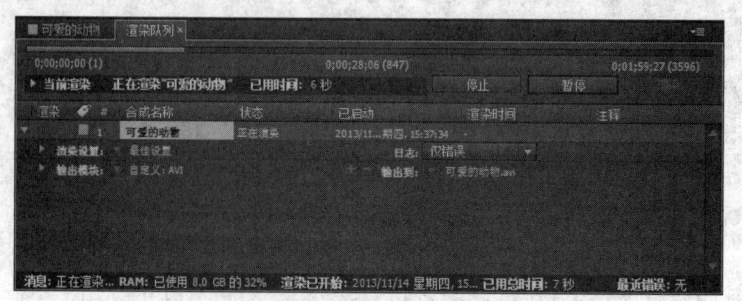

图 2-61 影片渲染进程

15 渲染完成后，After Effects CC 将播放提示音；打开影片的输出保存目录，使用 Windows Media Player 即可播放观看，如图 2-62 所示。

图 2-62　在 Media Player 中观看影片输出效果

2.9　课后习题

一、填空题

（1）执行"文件→导入→文件"命令，或按_____快捷键，可以打开"导入文件"对话框。

（2）在导入 PSD 文件时，在"导入种类"的下拉列表中，选择_____选项，可以将 PSD 文件以合成形式导入，文件的每一个图层都将成为合成中单独的图层，并保持与 PSD 中相同的图层顺序。

（3）在"合成设置"对话框中，取消对_____选项的勾选，可以在单独调整合成画面的高度或宽度的数值，而另一个数值保持不变。

（4）素材图层在时间轴窗口中的持续时间，就是图层的_____到_____之间的长度。

（5）在预览编辑好的影片时，如果想要听到影片中的声音效果，可以单击"预览"面板中的_____按钮，通过启用_____来实现。

二、选择题

（1）在将文件夹直接拖入项目窗口的同时按（　　）键，可以使拖入的文件夹同样生成图像文件夹，而不生成一个序列图像。

　　A. Ctrl　　　　　B. Alt　　　　　C. Shift　　　　　D. Ctrl+Alt

（2）在"合成设置"对话框中修改（　　）的数值，可以设置合成项目的播放速度。

　　A. 分辨率　　　B. 持续时间　　　C. 帧速率　　　D. 开始时间码

（3）在时间轴窗口中选择素材图层后，按下键盘上的（　　）键，可以直接将时间指针移至该图层的开始时间位置。

　　A. B　　　　　B. I　　　　　C. N　　　　　D. O

三、上机实训

参考本章中影视编辑工作流程的课堂实训内容，利用本书配套实例光盘中/Chapter 2/英伦风光/Media 目录下准备的素材文件，以"英伦风光"为主题，制作一个同类的风景欣赏幻灯影片，如图 2-63 所示。

图 2-63　准备的素材文件

第 3 章 创建二维合成

学习要点

- 了解并掌握各种常用图层的创建和编辑方法
- 熟练操作图层的各种基本编辑方法
- 了解图层的基本属性和设置方法,并熟练操作各个基本属性选项的快捷键
- 了解图层样式效果、图层混合模式、图层的轨道遮罩的设置方法和应用效果
- 了解父子关系图层的设置方法

3.1 创建图层

在 After Effects 的合成项目中,需要使用多种类型的图层来编辑出变化丰富的影片效果。例如用于绘画的图层、调整其他图层色彩的图层、对其他图层产生联动作用的图层等。

下面介绍这些图层的创建和使用方法。

3.1.1 由导入的素材创建图层

由导入的素材创建图层,是最常用最基本的图层创建方式。用鼠标选择项目窗口中的素材,将其按住并拖入到时间线窗口中,即可在时间轴窗口中创建该素材的图层,如图 3-1 所示。

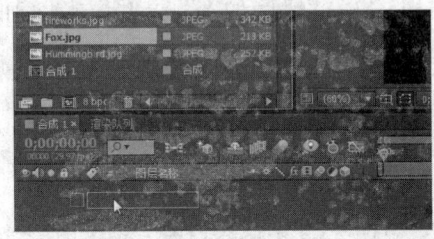

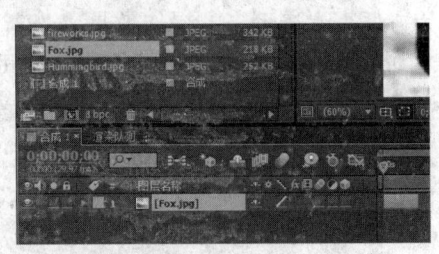

图 3-1 将素材加入到时间线窗口

3.1.2 使用剪辑创建图层

对于视频、音频、序列图像等动态的剪辑素材,可以在素材预览窗口中播放预览其内容,通过设置入点和出点,得到需要加入合成中的剪辑片段,然后将其加入到时间轴窗口中的位置,创建出新的图层。

上机实战 使用剪辑创建图层

1 在项目窗口中双击导入的视频素材,打开素材预览窗口;在预览窗口中拖动时间指针,即可查看视频素材的影像内容,如图 3-2 所示。

2 将时间指针定位在需要加入到合成中的开始位置,然后单击窗口下面的"将入点设置为当前时间"按钮,如图 3-3 所示。

图 3-2 预览素材内容

3　将时间指针定位在需要加入到合成中的结束位置，然后单击窗口下面的"将出点设置为当前时间"按钮，如图 3-4 所示。

图 3-3　设置入点

图 3-4　设置出点

4　为方便查看接下来的操作效果，先新建一个合成，然后加入一个图像素材到时间轴窗口中，并将时间指针定位到中间的一个时间位置，如图 3-5 所示。

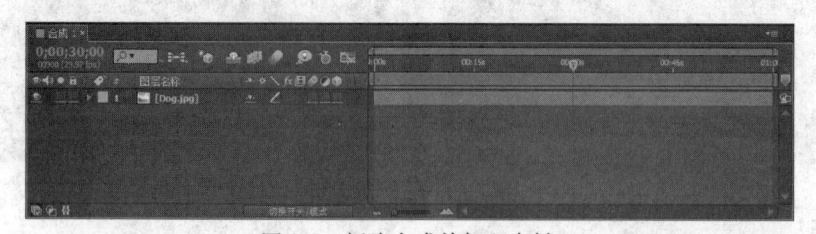

图 3-5　新建合成并加入素材

5　回到素材预览窗口中，单击窗口下面的"叠加编辑"或"波纹插入编辑"按钮，将设置好的剪辑片段加入到时间轴窗口中，如图 3-6 所示。

- （波纹插入编辑）将剪辑加入到当前合成的时间线窗口中的顶部，并使入点对齐到时间指针所在的位置；同时，将其余图层在入点位置分割为两段，分割后的图层对齐到新图层的出点位置，如图 3-7 所示。
- （叠加编辑）将剪辑加入到当前合成的时间线

图 3-6　加入素材到时间线窗口

窗口中的顶部,并使入点对齐到时间指针所在的位置,得到一个新的图层,如图 3-8 所示。

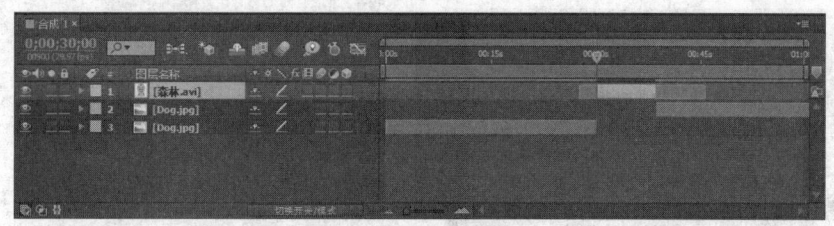

图 3-7 波纹插入编辑

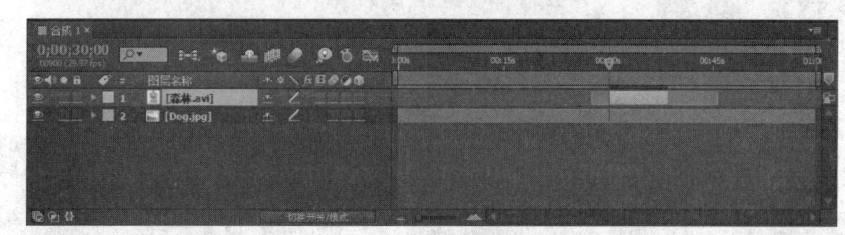

图 3-8 叠加编辑

3.1.3 使用其他素材替换目标图层

在编辑影片的过程中,可以使用"替换素材"命令将一个素材替换为另外的外部素材。被替换素材在当前项目的所有合成中生成的图层,也将会被替换为新的素材内容。如果只是需要将合成中的某个图层直接用项目窗口中另外的素材进行单独的替换,可以在按住 Alt 键的同时,从项目窗口中选择新的素材并拖动到时间轴窗口中需要替换的图层上,在释放鼠标后,将该图层替换为新的素材内容,同时保留对原图层应用的特效及动画设置等效果,如图 3-9 所示。

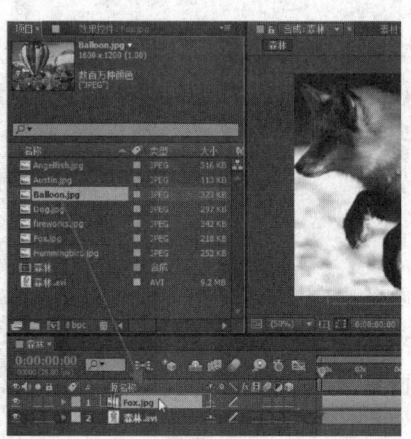

图 3-9 替换图层的素材内容

3.1.4 创建和编辑文本图层

文字是影片中基本的内容之一,既可以作为画面信息的表现,也可以美化影片内容。执行"图层→新建→文本"命令,可以在时间轴窗口中创建一个文本图层,并自动切换到文本输入工具状态,在合成窗口中显示出文字输入光标位置。同样,在选择文本工具后,在合成窗口中单击鼠标左键,即可在时间轴窗口中创建一个文本图层,如图 3-10 所示。

图 3-10　新建文本图层

在文本工具工作状态下，After Effects 也将自动打开字符和段落面板，在其中可以为输入的文字设置字体、字号、颜色、段落对齐等属性，如图 3-11 至图 3-13 所示。

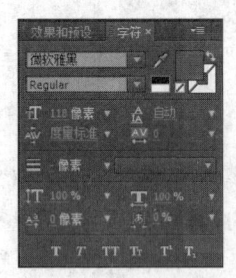

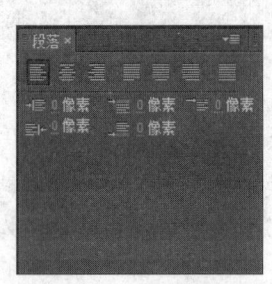

图 3-11　字符面板　　　　图 3-12　段落面板　　　　图 3-13　输入的文字

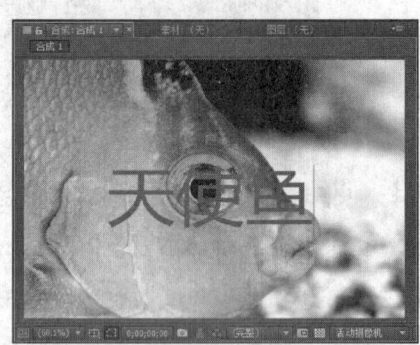

3.1.5　创建和修改纯色图层

纯色图层是可以在 After Effects 中直接新建的单一色彩填充素材，并可以随时根据需要修改其颜色和尺寸，常常用于为影片安排背景色或进行绘画造型。选择激活需要添加纯色图层的合成后，执行"图层→新建→纯色"命令，即可打开"纯色设置"对话框，如图 3-14 所示。

- 名称：默认为当前所设置颜色的名称，可以自行输入素材名称。
- 宽度/高度：宽度和高度，可以输入数值进行自定义修改。
- 单位：在该下拉列表中，可以选择尺寸单位。
- 像素长宽比：设置固态素材的像素宽高比，默认与当前合成相同。
- 制作合成大小：单击该按钮，可以将固态素材的尺寸恢复到与合成相同。
- 颜色：单击该颜色块，可以在弹出的"纯色"对话框中，设置需要的填充色，如图 3-15 所示。

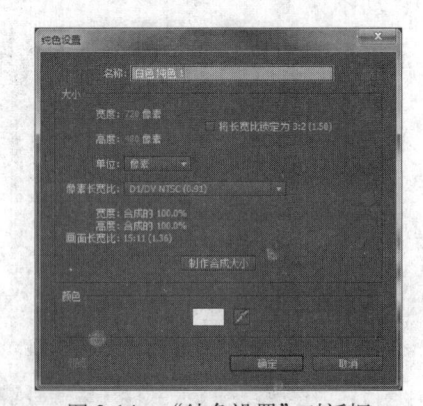

图 3-14　"纯色设置"对话框

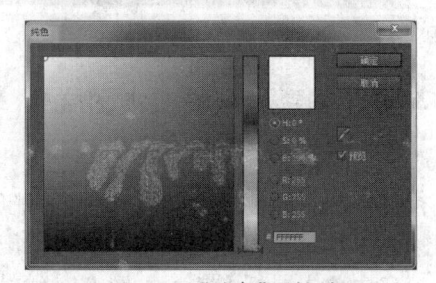

图 3-15　"纯色"对话框

单击拾色器按钮　，可以自由选择窗口界面中的任意色彩作为固态素材的颜色。

为固态素材设置名称、颜色、尺寸等属性后，单击"确定"按钮，即可在时间轴窗口中的顶部创建出该纯色图层，如图3-16所示。同时，在项目窗口中也将自动新建一个纯色图层文件夹，其中存放了所有在当前项目中新建的固态素材，如图3-17所示。

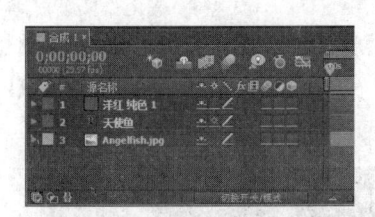

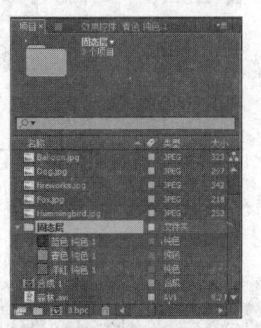

图3-16　新建的纯色图层　　　　　图3-17　存放固态素材的文件夹

3.1.6　创建空对象图层

空对象是一个透明对象，无内容，主要用于与其他图层建立父子关系或加载表达式，以实现与其他图层的联动效果，执行"图层→新建→空对象"命令，即可创建一个空对象图层，如图3-18所示。

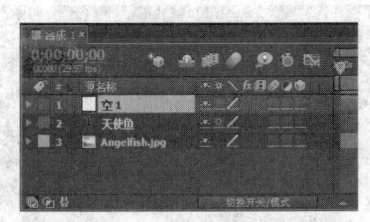

图3-18　创建空对象

3.1.7　创建矢量形状图层

形状图层是专门用于绘制自定义矢量图形的图层，可以被自由缩放、变形并保持清晰的图形效果。执行"图层→新建→形状图层"命令，即可创建一个形状图层，在工具栏中选择绘图工具，可以在合成窗口中进行矢量形状的绘制，如图3-19所示。

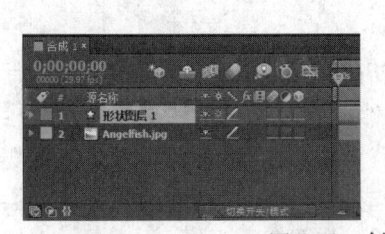

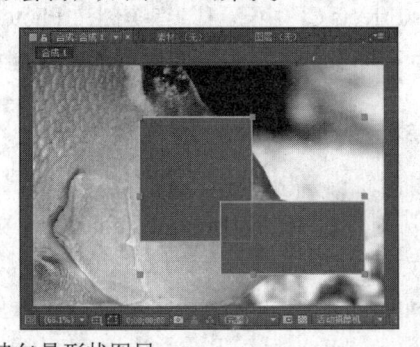

图3-19　创建矢量形状图层

3.1.8 创建调整图层

为单个图层应用特效，只能影响该图层；调整图层是 After Effects 中特殊的功能图层，自身并没有图像内容，其功能相当于一个特效透镜，可以同时对位于其图像范围下的所有图层应用添加在调整图层上的所有特效，可以快速完成对多个图层的统一的特效设置，可以大大提高工作效率。

上机实战　创建调整图层

1 新建一个合成，在时间轴窗口中加入一个素材图像。然后执行"Layer（图层）→New（新建）→Adjustment Layer（调整层）"命令，即可在时间轴窗口中的顶部创建该调整图层，如图 3-20 所示。

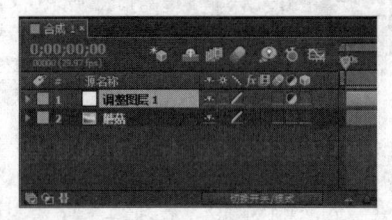

图 3-20　创建调整图层

2 在调整图层上单击鼠标右键，在弹出的命令菜单中选择"效果"菜单，为其应用一个视频特效，例如"效果→风格化→发光"效果，即可使下面未添加特效的图层影像，显示出发光效果，如图 3-21 所示。

图 3-21　调整图层特效应用效果

3.1.9 创建 Photoshop 文件图层

在 After Effects CC 中还可以直接创建 Photoshop 文件并打开 Photoshop 进行编辑，可以利用 Photoshop 在图像处理方面的强大功能制作出漂亮的图像效果，快速应用到 After Effects 中。

上机实战　创建 Photoshop 文件图层

1 在时间轴窗口中单击鼠标右键，选择"新建→Adobe Photoshop File"命令，在打开的"另存为"对话框中，为新建的 Photoshop 文件设置保存目录和文件名称，然后单击"保存"按钮，如图 3-22 所示。

2 Photoshop 将自动启动，并创建一个和合成项目相同尺寸的透明背景图像文件。编辑好需要的图像效果后，执行保存并退出 Photoshop，如图 3-23 所示。

图 3-22 新建 Photoshop 文件

图 3-23 在 Photoshop 中编辑图像

3 回到 After Effects CC 中，即可查看到在 Photoshop 中编辑的图像文件已经自动加入到当前合成中，如图 3-24 所示。

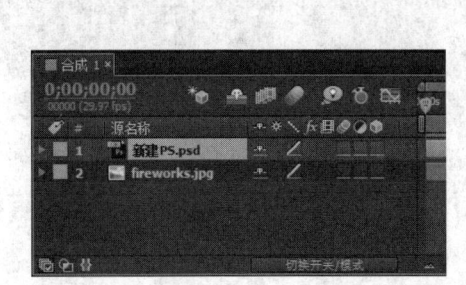

图 3-24 新建的 Photoshop 文件图层

> **TIPS** 如果新建的 Photoshop 图像没有在合成中显示出来，可以在项目窗口中右键单击创建的 Photoshop 文件素材，在弹出的菜单中选择"重新加载素材"命令，即可更新该素材文件的显示。

3.2 图层的编辑

图层的编辑是进行影视项目制作的基础工作，主要包括调整时间位置、上下层次、修改时间长度等操作。

3.2.1 选择目标图层

要选择目标图层做进一步的编辑操作，除了可以在时间轴窗口中进行选择外，还可以将鼠标移动到合成窗口中，如果鼠标所在位置在某个图层的图层范围内，则该图层边缘将以高亮显示，此时单击鼠标左键，即可选择该图层，如图3-25所示。

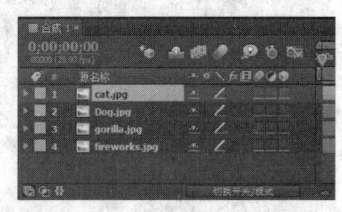

图 3-25　选择目标图层

3.2.2 调整图层的层次

时间轴窗口中图层的上下位置决定了其在合成窗口中显示的上下层次。在时间轴窗口中选择需要移动层次的图层，按住并向目标位置拖动，即可在释放鼠标后，将其调整到需要的层次，如图3-26所示。

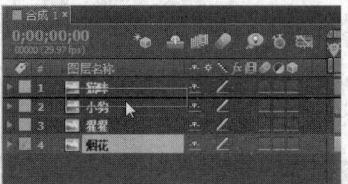

图 3-26　调整图层层次

也可以在合成窗口中选择需要调整层次位置的图层，然后通过执行"图层→排列"菜单下对应的命令或快捷键，快速地改变图层的上下层次，如图3-27所示。

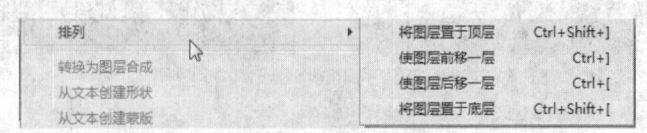

图 3-27　图层排列命令

3.2.3 修改图层的持续时间

对于图像素材来说，可以直接使用鼠标在时间轴窗口中的图层上拖动入点或出点来改变其持续时间；而对于视频、音频等动态素材来说，使用同样的方法只能推迟入点或提前出点来截取需要的剪辑部分。

选择需要调整持续时间的图层后，执行"图层→时间→时间伸缩"命令，打开"时间伸缩"对话框，通过其中的选项设置，可以实现对图像、视频、音频等素材持续时间的自由调整，如图 3-28 所示。
- 原持续时间：显示该素材图层原始的持续时间。
- 拉伸因数：通过用鼠标左右拖动来调整数值，或直接单击后输入需要的数值，来调整素材的持续时间。对于视频、音频等动态素材，在数值低于 100%时，动态素材的图层将加速播放，类似快镜头效果；在数值高于 100%时，动态素材的图层将减速播放，类似慢镜头效果。

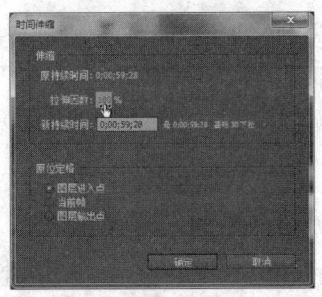

图 3-28 "时间伸缩"对话框

- 新持续时间：显示调整了伸缩率后新的持续时间，也可以在此直接输入需要的持续时间。
- 图层进入点：锁定图层入点，以入点为基准向后延长或缩短图层的持续时间。
- 当前帧：锁定当前帧，以时间指针当前的位置为基准，向两边延长或缩短图层的持续时间。
- 图层输出点：锁定图层出点，以出点为基准向前延长或缩短图层的持续时间。

单击时间轴窗口下面的"展开或折叠入点/出点/持续时间/伸缩窗格"按钮，可以在展开的面板中，用鼠标对图层的入点、出点、持续时间、伸缩率进行调整，如图 3-29 所示。

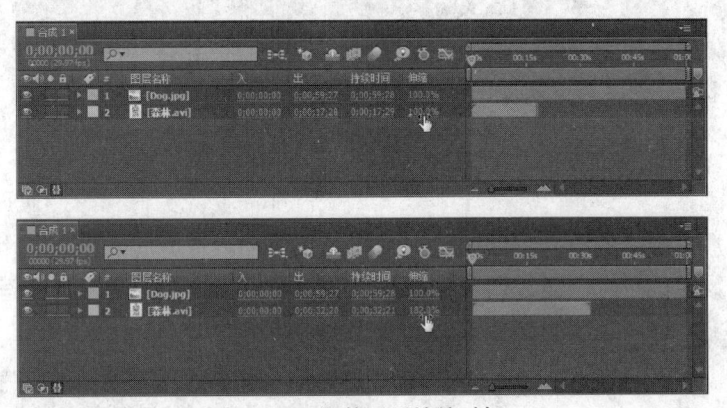

图 3-29 调整图层持续时间

3.2.4 修改图层的颜色标签

为了方便区别不同文件类型的素材，After Effects 在时间轴窗口中为不同素材类型的图层预设了不同的标签颜色，如图 3-30 所示。

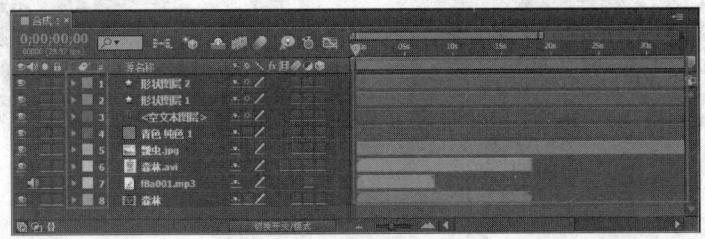

图 3-30 图层的颜色标签

为了方便不同用户的使用习惯，为用户所工作项目的素材应用分类提供辅助，After Effects 允许用户自行设置符合使用习惯与工作需要的图层颜色。在时间轴窗口中单击"标签"

列对应的图层颜色块，从弹出的菜单中选择自己喜好的颜色即可，如图3-31所示。

> **TIPS** 选择"选择标签组"命令，可以同时选中同一颜色类型的所有图层；单击"无"命令，图层的颜色标签将变成灰色。执行"编辑→首选→标签"命令，可以在打开的"首选项"对话框中，对各种图层类型的标签颜色进行自定义设置。

图 3-31 选择标签颜色

3.3 图层的属性设置

在时间轴窗口中，单击一个图层名称前面的三角形按钮将其展开，可以看见图层的变换属性组。展开该属性组，即可显示图层的5项基本属性，如图3-32所示。

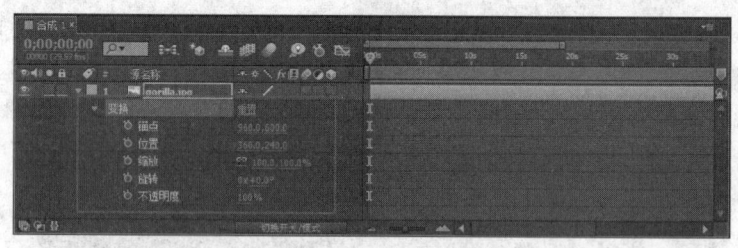

图 3-32 图层的基本属性

3.3.1 锚点

定义图层缩放与旋转的中心，默认位于图层的水平和垂直方向的中心，由水平方向和垂直方向的两个参数定位。可以通过用鼠标拖动、输入数值，或在双击素材图层打开的图层预览窗口中按住并拖动锚点来改变其位置，如图3-33所示。

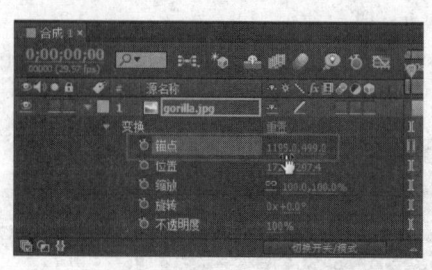

图 3-33 移动图层点

3.3.2 位置

显示图层的轴心点在当前合成窗口中相当于坐标原点（左上角顶点）的位置，也可以通过调整水平或垂直参数值，或直接在合成窗口中将图层对象按住并拖动到需要的位置，如图3-34所示。

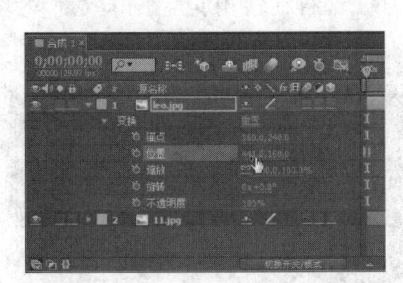

图 3-34　调整图层位置

3.3.3　缩放

在调整缩放参数时，默认为水平和垂直方向同时缩放；单击参数值前面的"约束比例"开关将其关闭，可以单独调整水平或垂直方向上的缩放大小，如图 3-35 所示。

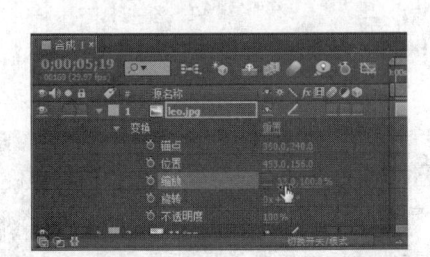

图 3-35　缩放图层大小

在合成窗口中选择图层后，用鼠标按住图层边缘的控制点向内拖动，可以缩小图层图像；按住图层边缘的控制点并向外拖动，可以放大图层图像；按住四角的控制点并拖动，可以同时在水平和垂直方向缩放图层图像，如图 3-36 所示。

图 3-36　用鼠标缩放图层图像

3.3.4　旋转

在旋转参数中，左边的数值为旋转的圈数，右边的数值为旋转的角度，都可以通过输入数值或用鼠标调整数值来设置图层的旋转。在工具栏中选择"旋转工具"，即可在合成中按住并旋转图层图像，如图 3-37 所示。

在使用旋转工具旋转图层时按住 Shift 键，可以按 45°的角度旋转；按住 Alt 键，可以在范围线框显示出旋转到目标角度时的图像位置，方便查看旋转角度前后的效果对比，如图 3-38 所示。

图 3-37　使用旋转工具旋转图层 　　　　　　图 3-38　按住 Alt 键旋转图层

3.3.5　不透明度

不透明度参数只有一个百分百数值，默认为 100%；数值越大，图像越不透明；数值越小，图像越透明，如图 3-39 所示。

图 3-39　调整图层不透明度

3.4　图层样式效果的设置

在 After Effects CC 中，可以为图层对象应用一些与 Photoshop 中相同的图层样式效果，常用在文字对象或形状图像上，方便快速简单地为影片画面增加美观的视觉效果。

上机实战　设置图层样式效果

1　将准备好的图像素材导入项目窗口中后，直接将图像素材拖入到时间轴窗口中，以该图像素材的尺寸创建一个二维合成，如图 3-40 所示。

2　在工具栏中选择"横排文字工具"，在合成窗口选中位置并单击鼠标左键，输入文字内容，然后通过字符面板设置文字的字号、字体、颜色等属性，如图 3-41 所示。

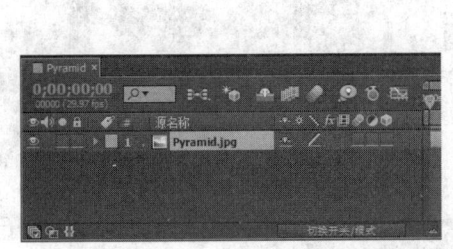

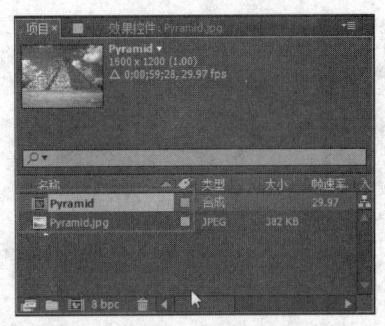

图 3-40　使用图像素材创建合成

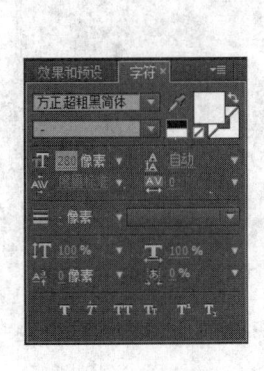

图 3-41　输入文字

3　执行"图层→图层样式"命令，在弹出的菜单中为当前选择的文本图层应用对应的图层样式效果，如图 3-42 所示。

- 全部显示：执行该命令，在时间轴窗口中同时显示所有样式效果，只需打开图层样式的显示开关，即可应用并设置该图层样式效果，如图 3-43 所示。

图 3-42　图层样式命令　　　　图 3-43　显示全部图层样式

- 全部移除：执行该命令，可以移除所有应用在图层上的样式效果。
- 投影：沿对象外边缘向下层指定角度产生内阴影效果，可以在时间轴窗口中通过相关参数设置投影的具体效果，如图 3-44 所示。
- 内阴影：沿对象内边缘向内部指定角度产生投影效果，如图 3-45 所示。
- 外发光：沿对象边缘向外产生发光效果，如图 3-46 所示。
- 内发光：沿对象边缘向内产生发光效果，如图 3-47 所示。

图 3-44 投影效果

图 3-45 内阴影效果

图 3-46 外发光效果

图 3-47 内发光效果

- 斜面与浮雕：沿对象边缘向内或向外产生斜面或浮雕的立体效果，如图 3-48 所示。
- 光泽：在图像范围内部产生类似色光照射的光泽效果，如图 3-49 所示。

图 3-48 斜面与浮雕效果

图 3-49 光泽效果

- 颜色叠加：在图像范围上叠加上新的色彩，并可以设置颜色叠加的不透明度，如图 3-50 所示。
- 描边：在图像边缘生成颜色笔触的描边效果，如图 3-51 所示。

图 3-50 颜色叠加效果

图 3-51 描边效果

- 渐变叠加：在图像范围上叠加上新的渐变色彩，并可以设置颜色渐变的不透明度、渐变样式等效果；在时间轴窗口中的图层样式选项中单击"编辑渐变"文字按钮，可以在打开的"渐变编辑器"对话框中设置需要的颜色渐变，如图 3-52 所示。

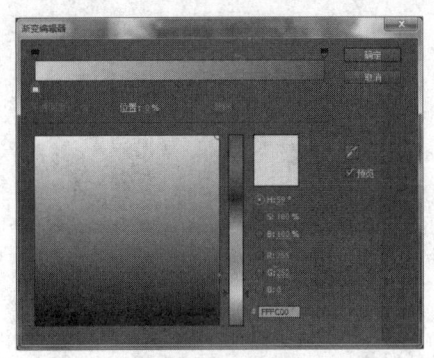

图 3-52　渐变叠加效果

3.5　图层的混合模式

与在 Photoshop 中一样，在 After Effects 中也可以对合成中的图层应用混合模式，得到一个图层与其图像范围下面的一个或多个图层的图像以指定的方式进行像素、色彩内容的混合效果。在选择图层后，执行"图层→混合模式"命令，或者在时间轴窗口中展开混合模式面板，单击图层后面对应的"模式"按钮，在弹出的下拉菜单中选择图层混合模式，如图 3-53 所示。

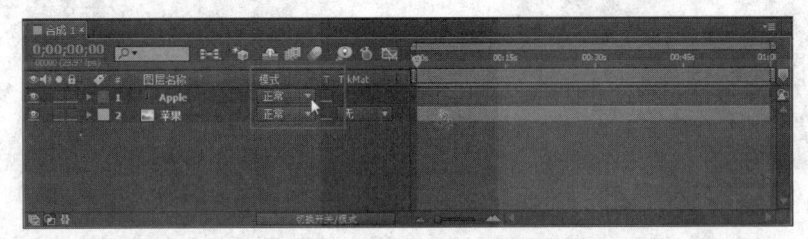

图 3-53　设置图层混合模式

- 正常：当不透明度为 100%时，目前图层的显示不受其他图层影响；当不透明度小于100%时，目前图层的每一个像素点的颜色将受其他图层的影响，如图 3-54 所示。
- 溶解：用下面图层的颜色随机以像素点的方式替换图层的颜色，是以图层的透明度为基础的，需要调整上一图层的不透明度属性来决定点分布的密度，如图 3-55 所示。

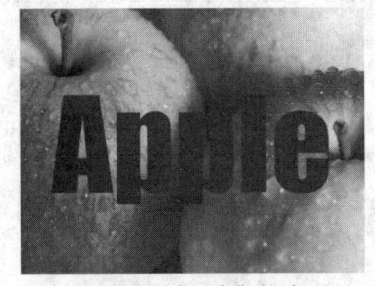

图 3-54　"正常"模式　　　　　　　　　图 3-55　"溶解"模式

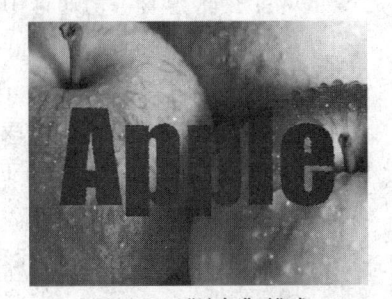

- 动态抖动溶解：与"溶解"模式类似，随着时间的变化，随机色也会发生相应的变化。

- 变暗：比较下面层与目前图层的颜色通道值，显示其中较暗的。该模式只对目前图层的某些像素起作用，这些像素比其下面图层中的对应像素一般要暗，如图 3-56 所示。
- 正片叠底：形成一种光线透过两张叠加在一起的幻灯片效果，结果呈现出一种较暗的效果。
- 颜色加深：使目前图层中的有关像素变暗，如图 3-57 所示。

图 3-56 "变暗"模式　　　　　　　　图 3-57 "颜色加深"模式

- 经典颜色加深：通过增加对比度使基色变暗以反映混合色，比颜色加深模式要好。
- 线性加深：通过减小亮度使基色变暗以反映混合色，与白色混合不产生任何效果。
- 较深的颜色：自动作用于下层通道需要变暗的区域，如图 3-58 所示。
- 相加：将图层的颜色值与下图面层的颜色值混合，作为结果。颜色要比源颜色亮一些，如图 3-59 所示。

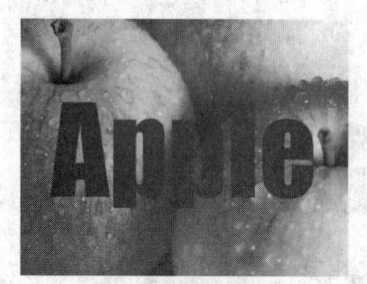

图 3-58 "较深的颜色"模式　　　　　　　　图 3-59 "相加"模式

- 变亮：比较下面图层与目前图层颜色的通道值，显示其中较亮的。
- 屏幕：加色混合模式，相互反转混合画面颜色，将混合色的补色与基色相乘，呈现出一种较亮的效果。
- 颜色减淡：使目前图层中有关像素值变亮，如图 3-60 所示。
- 经典颜色减淡：通过减小对比度使基色变亮以反映混合色。
- 线性减淡：用于查看每个通道中的颜色信息，并通过增加亮度使基色变亮以反映混合色，与黑色混合则不发生变化。
- 亮光：自动作用于下图层通道中需要加亮的区域，如图 3-61 所示。
- 强光：根据源图层的颜色相乘或者屏蔽结果色。它可以制作一种强烈的效果，高亮度的区域将更亮，暗调的区域将更暗，最终的结果使反差更大。
- 线性光：通过减小或增加亮度来加深或减淡颜色，取决于混合色。
- 叠加：在图层之间混合颜色，保留加亮区和阴影，以影响图层颜色的亮区域和暗区域，如图 3-62 所示。
- 柔光：根据图层颜色的不同，变暗或加亮结果色，最终的结果使反差更大，如图 3-63 所示。

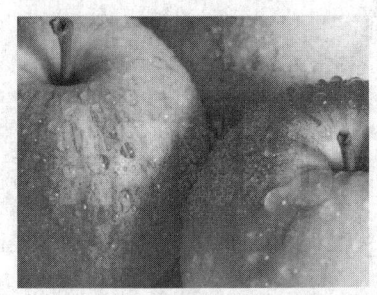

图 3-60 "颜色减淡"模式　　　　　　　图 3-61 "亮光"模式

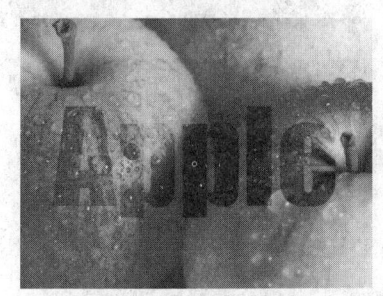

图 3-62 "叠加"模式　　　　　　　　图 3-63 "柔光"模式

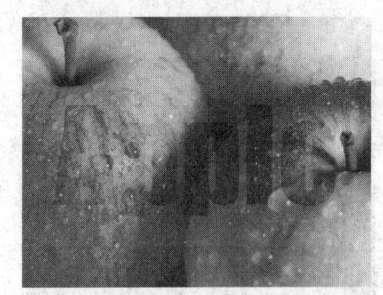

- 纯色混合：增加原始图层遮罩下方可见层的对比度，遮罩的大小决定了对比区域的大小，如图 3-64 所示。
- 差值：重叠的深色部分反转为下层的色彩，取决于当前图层和底层像素值的大小，它将单纯地反转图像，如图 3-65 所示。
- 经典差值：从基色中减去混合色，或从混合色中减去基色。
- 相减：由亮度值决定是从目前图层中减去底层色，还是从底层色中减去目标色，其结果比"差值"要柔和些。

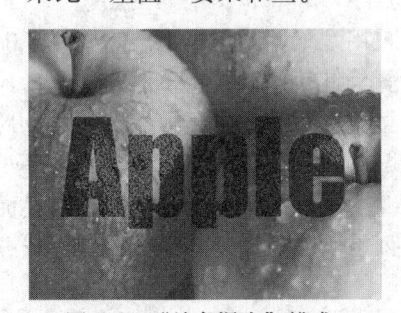

图 3-64 "纯色混合"模式　　　　　　图 3-65 "差值"模式

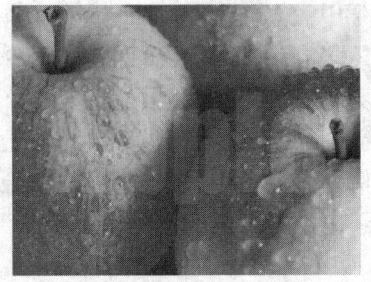

- 色相：利用 HSL 色彩模式来进行合成，将当前图层的色相与下面图层的亮度和饱和度混合起来形成特殊的结果，如图 3-66 所示。
- 发光度：与"颜色"模式相反，它将保留目前图层的亮度值，用下面图层的色调和饱和度进行合成，如图 3-67 所示。
- 饱和度：将目前图层中的饱和度与下面图层中的结合起来形成新的效果。
- 颜色：通过下面图层颜色的亮度和目前图层颜色的饱和度、色调创建一种最终的色彩。
- 模板 Alpha：运用图层的 Alpha 通道影响下面图层的所有的 Alpha 通道，如图 3-68 所示。
- 模板亮度：图层的较亮像素比较暗像素不透明得多。

图 3-66 "色相"模式 　　　　　　　　图 3-67 "发光度"模式

- 轮廓 Alpha：运用图层的 Alpha 通道建立一个轮廓，如图 3-69 所示。

图 3-68 "模板 Alpha"模式 　　　　　　图 3-69 "轮廓 Alpha"模式

- 冷光预乘：图层的较亮像素比较暗像素透明得多。
- Alpha 添加：底层与目标图层的 Alpha 通道共同建立一个无痕迹的透明区域。

3.6　轨道遮罩的设置

轨道遮罩是应用于图层之间的特殊处理功能，类似于 Photoshop 中的图层遮罩，可以将一个图层中图像的亮度或 Alpha 通道作为显示区域，应用到下面的图层上。需要注意的是，轨道遮罩只能在下层图层中将与之相邻的上层图层设置为其轨道遮罩，不能向下选择或隔层选择；如果一个图层设置了轨道遮罩，位于其上的图层位置被移动或删除了，将自动应用该位置的新图层作为遮罩层；如果上面已经没有图层，则轨道遮罩设置自动取消。

在时间轴窗口中单击 切换开关/模式 按钮，将效果开关面板切换到模式面板，在轨道遮罩栏中单击"无"按钮，即可在弹出的下拉列表中选择需要的轨道遮罩设置，如图 3-70 所示。

图 3-70　设置轨道遮罩

- 没有轨道遮罩：取消遮罩设置。
- Alpha 遮罩：只有含有 Alpha 通道的素材图层（如文字层，包含 Alpha 通道的 PSD、

TIF 等格式的素材），才能被下层图层设置为遮罩，显示出 Alpha 通道的范围，其余部分透明，如图 3-71 所示。如果将不含 Alpha 通道的图层设置为通道遮罩，则以该素材的全部范围作为显示区域。

图 3-71 设置"Alpha 遮罩"

- Alpha 反转遮罩：效果与"Alpha 遮罩"相反，如图 3-72 所示。

图 3-72 设置"Alpha 反转遮罩"

- 亮度遮罩：将遮罩图层中图像内容的亮度值作为遮罩后透明区域的亮度，在遮罩图层中亮度值越高的区域，在背景中透明后越亮；亮度值越低的区域，在背景中透明后越暗，如图 3-73 所示。

图 3-73 设置"亮度遮罩"

- 亮度反转遮罩：效果与"亮度遮罩"相反，如图 3-74 所示。

图 3-74 设置"亮度反转遮罩"

3.7 图层的父子关系

父子图层功能是 After Effects 的一个特色功能，可以将父级图层上的变换效果附加在子级图层上，对父级图层所做的编辑处理将同时影响嵌入的子级图层，而对子级图层进行的操作处理不会影响父级图层。这个功能可以很方便地将多个对象组合成一个组，一次即可完成对多个图层内容的编辑处理，可以节省编辑时间，提高工作效率，并编辑出精彩的动画效果。

要设置父子图层功能，需要先在时间轴窗口中显示出父级面板：在时间轴窗口中的面板名称栏上单击鼠标右键，在弹出的菜单中选择"列数→父级"命令，显示出父级面板，如图 3-75 所示。

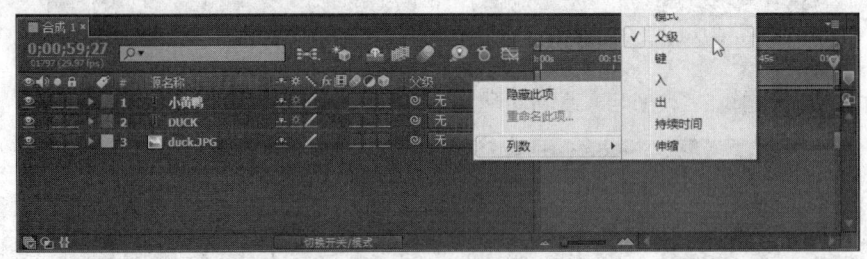

图 3-75　打开父级面板

> **TIPS** 在父子图层关系中，只有图层的变换属性下的锚点、"位置"、"缩放"、"旋转"4 种属性可以被关联，"不透明度"属性不会被连带影响。为对象添加的其他效果（如视频特效），不属于关联的范围。

单击父级面板中的下拉按钮，即可在弹出的下拉列表中为当前图层指定父级图层；也可以按住下拉列表按钮前的 @ 按钮，将其拖动并指向到目标图层名称上，同样可以为其指定父级图层，如图 3-76 所示。

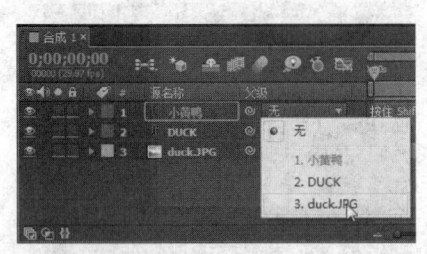

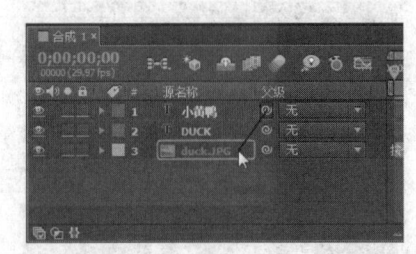

图 3-76　指定父级图层

为当前图层指定了父级图层后的显示状态，如图 3-77 所示。也可以为多个图层指定同一个图层作为其父级图层，使它们都与同一图层的变换保持联动效果，如图 3-78 所示。

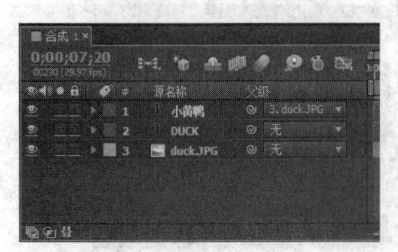

图 3-77　指定父级图层后的显示状态　　　　图 3-78　设置同一父级图层

在时间轴窗口中展开父级图层的"变换"选项,对其"锚点"、"位置"、"缩放"、"旋转"属性参数进行调整,即可对设置的子级图层产生相同的联动作用,如图 3-79 所示。

图 3-79 修改父级图层变换效果

> **TIPS**：对于暂时不再需要显示的面板,可以在该面板名称上单击鼠标右键并选择"隐藏此项"命令,即可将其隐藏,如图 3-80 所示。选择"重命名此项"命令,可以在打开的对话框中为该面板重命名。

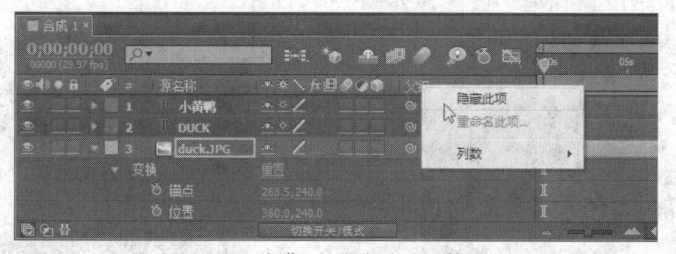

图 3-80 隐藏不再需要显示的面板

3.8 课堂实训——制作影片《火树银花》

请打开本书配套实例光盘中\Chapter 3\火树银花\Export\火树银花.mp4 文件,先欣赏本实例的完成效果,在观看过程中分析其所运用的编辑功能与制作方法,如图 3-81 所示。

76 新编 After Effects CC 标准教程

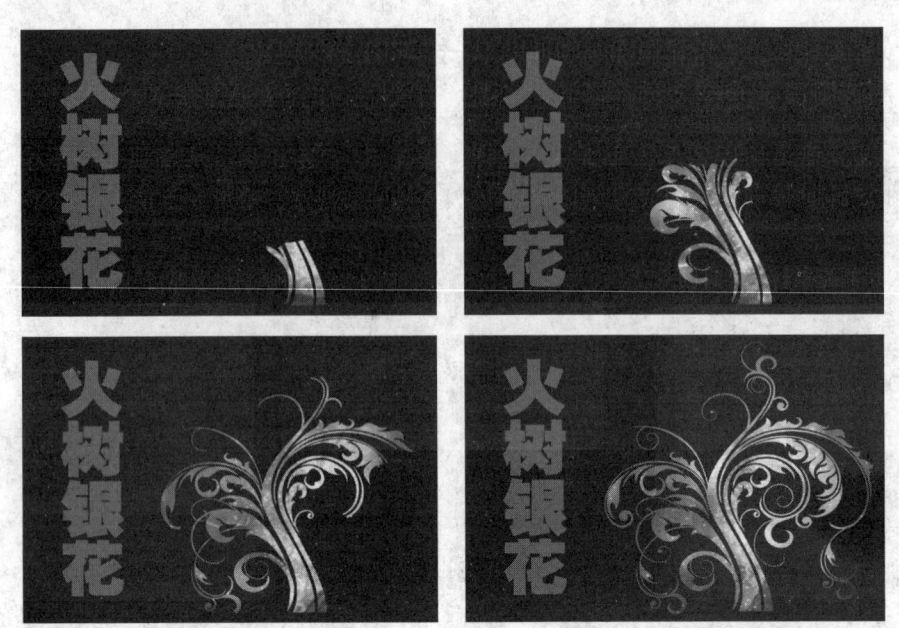

图 3-81 观看影片完成效果

上机实战　编辑影片"火树银花"

1 按"Ctrl+I"快捷键，打开"导入文件"对话框，选择本书实例光盘中\Chapter 3\火树银花\Media 目录下的所有视频文件，然后单击"打开"按钮，将它们导入到项目窗口中，如图 3-82 所示。

2 在项目窗口中双击视频素材，打开素材预览窗口，对导入的素材进行播放预览，如图 3-83 所示。

3 按"Ctrl+S"快捷键，在打开的"保存为"对话框中为项目文件命名并保存到电脑中指定的目录。

4 按"Ctrl+N"快捷键，打开"合成设置"对话框，为新建的合成命名，选择"预设"为 NTSC DV，设置"持续时间"为 0:00:10:00，然后单击"确定"按钮，如图 3-84 所示。

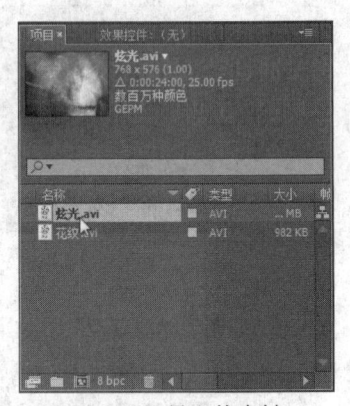

图 3-82 导入的素材

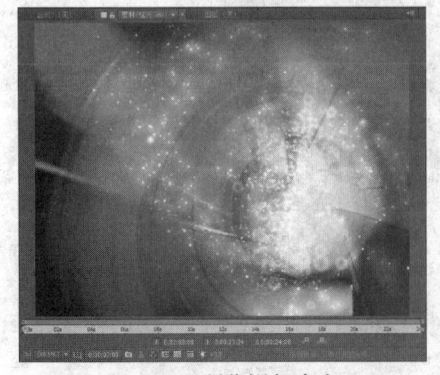

图 3-83 预览视频内容　　图 3-84 新建合成

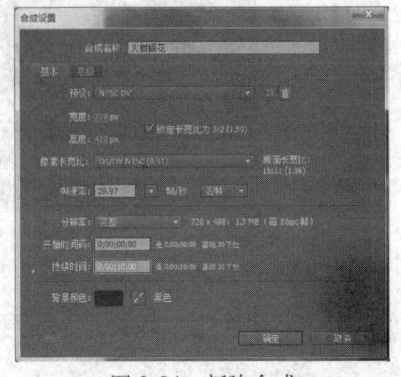

5 将两个视频素材加入到新建合成的时间轴窗口中，然后将图层 2"炫光.avi"的轨道

遮罩设置为图层 1，如图 3-85 所示。

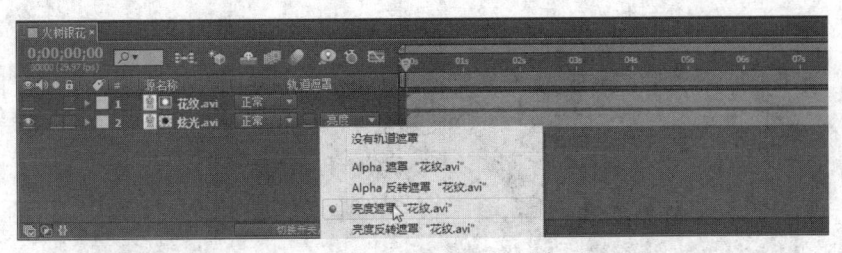

图 3-85　设置轨道遮罩

6　拖动时间指针，预览目前设置好的影片效果。接下来对炫光视频的动画播放速度进行调整。单击"展开或折叠'入点'/'出点'/'持续时间'/'时间伸缩'窗格"按钮，展开时间控制窗格，单击图层 2 中的"伸缩"参数的文字按钮，在弹出的"时间伸缩"对话框中，将该视频素材的持续时间修改为 10 秒，也就是使其与图层 1 中视频素材的持续时间对齐，如图 3-86 所示。

7　在时间轴窗口中再次单击 按钮，隐藏时间控制窗格；选择图层 2 并按 S 键，展开图层的"缩放"属性，将该参数值修改为 85.0%，使其与合成项目的宽度对齐，如图 3-87 所示。

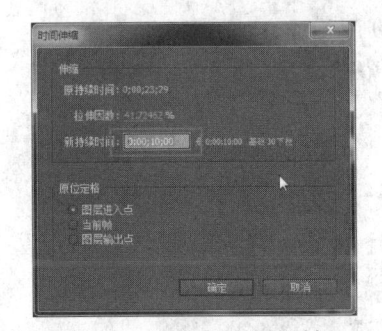

图 3-86　调整素材持续时间　　　　图 3-87　调整素材缩放尺寸

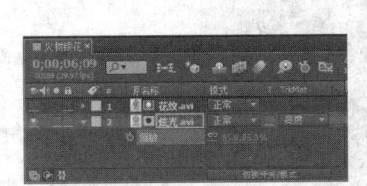

> **TIPS**　在时间轴中选择图层后，按 A 键，可以打开"锚点"选项；按 P 键，可以打开"位置"选项；按 S 键，可以打开"缩放"选项；按 R 键，可以打开"旋转"选项。

8　选择图层 1 并按 S 键，展开其"缩放"属性，将该参数值修改为 68.5%，使其与合成项目的高度对齐，并将其移动到画面的右侧，如图 3-88 所示。

图 3-88　调整素材的缩放尺寸和位置

9　在时间轴窗口中将时间指针移动到开始位置，单击鼠标右键并选择"新建→文本"

命令，新建一个文本图层；在工具面板中选择"直排文字工具"，在合成窗口中输入文字，并在"字符"面板设置好文本的字号、字体、颜色等属性，如图 3-89 所示。

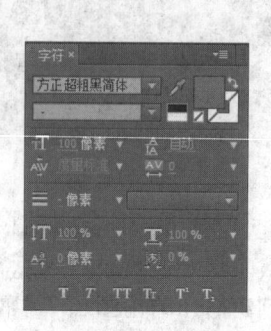

图 3-89　新建文字

10 按"Ctrl+S"按钮，保存编辑完成的工作。按"Ctrl+M"快捷键，将编辑好的合成添加到渲染队列中。单击"输出模块"选项后面的"无损"文字按钮，在打开的"输出模块设置"对话框中单击"格式选项"按钮，在打开的对话框中选择"视频编码器"为 DV NTSC，保持其他选项的默认设置，然后单击"确定"按钮，如图 3-90 所示。

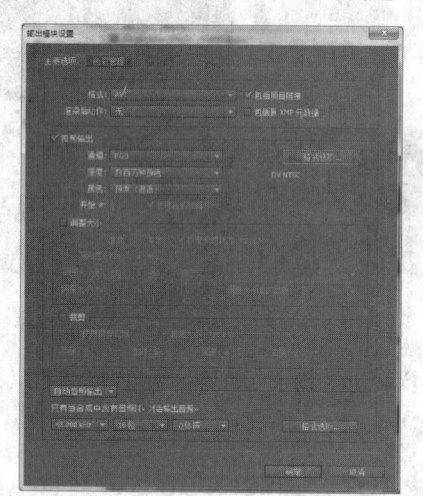

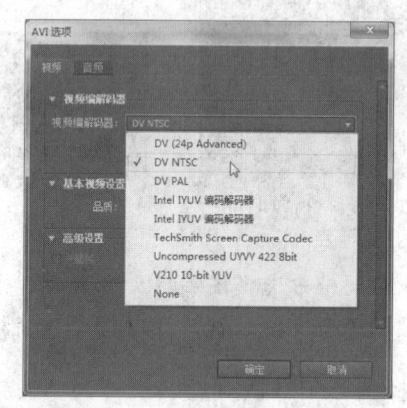

图 3-90　输出模块设置

11 在"渲染队列"面板中单击"输出到"后面的文字按钮打开"将影片输出到"对话框，为将要渲染生成的影片指定保存目录和文件名。

12 回到"渲染队列"面板，单击"渲染"按钮，开始执行渲染，如图 3-91 所示。

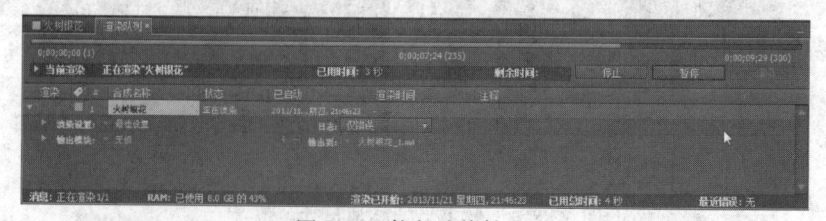

图 3-91　执行渲染输出

13 渲染完成后，打开影片的输出保存目录，观看输出文件的播放效果，如图 3-92 所示。

图 3-92　在 Media Player 中观看影片输出效果

3.9　课后习题

一、填空题

（1）在素材预览窗口中，单击窗口下面的_____按钮，可以将设置好的剪辑片段加入到当前合成的时间线窗口中的顶部，并使入点对齐到时间指针所在的位置；同时，将其余图层在入点位置分割为两段，分割后的图层对齐到新图层的出点位置。

（2）在按住_____键的同时，将项目窗口中的素材按住并拖动到时间轴窗口中需要替换的图层上，即可在释放鼠标后，将该图层替换为新的素材内容。

（3）_____图层自身并没有图像内容，可以同时对位于其图像范围下的所有图层应用添加在调整图层上的所有特效，快速完成对多个图层的统一的特效设置。

（4）执行"图层→时间→_____"命令，可以在打开的对话框设置对应的选项，实现对图像、视频、音频等素材持续时间的自由调整。

二、选择题

（1）在使用鼠标缩放合成窗口中的图层对象的同时，按（　　）键，可以使图层对象的大小按等比例缩放。

　　A. Ctrl　　　　　　B. Alt　　　　　　C. Shift　　　　　　D. Ctrl+Alt

（2）在合成窗口中的多个图层对象中选择一个图层时，按下（　　）键，可以将其直接移动到最上层。

　　A. Ctrl+Shift+]　　　　　　B. Ctrl+Shift+↑

　　C. Ctrl+Shift+Page up　　　　　　D. Ctrl+Home

（3）在"时间缩放"对话框中，选择（　　）单选项，可以入点为基准向后延长或缩短图层的持续时间。

　　A. 新持续时间　　B. 图层进入点　　C. 当前帧　　D. 图层输出点

（4）在时间轴窗口中选择一个图层后，按下（　　）键，可以打开图层的"不透明度"选项。

　　A. I　　　　　　B. T　　　　　　C. O　　　　　　D. B

三、上机实训

参考本章中的课堂实训，利用本书配套实例光盘中\Chapter 3\绽放\Media 目录下准备的素材文件，以"绽放"为主题，制作一个同类型的剪影蒙版效果的影片，其中可以对文字对象进行不透明度、旋转等属性的设置应用，如图3-93所示。

图3-93 上机实训实例效果

第 4 章　关键帧动画与跟踪运动

学习要点

- 理解关键帧动画的原理，掌握关键帧动画的创建方法
- 熟练掌握对关键帧动画的各种编辑操作技能
- 了解跟踪运动的设置方法，掌握创建运动轨迹跟踪的方法

4.1　认识关键帧动画

关键帧动画的概念来源于早期的卡通动画影片工业。动画设计师在故事脚本的基础上，绘制好动画影片中的关键画面，然后由工作室中的助手来完成关键画面之间连续内容的绘制，再将这些连贯起来的画面拍摄成一帧帧的胶片，在放映机上按一定的速度播放出这些连贯的胶片，就形成了动画影片。而这些关键画面的胶片，就称为关键帧。

在 After Effects 中的关键帧动画也是同样的原理：在一个动画属性的不同时间位置建立关键帧，并在这些关键帧上设置不同的参数，After Effects 就可以自动计算并在两个关键帧之间插入逐渐变化的画面来产生动画效果。

4.2　创建关键帧动画

可以通过对图层大小、位置、角度等基本属性以及添加到图层上的特效在不同的时间位置设置不同参数值，创建关键帧动画。

上机实战　创建关键帧动画

1　按"Ctrl+I"快捷键，打开"导入文件"对话框，选择本书实例光盘中\Chapter 4\Media 目录下的 plane.psd、sky.jpg 文件，将它们导入到项目窗口中，如图 4-1 所示。

2　创建一个"预设"为 NTSC DV 制式的合成，设置持续时间为 20 秒，如图 4-2 所示。

图 4-1　项目窗口　　　　　　　　图 4-2　新建合成

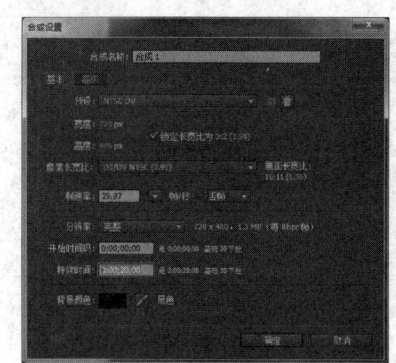

3 在时间轴窗口中将时间指针定位在开始的位置，然后加入准备的素材，在合成窗口中用鼠标将飞机图像等比缩小到合适的大小，并选择"旋转工具"，将其调整到合适的角度，如图4-3所示。

图4-3 调整图像大小和角度

4 在时间轴窗口中选择plane图层并按P键，打开图层的"位置"选项，单击时间变化秒表按钮，在开始位置创建关键帧；然后在合成窗口中将飞机图像移动到画面左侧外，如图4-4所示。

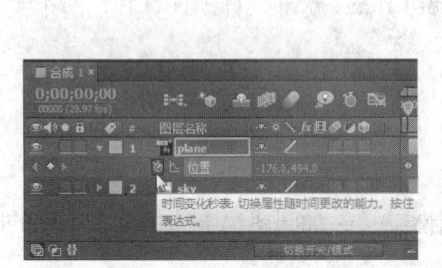

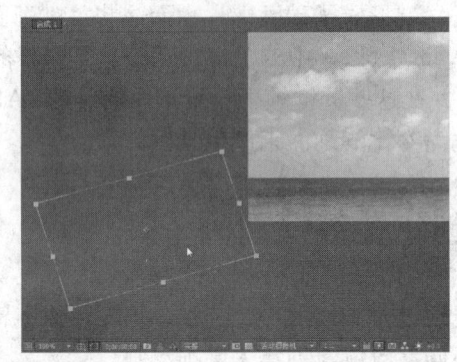

图4-4 创建位置关键帧

5 将时间指针移动到时间标尺的末尾，然后将合成窗口中的飞机图像移动到右侧外，如图4-5所示。

6 在时间轴窗口中拖动时间指针或按空格键，即可查看合成窗口中飞机从画面左边飞入，然后从画面右边飞出的关键帧动画效果，如图4-6所示。

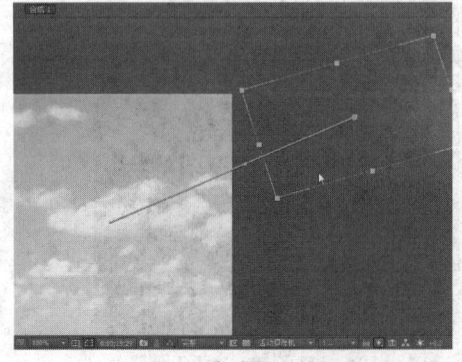

图4-5 移动图层位置　　　　　　　　　　图4-6 预览关键帧动画效果

4.3 编辑关键帧动画

在创建了基本的关键帧动画以后，即可在时间轴窗口中对关键帧进行编辑调整，制作出变化丰富的动画效果。添加了关键帧后的时间线窗口，如图4-7所示。

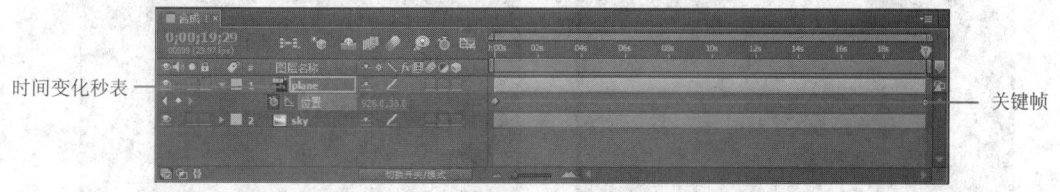

图 4-7 时间轴窗口

4.3.1 添加与删除关键帧

在时间变化秒表按钮处于被按下的状态时，即可为图层的选项添加关键帧，可以通过以下几种方法来完成。

方法 1 将时间指针移动到需要添加关键帧的位置，然后单击选项前面的"在当前时间添加或移除关键帧"按钮即可。当时间指针在当前关键帧上，关键帧控制器中的该按钮显示为，此时修改该选项的数值，即可在上一个关键帧到当前关键帧之间创建动画效果，如图4-8所示。

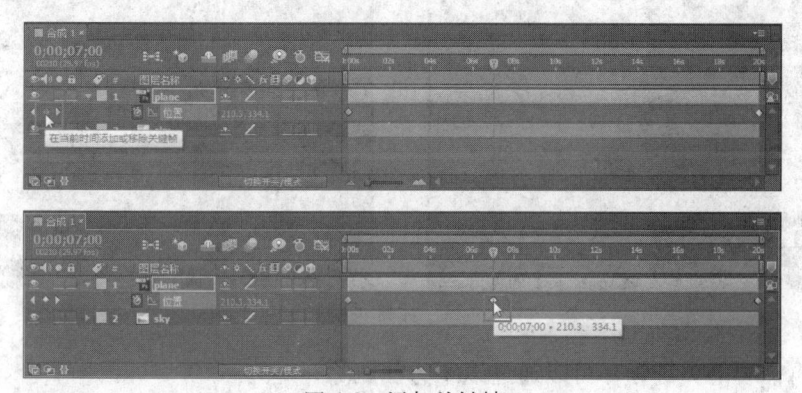

图 4-8 添加关键帧

方法 2 将时间指针移动到需要添加关键帧的位置，然后在时间轴窗口中修改选项的数值，即可在该位置添加关键帧，如图4-9所示。

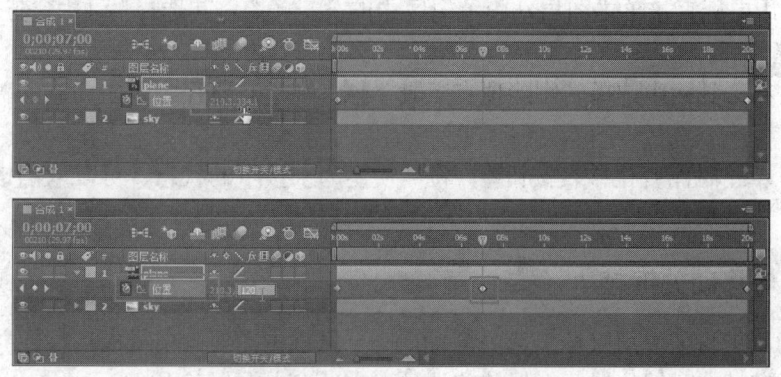

图 4-9 修改数值添加关键帧

方法 3 将时间指针移动到需要添加关键帧的位置,然后在合成窗口中改变图层对象在当前创建了关键帧选项的相关属性,即可在该位置添加一个新的关键帧。例如,在"位置"选项关键帧状态下移动图层对象的位置,如图 4-10 所示。

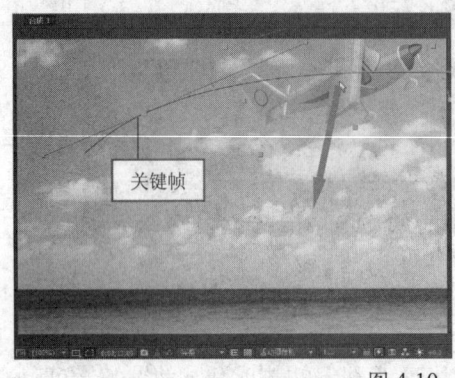

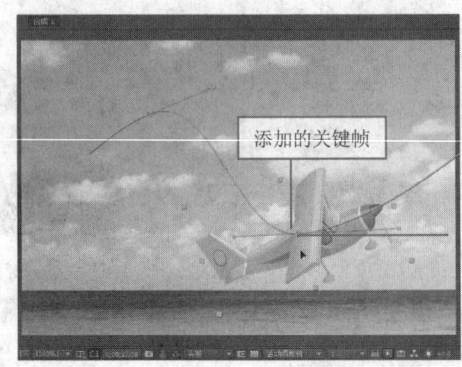

图 4-10 添加关键帧

方法 4 在工具栏中选择"添加顶点工具" ,在运动路径中需要的位置单击鼠标左键,即可在该位置添加一个关键帧,如图 4-11 所示。

图 4-11 添加关键帧

对于不再需要的关键帧,可以通过以下方法删除。

方法 1 单击时间轴窗口中创建了关键帧的选项前对应的导航按钮,其中 为跳转到上一个关键帧, 为跳转到下一个关键帧,然后单击中间的"在当前时间添加或移除关键帧"按钮 ,即可删除该位置的关键帧。

方法 2 用鼠标直接单击图层动画编辑区中的关键帧,将其选择后(由 变为)按键盘上的 Delete 键即可。

方法 3 在工具栏中选择"删除顶点工具" ,在运动路径中单击任意的关键帧,即可将其删除。

方法 4 单击时间变化秒表按钮 ,将其恢复为未按下的状态,可以取消该选项所有的关键帧。

4.3.2 选择与移动关键帧

在图层动画编辑区中用鼠标点选关键帧后,可以根据需要向前或向后按住并拖动该关键帧,改变该关键帧的时间位置,但保持其选项参数不变,如图 4-12 所示。

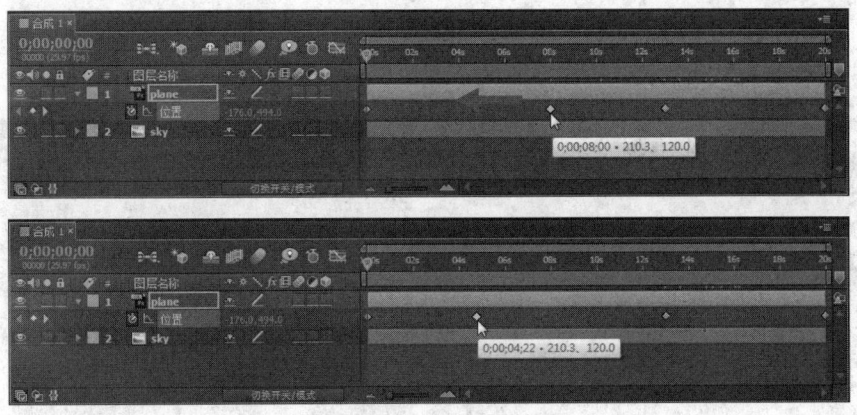

图 4-12　移动关键帧

> 在为图层添加了多个关键帧以后，为了方便区分与查看，可以单击时间轴窗口右上角的选项按钮 ▼≡，在弹出的菜单中选择"使用关键帧索引"命令，可以将关键帧图标切换为序号显示，如图 4-13 所示。

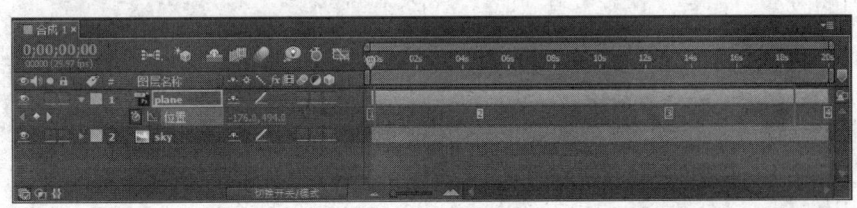

图 4-13　显示关键帧序号

4.3.3　复制与粘贴关键帧

通过对图层选项中的关键帧进行复制，可以快速地在其他时间位置添加与原关键帧保持相同参数的关键帧，省去重新设置参数的时间：点选要复制的关键帧后，按"Ctrl+C"键，然后将时间指针移动到需要粘贴的位置，按"Ctrl+V"键即可，如图 4-14 所示。

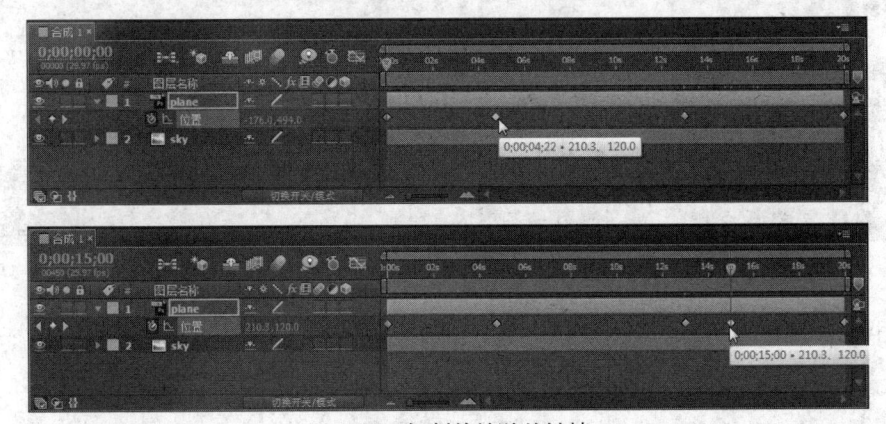

图 4-14　复制并粘贴关键帧

4.3.4　调整动画的路径

由于位移动画会产生运动路径的控制线，因此，通过调整图层对象的路径，可以使运动效果更加细腻。

按住并拖动关键帧上的控制柄，可以调整该关键帧前后的运动路径曲线，如图4-15所示。

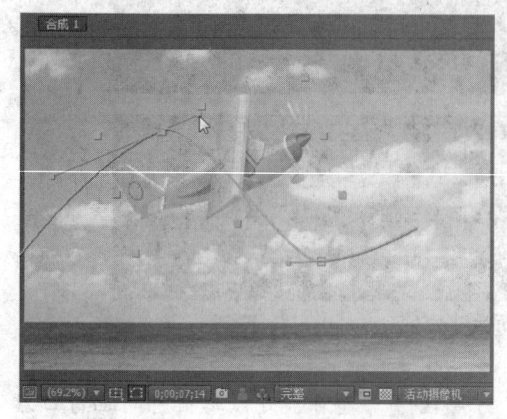

图4-15　调整关键帧前后的路径曲线

对于位移动画，还可以设置运动对象随着运动路径方向的改变，而自动调整旋转方向与路径趋向保持一致。选择需要调整运动方向的动画图层，执行"图层→变换→自动定向"命令，在打开的对话框中选择"沿路径定向"单选项，然后单击"确定"按钮，如图4-16所示。即可使图像在运动过程中随着路径方向的变化而改变方向，如图4-17所示。

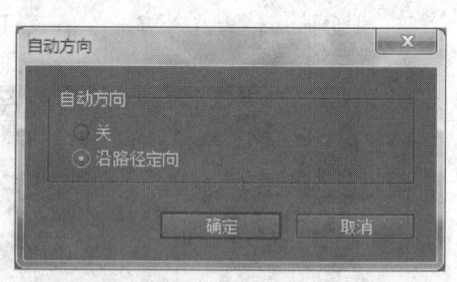

图4-16　选择"沿路径定向"单选项

图4-17　设置自动转向前后对比

4.3.5　调整动画的速度

在不改变关键帧参数属性选项的情况下，调整关键帧的时间位置，缩短或加长关键帧之间的距离，即可加快或放慢关键帧间的动画速度。

如果需要同时对多个关键帧之间的动画进行整体的均衡调速，可以在框选这些关键帧后，向前或向后按住Alt键并拖动第一个或最后一个关键帧，即可整体改变所选范围内的关键帧间距，如图4-18所示。

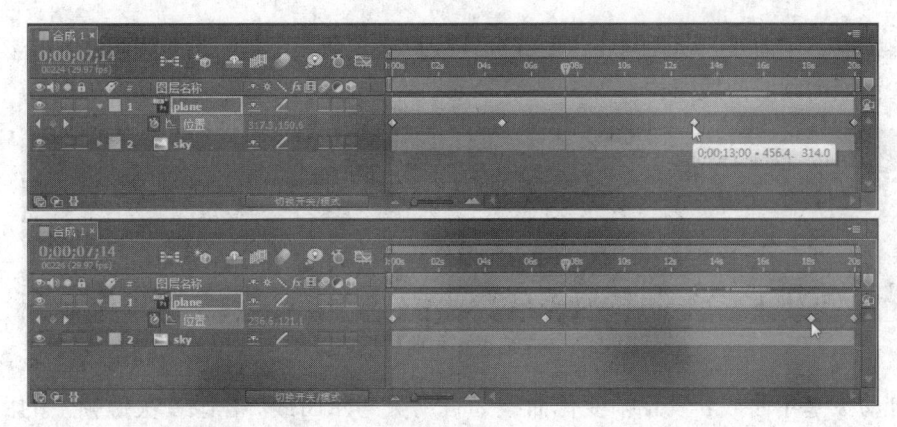

图 4-18　调整关键帧动画速度

4.3.6　设置关键帧插值运算

使用关键帧插值功能，通过对关键帧之间的运动变化进行数学运算处理，也可以使关键帧动画效果进一步提升。

选择需要调整关键帧插值的关键帧，执行"动画→关键帧插值"命令，打开"关键帧插值"对话框，通过对应的参数设置，可以对所选关键帧及其前后的运动效果进行调整。

"临时插值"下拉列表中的选项用于调整对象运动路径上连续的帧变化的时间节奏，如图 4-19 所示。以位移动画为例，关键帧之间的帧在位置距离变化上的差别，会形成不同运动快慢的效果。距离越大，运动速度越快；距离越小，运动速度越慢。

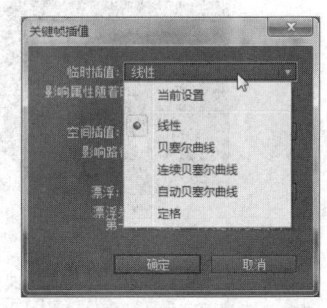

图 4-19　临时插值下拉列表

- 当前设置：应用在合成中当前完成的设置效果。
- 线性：在关键帧上产生间距一致的变化率，变化效果机械平直。按时间轴窗口中的"图表编辑器"开关，可以查看该类型插值算法的帧变化曲线图形，如图 4-20 所示。

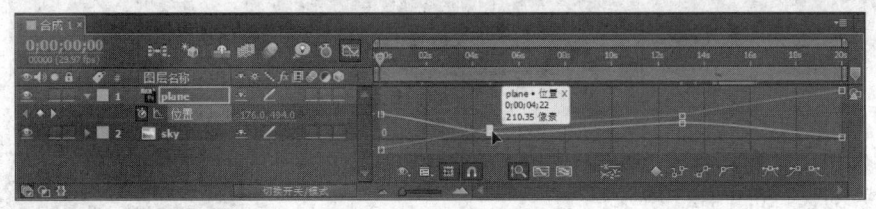

图 4-20　线性插值算法

- 贝塞尔曲线：设置帧变化曲线为贝塞尔曲线，可以手动调节曲线的形状和关键帧之间的曲线路径，如图 4-21 所示。此时拖动时间指针，可以在合成窗口中观察到不同于默认线性插值算法的运动动画效果。

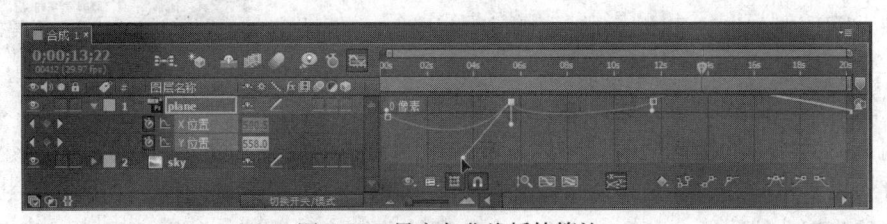

图 4-21　贝塞尔曲线插值算法

- 连续贝塞尔曲线：设置帧变化曲线为连续贝塞尔曲线，在调整曲线时，可以影响整个关键帧动画的曲线路径，如图 4-22 所示。

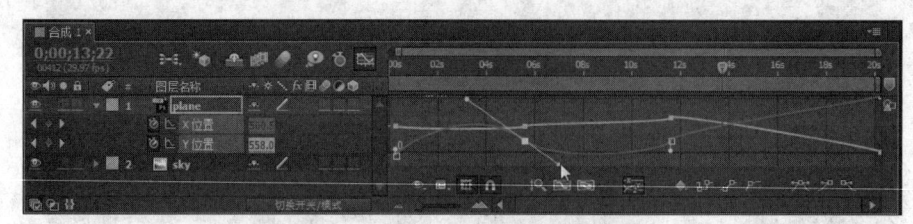

图 4-22　连续贝塞尔曲线插值算法

- 自动贝塞尔曲线：设置帧变化曲线为自动贝塞尔曲线，在改变关键帧上的曲线时，After Effects 会自动调整控制柄的位置，保持关键帧之间的平滑过渡，如图 4-23 所示。

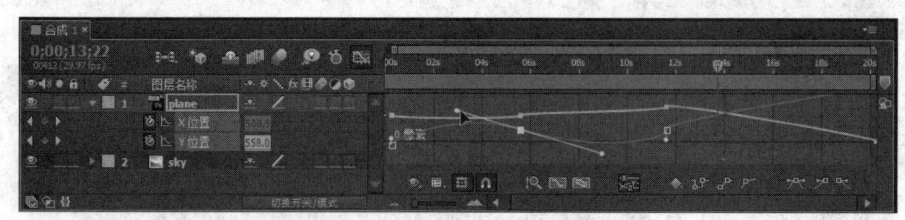

图 4-23　自动贝塞尔曲线插值算法

- 定格：该插值算法会产生突变运动，只保持关键帧画面，一直到下一个关键帧时再突然发生变化，而关键帧之间的帧变化会被取消不显示，如图 4-24 所示。该算法适用于特效效果，或需要使图层对象在关键帧之间突然出现或消失时使用。

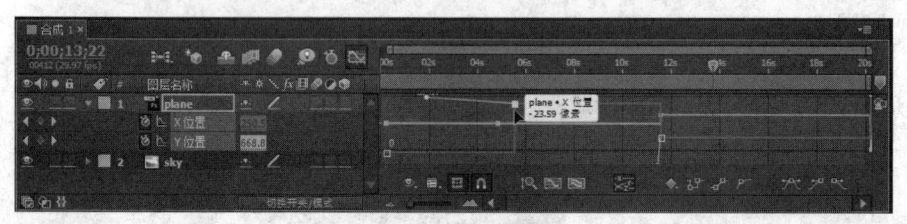

图 4-24　定格插值算法

"空间插值"下拉列表中的选项用于设置合成窗口中运动路径的曲线形式，如图 4-25 所示。

- 当前设置：应用在合成中当前完成的设置效果。
- 线性：在关键帧上产生直线运动，不可调节曲线，如图 4-26 所示。
- 贝塞尔曲线：设置运动路径为贝塞尔曲线。调节关键帧上的控制柄时，只能影响该侧的曲线路径，如图 4-27 所示。
- 连续贝塞尔曲线：设置运动路径为连续贝塞尔曲线。调节关键帧上的控制柄时，可以影响两侧的曲线路径，如图 4-28 所示。
- 自动贝塞尔曲线：设置运动路径为自动贝塞尔曲线。关键帧两侧控制柄长度相同，在调整改变曲线时，由 After Effects 自动调整曲线的平滑度，如图 4-29 所示。

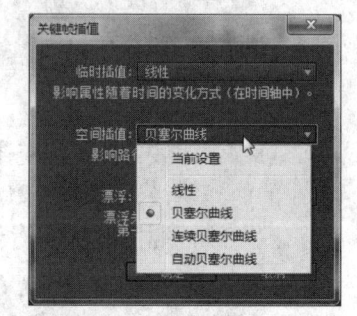

图 4-25　空间插值下拉列表

图 4-26　线性路径　　　　　　　　图 4-27　贝塞尔曲线路径

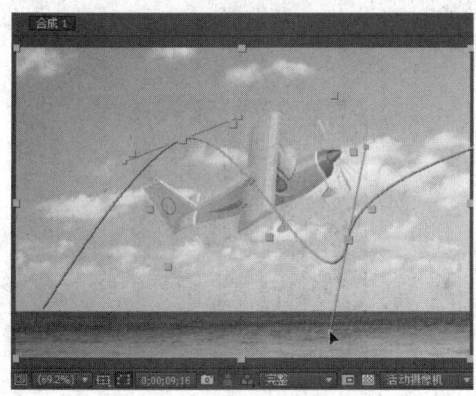

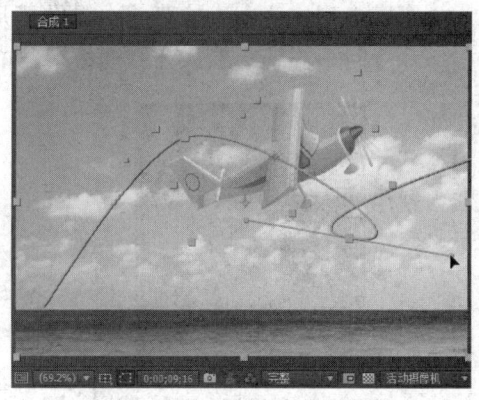

图 4-28　连续贝塞尔曲线路径　　　　图 4-29　自动贝塞尔曲线路径

4.4　跟踪运动特效编辑应用

在影视后期编辑中，跟踪运动是指对被跟踪素材中一帧画面的某一特征区域进行像素确定，在后续帧的画面中跟踪之前确定的像素区域并进行记录分析，得到该像素区域的运动路径，然后应用到新的素材图层上，使该素材得到与记录路径相同的运动动画。跟踪运动也是影视后期编辑中的一种高级合成特效，在电影艺术中应用较多。

4.4.1　跟踪运动的设置

在 After Effects 中进行跟踪运动合成时至少需要两个图层，即跟踪层与被跟踪层，可以实现对被跟踪素材中指定像素区域在位置、旋转、缩放等动作的跟踪记录。选择时间轴窗口中的图层后，执行"动画→跟踪运动"命令，可以打开"跟踪器"面板，如图 4-30 所示。

- 跟踪摄像机：单击该按钮，可以进行摄像机的跟踪操作。
- 变形稳定器：单击该按钮，可以对选择的晃动画面素材进行自动画面稳定操作。
- 跟踪运动：单击该按钮，创建新的跟踪轨迹。
- 稳定运动：单击该按钮，创建新的稳定轨迹。

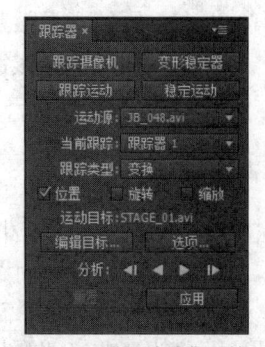

图 4-30　"跟踪器"面板

> 实际上,"跟踪运动"和"稳定运动"在原理上是相似的,在操作方法上也基本相同。跟踪运动是用跟踪范围框"跟随"跟踪特征区域,使跟踪物体得到与跟踪特征区域相同的运动轨迹;稳定运动可以理解为"定住"跟踪特征区域,使被跟踪区域得到从开始到结束最大程度上的稳定,如同将一张纸用一个图钉固定在桌面上,纸张可以发生旋转,但被定住的点保持不动。跟踪运动是将一个图层中特征点的运动轨迹应用给另外的图层,而稳定运动则是对当前图层的调整。

- 运动源:在该下拉菜单中显示了合成中的所有动画层,用于设置创建跟踪的动画层(如果有静态图像层,则显示为不可选择的灰色),如图 4-31 所示。
- 当前跟踪:这里显示了当前使用的轨迹,一个层可以被多次执行跟踪命令,包含多个轨迹。
- 跟踪类型:这个下拉菜单中提供了几种不同的跟踪类型;当选择"动画→跟踪运动"命令时,系统会默认为"变换",如图 4-32 所示。

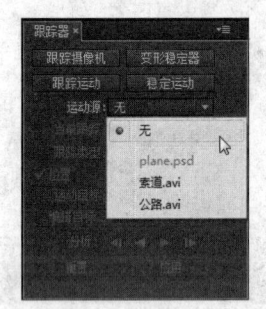

图 4-31 "运动源"下拉菜单

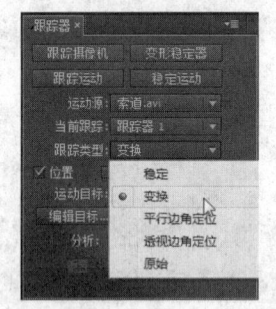

图 4-32 "跟踪类型"下拉菜单

> 稳定:设置跟踪位置或旋转,稳定摄像机镜头颤动所导致的画面晃动。当跟踪位置时,该选项创建一个跟踪点,并生成位置关键帧;当跟踪旋转对象时,该选项创建两个跟踪点,并生成旋转关键帧。
> 变换:跟踪原动画层的位置和旋转,然后施加到其他的层。
> 平行边角定位:通过改变 4 个角的位置来定位图像,不能自由扭曲,也称为 4 点跟踪。
> 透视边角定位:和"平行边角定位"类型相似,只是它可以跟踪原动画在空间上变化,也称为 3 点跟踪。当施加到目标层时,原始层的空间变化也将应用到目标层中,从而将其扭曲来模拟空间的变化。
> 原始:只跟踪位置。如果运动目标不可用或希望稍后再将跟踪数据应用到运动目标时选择该选项,所有的跟踪数据将与原动画层一起保存在项目中。
> 位置、旋转、缩放:设置对象跟踪方式,即位置、旋转与缩放,可以同时选中多个。
> 编辑目标:单击该按钮,可以选择或修改要应用跟踪的目标图层,如图 4-33 所示。
> 选项:单击该按钮,将打开"动态跟踪器选项"对话框,对跟踪选项进行设置,如图 4-34 所示。
> 轨道名称:可以在其中为当前的跟踪轨迹命名。
> 跟踪增效工具:用于指定跟踪插件,以适应不同

图 4-33 设置跟踪目标

情况的跟踪。如果没有安装第三方插件，则为默认的"内置"。
- ➢ 通道：根据被跟踪素材图像的特征选择合适的通道模式，使设置的跟踪区域与周围像素形成差异，便于更准确地分析跟踪路径。如果跟踪区域与周围存在较大的色彩反差，可以选择 RGB；如果是亮度存在差异，则应选择"明亮度"；如果是色彩饱和度反差大，则应选择"饱和度"。

图 4-34 "动态跟踪器选项"对话框

- ➢ 匹配前处理：勾选该选项后，可以对被跟踪区域像素边缘进行模糊或锐化，以增强被跟踪区域与周围的反差，以便更容易被跟踪。此设置只在跟踪时临时改变画面，完成后不影响素材原本显示效果。
- ➢ 跟踪场：勾选该选项后，可以使帧频加倍，以保证对隔行扫描的视频的两个视频场都可以跟踪。
- ➢ 子像素定位：将特征区域中的像素划分为更小的部分进行匹配，以获取更精确的跟踪效果，但需要花费更多分析时间。
- ➢ 每帧上的自适应特征：勾选该选项后，在跟踪时适应素材特征的变化。对于跟踪对象在过程中有明显的形状、颜色、亮度的变化，那么勾选此项可以增强跟踪准确性。
- ➢ 如果置信度低于_%：在该下拉列表中设置当跟踪精度低于一个数值时的处理方法，包括继续跟踪、停止跟踪、预测运动、自适应特征等选项。
- 分析：开始帧与分析跟踪点的位置及旋转角度相对应，以下按钮用于控制跟踪分析的过程。
  - ➢ ◀ (向后分析一帧)：通过退回到前一帧来分析当前帧。
  - ➢ ◀ (向后分析)：从当前帧向后一直到动画素材工作区域的起始点进行反向分析。
  - ➢ ▶ (向前分析)：从当前帧向前一直到动画素材工作区域的结束点进行常规的分析。
  - ➢ ▶ (向前分析)：一帧通过前进到下一帧对当前帧进行分析。
- 重置：单击该按钮，可以将当前帧所选轨迹的跟踪范围、搜索范围和跟踪点恢复到默认位置。
- 应用：跟踪分析完成后，单击该按钮，打开"动态跟踪器应用选项"对话框，在"应用维度"下拉列表中可以选择应用到目标图层对象上的方向，如图 4-35 所示。

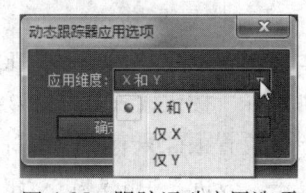

图 4-35 跟踪运动应用选项

4.4.2 跟踪运动的创建

将准备好的视频素材加入到时间轴窗口中，对该图层执行"动画→跟踪运动"命令后，将自动进入图层编辑窗口并显示出跟踪范围框，如图 4-36 所示。

在跟踪范围框中，外面的方框为搜索区域，里面的方框为特征区域，通过方框的控制点可以改变两个区域的大小和形状，可以用鼠标将跟踪范围框移动到需要跟踪的像素位置。

搜索区域的作用是定义下一帧的跟踪范围，搜索区域的大小与跟踪物体的运动速度有关，通常被跟踪物体的运动速度越快，两帧之间的位移就越大，这时搜索区域也要相应的增大。特征区域的作用是定义跟踪目标的范围，程序会记录当前跟踪区域中图像的色彩、亮度以及其他特征，然后在后续帧中以该特征进行跟踪。

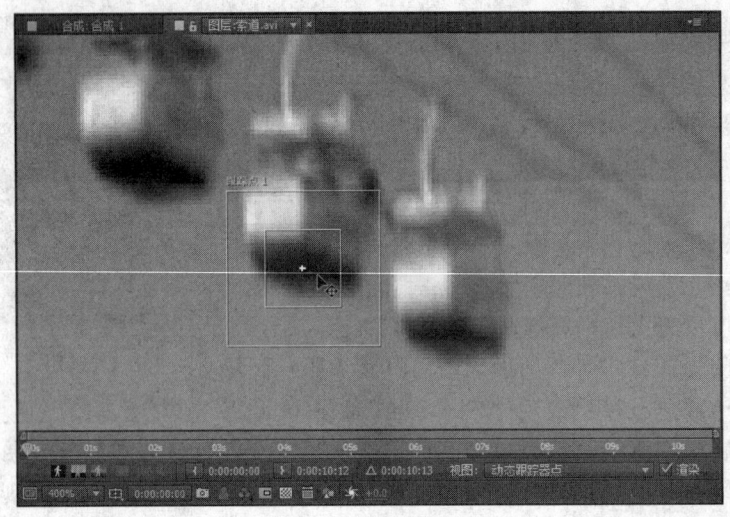

图 4-36 跟踪范围框

跟踪区域内的小十字形是跟踪点。跟踪点与跟踪层的定位点或滤镜效果相连，它表示在跟踪过程中，跟踪层或效果点的位置。在跟踪完之后，跟踪点的关键帧将被添加到相关的属性层中。

设置好跟踪选项后，可以单击"分析"按钮进行正式的跟踪预览。如果对效果不满意，可以单击鼠标或任意键停止跟踪，重新对设置进行修改，或单击"重置"按钮，恢复为默认设置后重新进行新的设置；如果对跟踪结果满意，可以单击"应用"按钮将跟踪应用到目标层。

4.4.3　跟踪运动的类型

在"跟踪器"面板中选择不同的跟踪类型，会出现不同数量、不同样式的跟踪范围框。下面分别介绍几种类型的跟踪运动。

1．位置跟踪

位置跟踪是最常用的跟踪应用。在"跟踪器"面板中勾选"位置"复选框，然后单击"编辑目标"按钮设置好跟踪物体，即可进行跟踪设置操作。

位置跟踪只有一个跟踪区域，只能跟踪视频素材中的一个特征区域。设置好跟踪位置，单击"分析"中的 进行跟踪分析后，在时间轴窗口中展开被跟踪图层，即可看见当前跟踪轨迹下产生的关键帧序列。单击"应用"按钮后，即可将这些关键帧动画应用到目标物体上，如图 4-37 所示。

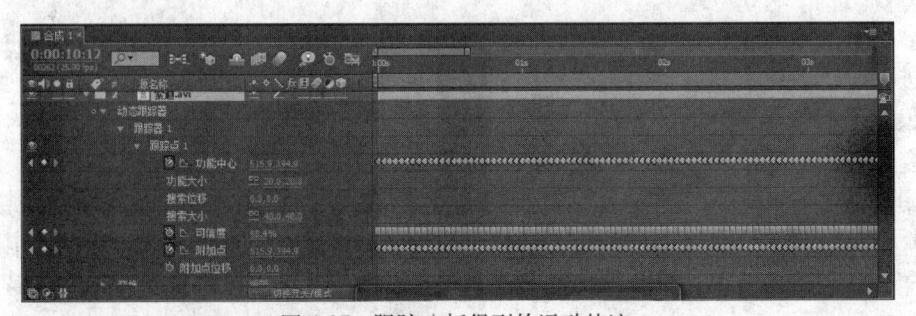

图 4-37 跟踪分析得到的运动轨迹

2. 旋转跟踪

在"跟踪器"面板中勾选"旋转"复选框，即可进行旋转跟踪的设置。旋转跟踪有两个跟踪范围框，中间有一条轴线；由两个跟踪范围框分别确定两个跟踪区域后，根据跟踪过程中轴线角度的变化进行分析，得到被跟踪对象的旋转运动记录，然后将其应用到跟踪物体上，使其具有与跟踪记录相同的旋转运动，如图4-38所示。

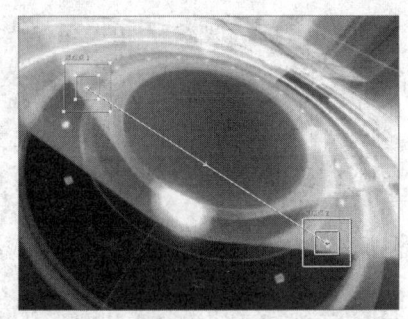

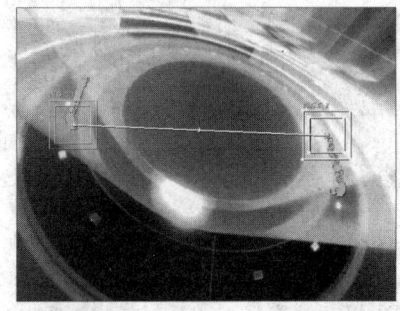

图4-38　旋转跟踪

3. 缩放跟踪

在"跟踪器"面板中勾选"缩放"复选框，即可进行缩放跟踪的设置。缩放跟踪是在跟踪轨迹中，通过记录两个跟踪范围框之间距离的变化来分析得到缩放比例的变化，并将其应用到跟踪物体上，使其具有与跟踪记录相同的缩放变化，如图4-39所示。

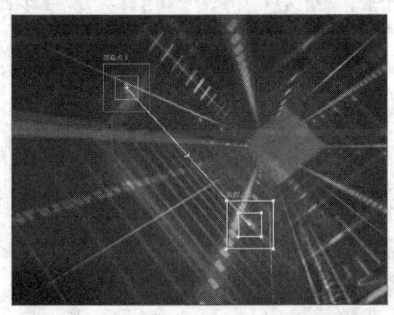

图4-39　缩放跟踪

4. 复合跟踪运动

要将被跟踪对象在运动过程中既有移动又有旋转，或既有旋转又有缩放的动作应用到跟踪物体上，只需要在"跟踪器"面板中同时勾选对应的"位置"、"旋转"或"缩放"复选框，即可执行跟踪记录操作，程序将在跟踪轨迹中同时分析两个跟踪范围框在位置、间距、旋转角度方面的变化，并将结果应用到跟踪物体上，如图4-40所示。

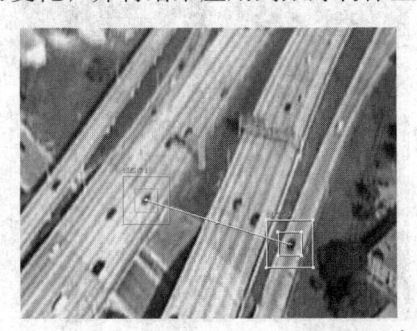

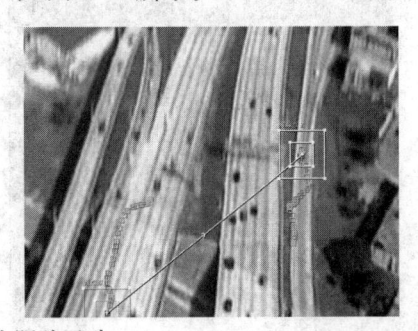

图4-40　复合跟踪运动

5. 透视跟踪

透视跟踪也叫 4 点跟踪，通过 4 个跟踪范围框确定特征区域进行跟踪分析，得到更完善的跟踪轨迹，常用于比较复杂的跟踪操作。在"跟踪器"面板中选择"跟踪类型"为"透视边角定位"选项，即可在分别设置好 4 个跟踪范围框的位置后，执行跟踪记录操作，如图 4-41 所示。

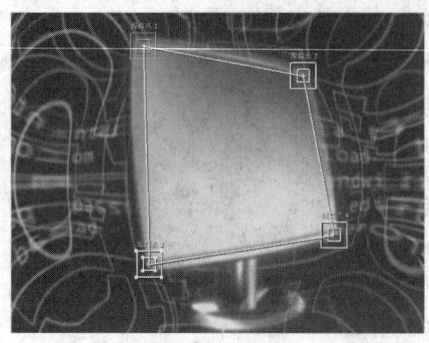

图 4-41 透视跟踪

4.5 课堂实训

下面通过制作短片《2015》和《火焰魔法》两个范例，介绍关键帧动画与跟踪运动应用技巧。

4.5.1 制作短片——《2015》

恰当地配合运用多种形式的关键帧动画效果，可以制作出动感丰富的主题影片。下面通过一个简单的动画短片制作，对创建位移、旋转、缩放、不透明度等不同关键帧动画的编辑进行练习。打开本书配套实例光盘中\Chapter 4\2015\Export\2015.flv 文件，先欣赏本实例的完成效果，如图 4-42 所示，在观看过程中分析其所运用的编辑功能与制作方法。

图 4-42 观看影片完成效果

上机实战　制作短片——《2015》

1 通过观看影片可以了解到，本实例分别为每个数字创建了不同属性的关键帧动画来显示到画面中。按"Ctrl+N"快捷键，新建一个合成项目，选择"预设"为NTSC DV，持续时间为10秒，如图4-43所示。

2 按"Ctrl+S"快捷键，在打开的"保存为"对话框中为项目文件命名并保存到电脑中指定的目录。

3 按"Ctrl+I"快捷键，打开"导入"对话框，选择本书实例光盘中的\Chapter 4\2015\Media\bg.jpg文件并将其导入，如图4-44所示。

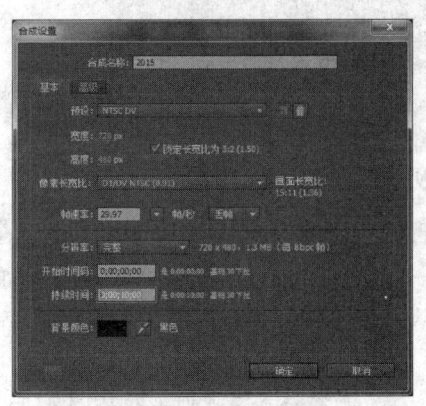

图4-43　新建合成　　　　　　　　图4-44　导入素材

4 在时间轴窗口中将时间指针定位到开始的位置，将导入的图像素材加入到时间轴窗口中，然后在时间轴窗口中单击鼠标右键并选择"新建→文本"命令，新建一个文字图层。在合成窗口中输入文字"2"，并在"字符"面板设置好文本的字号、字体、颜色等属性，如图4-45所示。

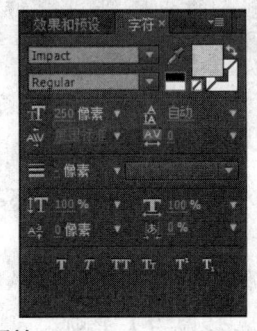

图4-45　输入文字并设置属性

5 新建文本图层，以同样的文字属性分别输入"0"、"1"、"5"，并在合成窗口中将它们排列对齐，如图4-46所示。

6 将时间指针移动到第1秒的位置，选择数字"2"的图层并按"P"键，展开图层的"位置"属性并单击前面的时间变化秒表按钮，在该位置创建一个关键帧。将时间指针移动到第3秒的位置，单击"在当前位置添加或移除关键帧"按钮，在该位置也添加一个关键帧，如图4-47所示。

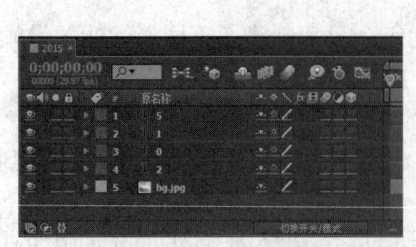

图 4-46 输入文字并调整位置

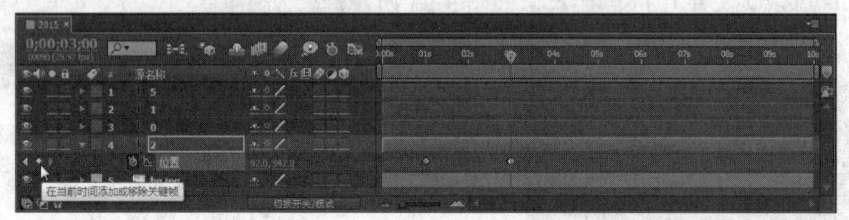

图 4-47 添加关键帧

7 单击"在当前位置添加或移除关键帧"按钮 前面的"转到上一个关键帧"按钮 ，将时间指针定位到第 1 秒的位置，然后按住"Shift"键，在合成窗口中将数字"2"水平向右移出画面右侧，得到从第 1 秒到第 3 秒，数字"2"从右侧飞入并停止在原定位置的动画，如图 4-48 所示。

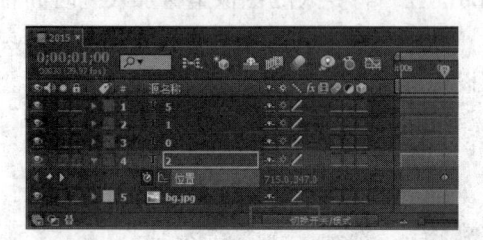

图 4-48 创建位移动画

8 选择位于 3 秒位置的关键帧，执行"动画→关键帧辅助→缓入"命令，为位移动画设置逐渐放缓的动画效果，如图 4-49 所示。

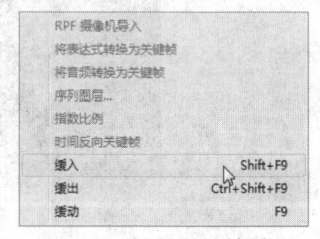

图 4-49 设置关键帧缓入

- RPF 摄像机导入：导入 RLA 或 RPF 数据的摄像机层。
- 将表达式转换为关键帧：应用表达式建立运算关系，不用设置关键帧就可以创建动画效果，但需要设置命令来停止；使用该命令可以将表达式生成的动画转换为关键帧动画，方便根据需要对关键帧动画进行控制。
- 将音频转换为关键帧：可以将音频层的声谱振幅转换为关键帧，并附加到新生成的图层中，可以查看每一帧上音频波动的数值，以方便根据音乐的变化来影响对象。
- 序列图层：设置多个层的自动排列顺序。
- 指数比例：可以将缩放动画的每个关键帧间的帧全部转换为关键帧，方便观察和单独调整每个关键帧上的数值。
- 时间反向关键帧：反转当前图层的所有关键帧在时间线窗口中的位置。
- 缓入：减缓进入所选择关键帧的动画速率。
- 缓出：减缓离开所选择关键帧的动画速率。
- 缓动：减缓进入和离开关键帧的动画速率。

> **TIPS** 对关键帧动画的缓和处理，实际上就是对其进行插值曲线的快捷设置。应用不同的关键帧插值运算后，时间轴窗口中的关键帧也会呈现出不同的图标，方便观察当前的动画缓和效果，如图4-50所示。

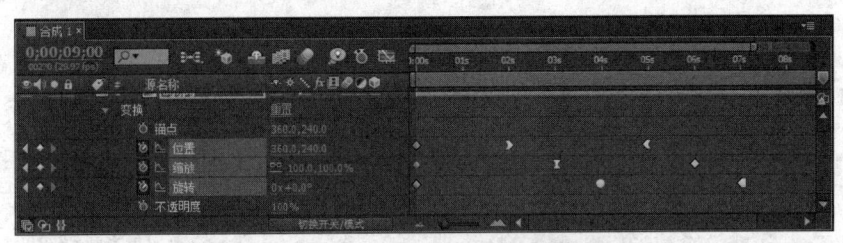

图4-50　不同曲线类型时的关键帧图标

9 默认情况下，创建的文字图层的锚点位于文字的左下角，在进行缩放或旋转时，将以锚点的位置作为中心。下面先对旋转对象的锚点位置进行调整：选择数字"0"的图层并按"A"键，展开图层的"锚点"属性，将数字"0"的锚点调整到其中心位置（66.8，-97），然后将其移动到原来的位置，与其他数字底边对齐，如图4-51所示。

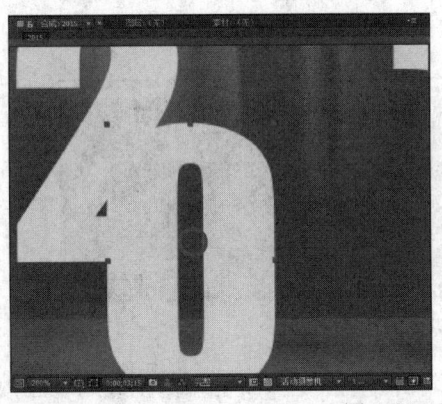

图4-51　移动图层锚点

10 将时间指针移动到 0;00;03;15 的位置，选择数字"0"的图层并按"P"键，再按"Shift+R"键，展开图层的"位置"和"旋转"属性，为数字"0"创建从画面上方旋转进入的关键帧动画，并为两个结束关键帧都设置缓入效果，如图4-52所示。

11 将时间指针移动到 0;00;05;15 的位置，选择数字"1"的图层并按"S"键，再按"Shift+T"键，展开图层的"缩放"和"不透明度"属性，为数字"1"创建从逐渐缩小进入画面并显示的关键帧动画，如图4-53所示。

12 将时间指针移动到 0;00;07;15 的位置，选择数字"5"的图层并按"P"键，再按"Shift+T"键，展开图层的"位置"和"不透明度"属性，为数字"5"创建从画面下方进入画面并显示的关键帧动画，并为两个结束关键帧都设置缓入效果，如图4-54所示。

		0;00;03;15	0;00;05;00
⏱	位置	305.0，-107.0	305.0，247.0
⏱	旋转	2x+0.0°	0x+0.0°

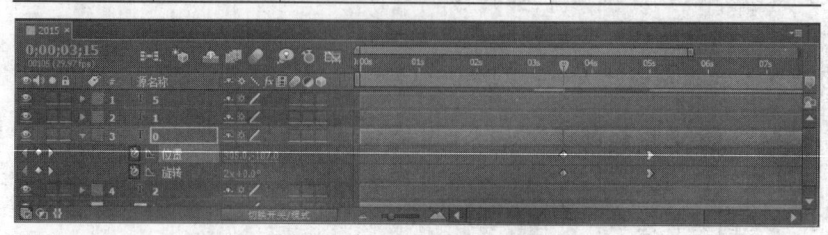

图 4-52　编辑移动和旋转动画

		0;00;05;15	0;00;07;00
⏱	缩放	500%，500%	100%，100%
⏱	不透明度	0%	100%

图 4-53　编辑缩放和不透明度动画

		0;00;07;15	0;00;09;00
⏱	位置	491.0，682.0	491.0，347.0
⏱	不透明度	0%	100%

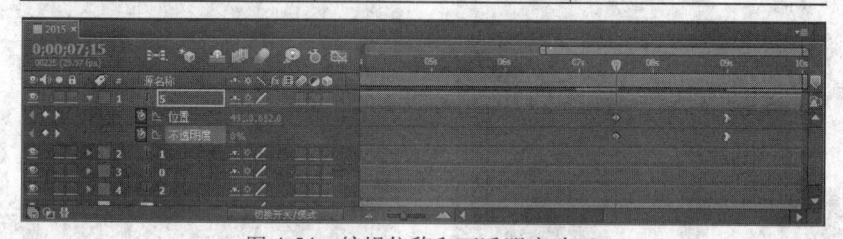

图 4-54　编辑位移和不透明度动画

13 按"Ctrl+S"按钮，保存编辑完成的工作。按空格键，预览编辑完成的动画效果。

14 按"Ctrl+M"快捷键，将编辑好的合成添加到渲染队列中；单击"输出模块"选项后面的"无损"文字按钮，在打开的"输出模块设置"对话框中，在"格式"下拉列表中选择 FLV，保持其他选项的默认设置，然后单击"确定"按钮。

15 单击"输出到"后面的文字按钮，打开"将影片输出到"对话框，为将要渲染生成的影片指定保存目录和文件名。

16 回到"渲染队列"面板中，单击"渲染"按钮，开始执行渲染。渲染完成后，打开影片的输出保存目录，观看输出文件的播放效果，如图 4-55 所示。

图 4-55　在 Media Player 中观看影片输出效果

4.5.2 制作影片——《火焰魔法》

在很多科幻、魔幻电影里面，都有使用跟踪运动的后期特效来合成拍摄所不能实现的镜头画面。不过需要注意的是，如果要准备在后期中运用跟踪运动，那么在拍摄视频素材时就需要安排好被跟踪对象在整个拍摄过程中的移动路径，并与周围像素形成明显差异，才能得到更好的合成效果。下面通过制作影片《火焰魔法》介绍跟踪运动的使用技巧。打开本书配套实例光盘中的\Chapter 4\火焰魔法\Export\火焰魔法.flv 文件，先欣赏本实例的完成效果，如图 4-56 所示，在观看过程中分析所运用的编辑功能与制作方法。

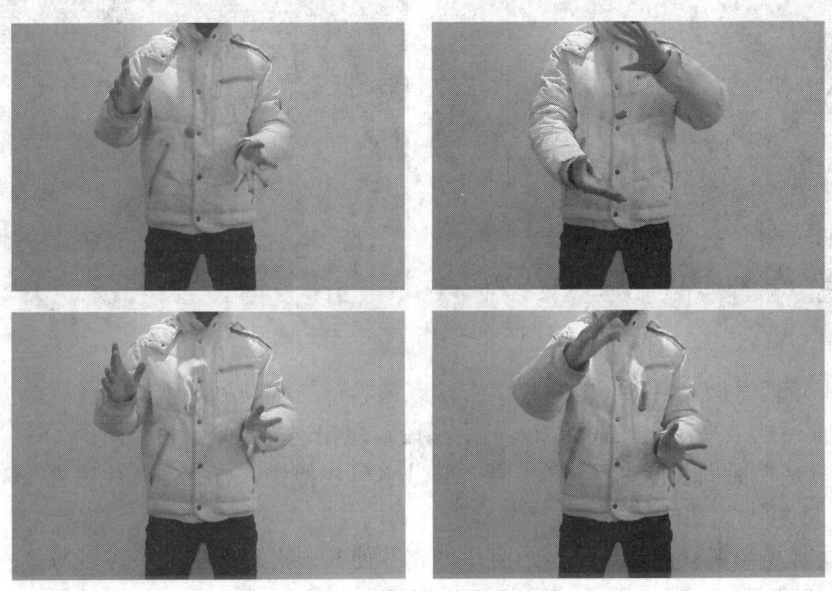

图 4-56 观看影片完成效果

上机实战 制作影片——《火焰魔法》

1 在项目窗口中双击鼠标左键，打开"导入文件"对话框后，导入本书实例光盘中\Chapter 4\火焰魔法\Media\images 目录下准备的序列图像文件，如图 4-57 所示。

2 按"Ctrl+I"快捷键打开"导入文件"对话框，导入本书实例光盘中\Chapter 4\火焰魔法\Media 目录下准备的视频文件，如图 4-58 所示。

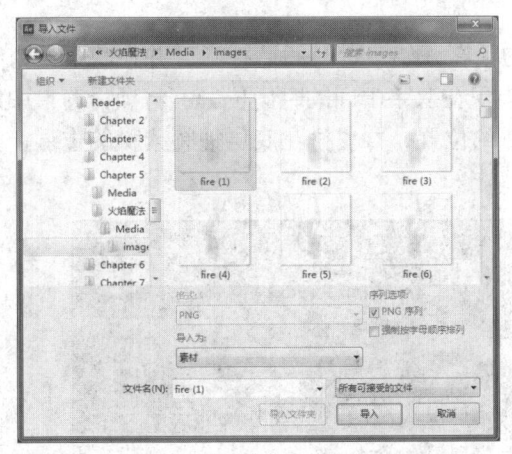

图 4-57 导入序列图像　　　　　　　　图 4-58 导入视频素材

3 按"Ctrl+S"快捷键,在打开的"保存为"对话框中为项目文件命名并保存到电脑中指定的目录。

4 双击项目窗口中的视频素材,在打开的素材预览窗口中拖动时间指针,预览这段视频素材,如图 4-59 所示。本实例将以人物手心中的红色物体为跟踪特征区域,跟踪记录其运动轨迹,并应用到火球动画对象上。

图 4-59　浏览视频素材

5 将视频素材加入到时间轴窗口,直接以该素材的视频属性创建合成。为方便查看进行跟踪运动前后的效果对比,需要加入前后两段首尾相连的视频素材到时间轴窗口,这里需要先对当前合成的时间长度进行修改:按"Ctrl+K"快捷键,打开"合成设置"对话框,将持续时间由 15 秒改为 30 秒。

6 再次将视频素材加入到时间轴窗口中,并使其入点对齐到前一段视频素材的出点位置,如图 4-60 所示。

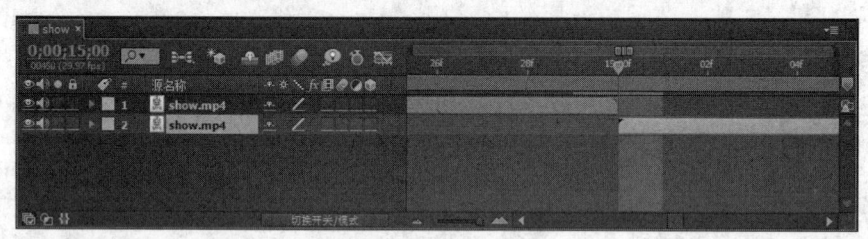

图 4-60　修改合成时间

7 在浏览视频素材时可以看到,人物的手在开始一段时间后打开,并在将要结束时合上,跟踪物体的图像就需要配合好红色物体出现在双手中间的时间位置:将项目窗口中的序列图像素材加入到时间轴窗口中 00;00;16;03 的位置,并安排在底层视频素材的上层,如图 4-61 所示。

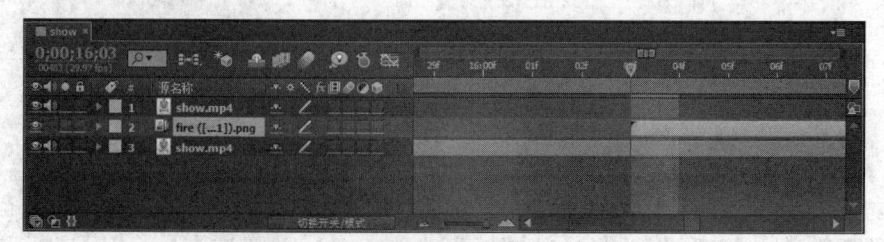

图 4-61　加入序列图像素材

8 双击合成窗口中的火球动画素材，进入其编辑窗口，将其锚点移动到火球的中心位置（锚点：95.0，165.0），使其在被应用跟踪轨迹后，火球贴附到运动的红色物体上，如图 4-62 所示。

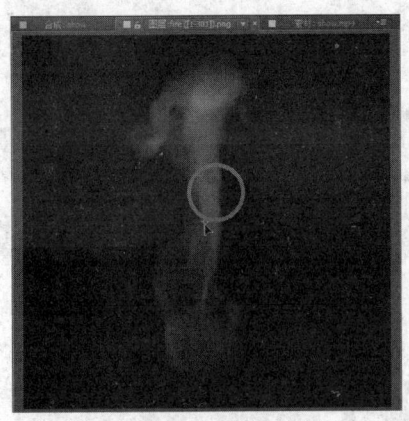

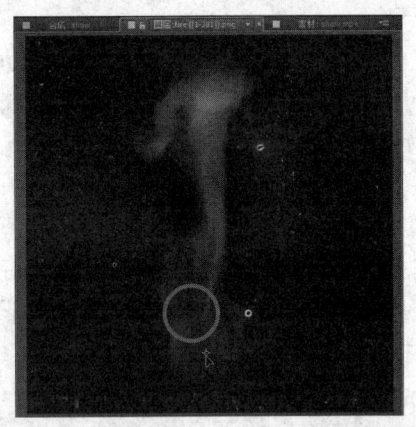

图 4-62 移动素材中心点

9 点选时间轴窗口中底层的视频素材，执行"动画→跟踪运动"命令，在打开的"跟踪器"面板中单击"跟踪运动"按钮，然后在"运动源"下拉列表中选择下层的视频素材，勾选"位置"复选框；单击"编辑目标"按钮，在弹出的对话框中，选择序列图像素材作为跟踪轨迹的应用对象，如图 4-63 所示。

图 4-63 设置跟踪类型与轨迹应用对象

10 在素材编辑窗口中，移动跟踪范围框到人物双手间的红色物体上，将里面的特征区域对齐到色块中心，并适当放大外面的搜索框，如图 4-64 所示。

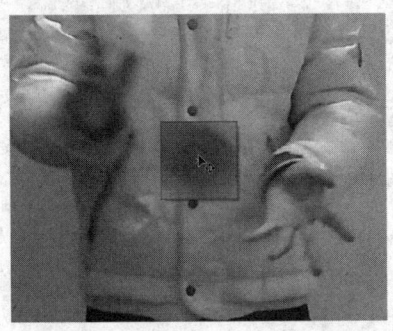

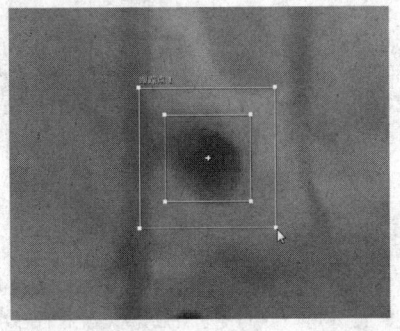

图 4-64 定位跟踪范围框

11 设置好跟踪位置后，单击"跟踪器"面板中"分析"下的 按钮进行跟踪分析，注

意观察素材编辑窗口中的跟踪范围框的运动变化，在视频素材中人物的手合上并要离开时，单击暂停按钮，得到需要的跟踪轨迹，如图 4-65 所示。

12 在应用跟踪轨迹前，需要先对火球动画的持续时间进行调整。在执行分析时可以查看到，人物双手间红色物体的存在时间比火球动画的持续时间更长，需要使它们保持时间一致。单击时间轴窗口下边的"展开'入点'/'出点'/'持续时间'/'伸缩'窗格" ，将火球动画的持续时间延长到 00;00;13;12，与下层视频素材中红色物体出现的时间对齐，如图 4-66 所示。

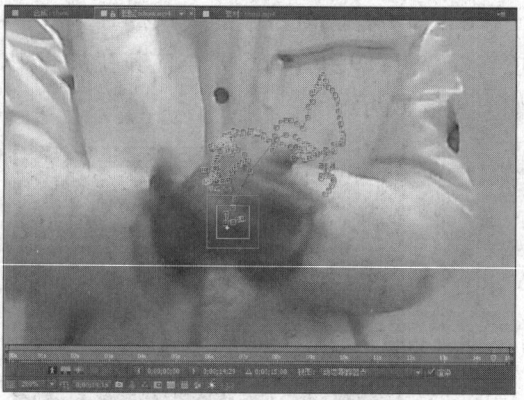

图 4-65　执行跟踪分析

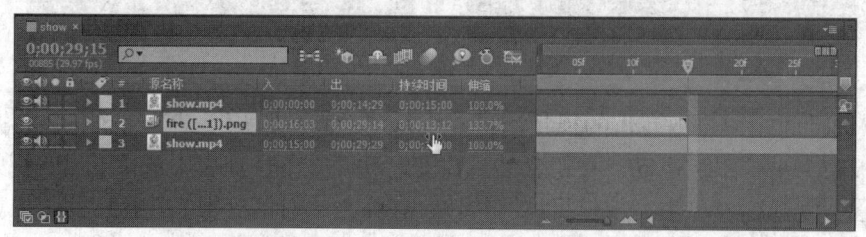

图 4-66　调整素材持续时间

13 拖动时间指针，浏览创建的跟踪轨迹，确认没有明显误差后，单击"跟踪器"面板中的"应用"按钮，在弹出的对话框中选择应用方向为"X 和 Y"，然后单击"确定"按钮，为跟踪物体应用轨迹动画，如图 4-67 所示。

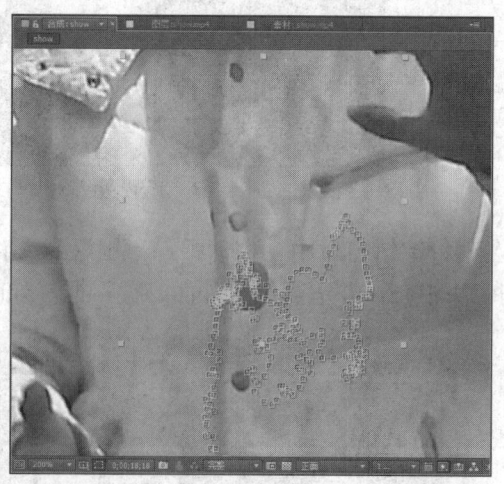

图 4-67　应用跟踪动画

14 由于序列图像是透明背景文件，所以在显示效果上不够清晰，下面通过为其应用特效来增强显示效果。选择序列素材图层，执行"效果→风格化→发光"命令，为序列图像应用发光特效，使动画火焰更加明亮，如图 4-68 所示。

15 在时间轴窗口中选择序列素材图层，按"Ctrl+D"两次，对其进行两次复制，可以得到更加完善清晰的火焰动画图像，完成效果如图 4-69 所示。

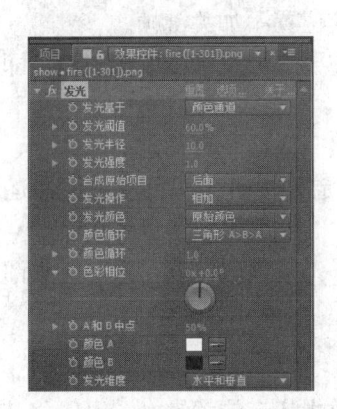

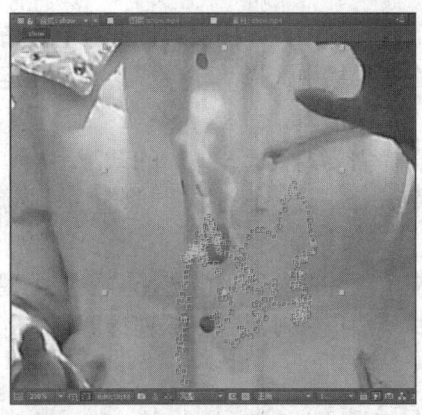

图 4-68 应用发光特效

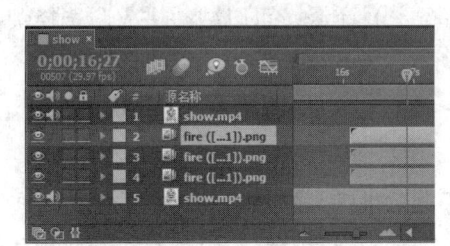

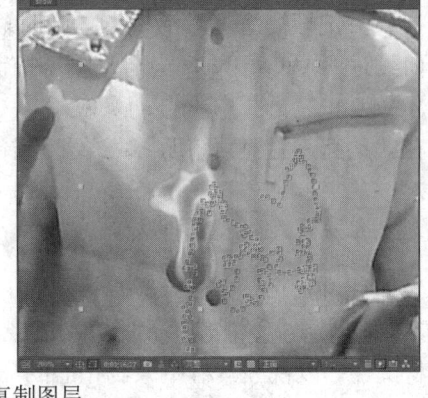

图 4-69 复制图层

16 按"Ctrl+S"保存项目。按"Ctrl+M"命令,打开"渲染队列"面板,设置合适的渲染输出参数,将编辑好的合成项目输出成影片文件,欣赏完成效果,如图 4-70 所示。

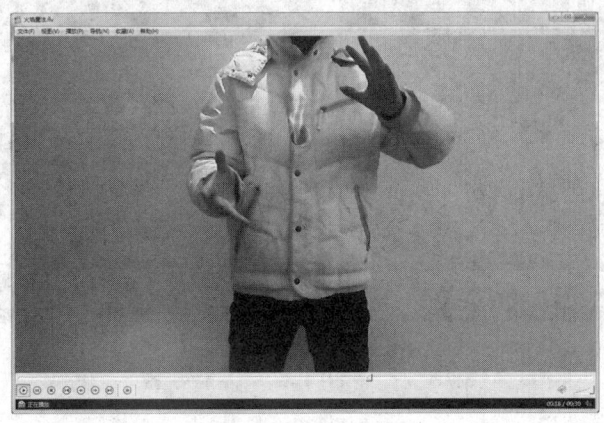

图 4-70 影片完成效果

4.6 课后习题

一、填空题

(1) 在_____按钮处于被按下的状态时,将时间指针移动到需要添加关键帧的位置,然后在时间轴窗口中修改图层属性选项的数值，即可在该位置添加关键帧。

（2）在工具栏中选择_____工具，在运动路径中需要的位置单击鼠标左键，即可在该位置添加一个关键帧。

（3）选择需要调整运动方向的动画图层，执行"图层→变换→自动定向"命令，在打开的对话框中选择"沿路径定向"单选项，然后单击"确定"按钮，即可使图像在运动过程中_____。

（4）在"跟踪器"面板中选择"跟踪类型"为_____选项，可以在跟踪对象图层上设置4个跟踪范围框，对跟踪目标进行更复杂的多点跟踪。

二、选择题

（1）在工具栏中选择（　　）工具，在运动路径中单击任意的关键帧，可以将其删除。

    A. ▮   B. ▮   C. ▮   D. ▮

（2）在"关键帧插值"对话框的"临时插值"下拉列表中选择（　　），可以在改变关键帧上的曲线时，After Effects会自动调整控制柄的位置，来保持关键帧之间的平滑过渡。

    A. 线性   B. 自动贝塞尔   C. 连续贝塞尔   D. 贝塞尔

（3）在"动画→关键帧辅助"菜单下选择（　　）命令，可以减缓进入所选择关键帧的动画速率。

    A. 缓动   B. 缓入   C. 缓出   D. 指数比例

三、上机实训

参考本章，课堂实训内容，利用本书配套实例光盘中\Chapter 4\跟踪练习\Media 目录下准备的素材文件，以视频素材中人物手心的黑色色块为跟踪目标，将跟踪轨迹应用在火球动画上，制作火球在人物手心跟随运动的影片效果，如图4-71所示。

图4-71　实训效果

第 5 章 蒙版与抠像特效

学习要点

- 了解蒙版的功能,并掌握创建蒙版的 3 种基本方法
- 熟悉蒙版的基本属性参数和设置方法
- 掌握为蒙版创建关键帧动画的编辑方法
- 了解 After Effects CC 中的键控特效,并掌握常用抠像特效的编辑技能

5.1 蒙版特效的编辑

在图层上绘制蒙版,可以隐藏图层中不需要显示的区域,只显示蒙版路径内的区域,同时显示出蒙版范围外的下层图像,这是一种简单实用的抠像技术。

5.1.1 蒙版的创建

在 After Effects 中,可以使用以下 3 种方法来创建蒙版。

1. 使用形状工具绘制蒙版

在工具栏中按"矩形工具"按钮■,可以在弹出的列表中选择 5 种形状工具,绘制矩形、圆角矩形、椭圆、多边形、星形等形状的蒙版,适用于一些简单图形的抠图操作,如图 5-1 所示。

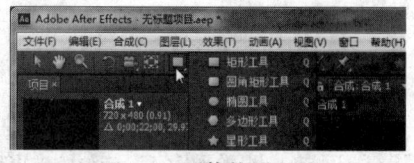

图 5-1 形状绘图工具

选择形状工具后,在时间轴窗口中选择需要绘制蒙版的图层,然后移动鼠标到图形上绘制蒙版的位置,按鼠标左键并拖动到合适的大小后释放鼠标,即可创建出对应形状的蒙版效果,如图 5-2 所示即为在上层图像上绘制了一个矩形蒙版后,显示出下层图像的效果。

图 5-2 绘制矩形蒙版

> 在使用矩形、圆角矩形、椭圆形工具绘制蒙版的同时按住 Shift 键,可以绘制出正方形、圆角正方形或圆形。先按 Shift 键再按 Ctrl 键进行绘制,可以从图形中心创建正方形或圆形。

> 如果没有先在时间轴窗口中选中要绘制蒙版的图层,那么使用形状工具将会直接绘制出矢量图形,并且可以在工具栏或时间轴窗口的选项组中设置矢量图形的填充色、边框色及边框线条宽度,同时在时间轴窗口中也会添加对应的形状图层,如图 5-3 所示。

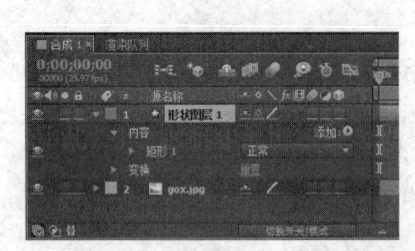

图 5-3 蒙版的矢量图形

在时间轴窗口中展开创建了蒙版的图层,可以在下面看见其"蒙版"选项组,如图 5-4 所示。

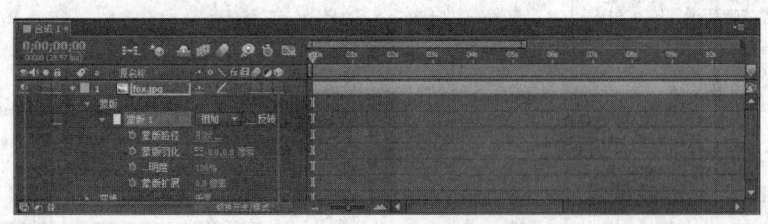

图 5-4 Mask 选项组

2. 使用钢笔工具绘制蒙版

使用"钢笔工具",可以创建由线段和控制柄构成的路径蒙版,并可以通过增加或删减路径顶点、调整路径顶点和控制柄的位置来改变蒙版的形状。使用钢笔工具可以创建封闭的和开放的路径,不过开放的路径不能产生蒙版效果,但可以用来作为动画的运动路径或特效的参数。使用钢笔工具绘制的路径蒙版效果,如图 5-5 所示。

图 5-5 绘制路径蒙版

在工具栏中按住"钢笔工具"按钮,可以在弹出的列表中选择 5 种形状路径编辑工具,除了"钢笔工具"外,还有"添加顶点工具"、"删除顶点工具"、"顶点转换工具"、"蒙版羽化工具",可以对绘制的路径进行细致的形状调整处理,如图 5-6 所示。

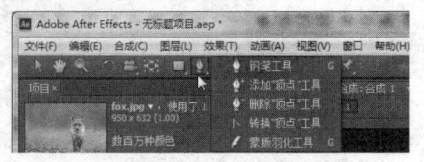

图 5-6 路径编辑工具

3. 使用命令创建

在时间轴窗口中选中需要创建蒙版的图层后,执行"图层→蒙版→新建蒙版"命令,即可在图层上创建出与图层形状、大小相同的蒙版,此时可以根据需要调整路径来编辑蒙版形状。也可以立即执行"图层→蒙版→蒙版形状"命令,在打开的"蒙版形状"对话框中,重新设置合适的蒙版形状(矩形或椭圆)和大小,然后单击"确定"按钮,即可为蒙版应用新的大小和形状,如图5-7所示。

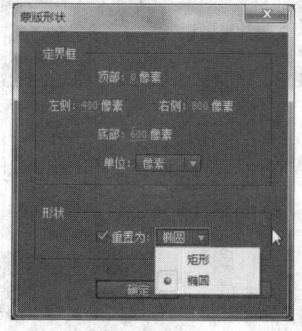

图 5-7 通过命令创建蒙版

5.1.2 蒙版的编辑

在时间轴窗口中选择绘制了蒙版的图层,按 M 键展开其"蒙版"选项组,在其中可以对选项参数进行设置,完成对蒙版的各种基本编辑,如图5-8所示。

- 蒙版路径:单击该选项后面的"形状"文字按钮,可以打开"蒙版形状"对话框,在其中可以对该蒙版的形状大小进行调整。

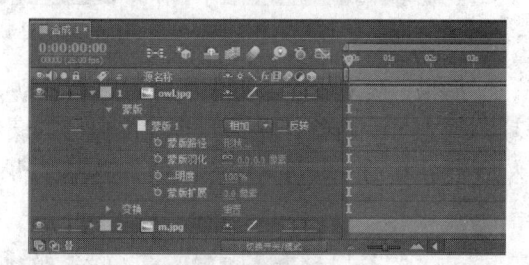

图 5-8 蒙版属性选项

- 蒙版羽化:对绘制的蒙版应用边缘羽化效果,如图5-9所示。羽化值越大,边缘就越柔和;单击"约束比例" 开关取消其选中状态,可以单独修改蒙版形状在横向(前一数值)或纵向(后一数值)的羽化值。

图 5-9 设置不同羽化参数的效果

> **TIPS** 在工具栏中选择"蒙版羽化工具" ,在绘制的蒙版路径上单击,即可添加一个羽化控制点,然后按住控制点并向蒙版内或外拖动,可以快速地对绘制的蒙版进行向内或向外的羽化,如图5-10至图5-12所示。

- 蒙版不透明度：设置蒙版区域中图像的不透明度。100%为完全不透明，0%为完全透明，此属性和图层的"不透明度"属性相同。

图 5-10　绘制的蒙版　　　　图 5-11　向内羽化　　　　图 5-12　向外羽化

- 蒙版扩展：调节蒙版边缘的扩展或收缩，该参数值为正时向外扩展，为负时向内收缩，不用改变蒙版形状即可调整蒙版大小，如图 5-13 至图 5-15 所示。

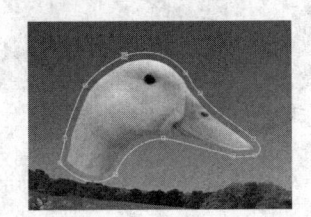

图 5-13　绘制的蒙版　　　　图 5-14　向内缩小　　　　图 5-15　向外扩展

如果需要对图层上的蒙版位置进行移动，可以在时间轴窗口中选择图层下的"蒙版"选项的状态下，将鼠标移动到合成窗口中的蒙版路径上，在鼠标指针由 变成 形状后，按鼠标左键并拖动，即可对蒙版的位置进行移动，如图 5-16 所示。

图 5-16　移动蒙版在图层上的位置

使用钢笔工具增删顶点、调整路径曲线，可以对蒙版进行路径形状的修改；使用"选择工具" ，可以直接对蒙版的路径顶点、路径线段进行移动调整；使用挑选工具双击蒙版路径的线段，在蒙版路径周围出现控制框后，即可对其进行大小的缩放与角度的旋转，如图 5-17 所示。

图 5-17　对蒙版进行变换调整

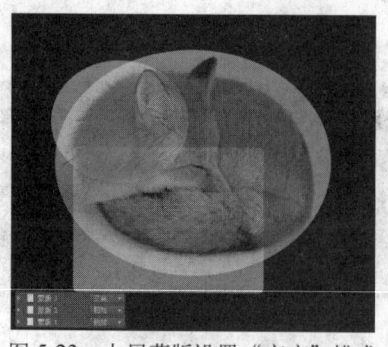

图 5-23 上层蒙版设置"变亮"模式 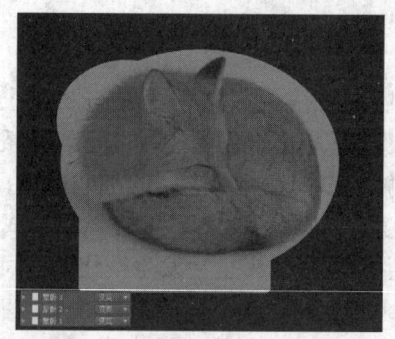　　　　图 5-24 全部为"变亮"模式

- 变暗：该模式从下层向上层蒙版进行重叠区域的显示，没有重叠的区域将变得透明，如果上下层蒙版的"不透明度"参数不同，则以最低的参数值显示重叠区域，如图 5-25 所示。如果"变暗"模式设置在上层，则无效果，如图 5-26 所示。

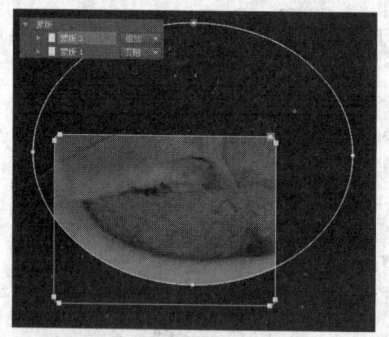

图 5-25 下层蒙版设置"变暗"模式 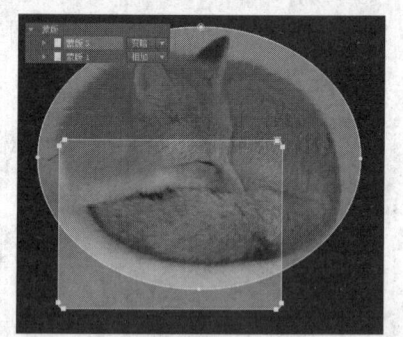　　　　图 5-26 上层蒙版设置"变暗"模式

- "差值"：该模式可以使多个重叠的蒙版中不相交的部分正常显示，使相交的部分变透明，如图 5-27 所示。
- "反转"：勾选该复选项，可以反转当前蒙版的显示范围，如图 5-28 所示。勾选多个，可以执行多次反转。

图 5-27 "差值"模式 　　　　图 5-28 反转合成模式

5.2 创建蒙版动画

在时间轴窗口中选择绘制了蒙版的图层，单击蒙版路径选项前的"时间变化秒表"按钮，为蒙版在该位置创建关键帧，然后通过在其他时间位置对蒙版的形状进行改变，即可创建蒙

版变形动画。同样，对蒙版的其他属性也可以创建关键帧动画，得到动态变化的蒙版效果，如图 5-29 所示。

图 5-29　创建蒙版关键帧动画

5.3　抠像特效的编辑

视频抠像是基本的影视合成特效技术之一，被广泛运用在电视剧、电影的制作中。使用蒙版的方式进行的抠像，只适合于静态的图像素材或制作蒙版动画效果，如果用于动态的视频内容抠像，就很难得到满意的效果。通过使用特效命令，利用抠像目标图像在亮度、色彩等方面与背景的明显差异，可以快速地得到完善的抠像效果。

5.3.1　使用键控特效抠像

在 After Effects CC 的"效果→键控"命令菜单中，提供了多个抠像特效命令，可以应用于不同情况的抠像处理中。下面分别来介绍它们的功能特点及参数的作用。

1. CC Simple Wire Removal（简单钢丝移除）

影片在拍摄时都需要通过给演员吊钢丝绳（即所谓的"吊威亚"）来完成特技动作特效设置。该特效既可以专门用于抠除拍摄画面中的钢丝绳图像，也可以用于抠除画面中直线形状的图像，如图 5-30 所示。效果如图 5-31 所示。

- Point A/B（A/B 点）：分别单击 Point A/B 后面的■按钮，在画面中钢丝图像的两端定位抠像端点。可以创建关键帧动画，根据画面中钢丝绳的移动来改变移除直线的位置。

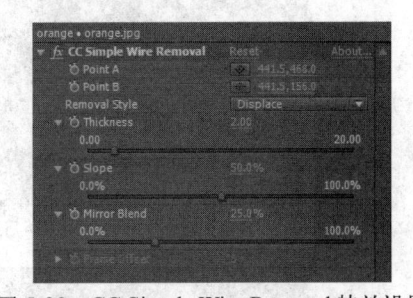

图 5-30　CC Simple Wire Removal 特效设置

- Removal Style（移除方式）：在该下拉列表中选择对钢丝图像的移除方式，分别包括 Fade（消褪）、Fade Offset（消褪补偿）、Displace（替换）、Displace Horizontal（垂直替换）；常用的是 Fade（消褪），可以直接去除钢丝绳的线条图像。
- Thickness（厚度）：设置定位的两个端点间的直线图像要处理的宽度。例如选择 Fade（消褪），则可以消褪指定宽度的直线图像。
- Slope（倾斜）：设置定位生成的直线的倾斜程度。

图 5-31　威亚清除效果

2. Keylight 1.2

Keylight 是知名的影视后期抠像插件，从 After Effects CS3 开始集成在键控命令中，是一个非常强大的色彩抠像插件，只需要非常简单的设置，即可完美地将画面中的指定颜色变为透明，非常适合用于有人物头发、半透明图像等细节部分，如图 5-32 所示。

使用该特效，通常只需要在 Screen Colour（屏幕色彩）选项中设置需要移除的色彩，基本不用设置其他的参数选项，即可得到完美的抠像效果，如图 5-33 所示。

3. 差值遮罩

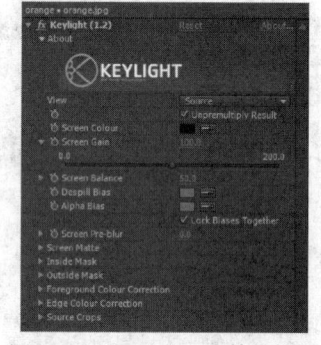

图 5-32　Keylight 1.2 特效设置

通过对两个图像的内容进行比较，然后将两个图像中相同的显示部分（包括位置和像素值）抠掉变成透明。这种抠像方法适用于抠掉运动对象的背景（前后帧的画面中，背景相似或相同），特效参数如图 5-34 所示。效果如图 5-35 所示。

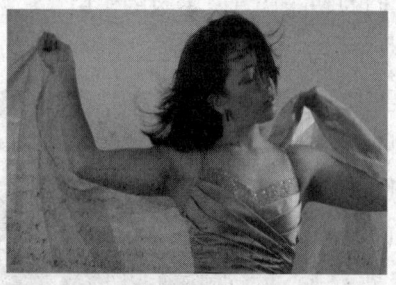

图 5-33　Keylight 抠像合成效果

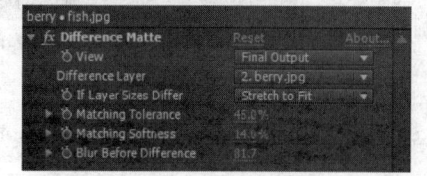

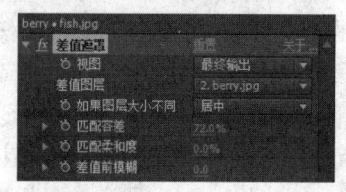

图 5-34　"差值遮罩"特效设置

图 5-35 添加特效的前后效果对比

- View（视图）：设置窗口显示的方法，可以只显示"仅限源"、"仅限遮罩"或者最终输出的图像。
- Difference layer（差值图层）：选择要用来做抠像参考的素材图层。

If layer Sizes Differ（如果图层大小不同）：如果两个图层的大小不统一，可以选择"居中"或是"伸缩以适合"。

- Maching Tolerance（匹配容差）：设置两个图像间抠像时可允许的最大差值，超过这个最大差值的部分将会被抠掉。
- Maching Softness（匹配柔和度）：设置抠像像素间的柔和度。
- Blur Before Difference（差值前模糊）：设置对差值抠像的内部区域边缘进行模糊处理的大小，使抠像后的边缘过渡自然。

4. 亮度键

特效设置根据图像中像素间亮度的不同来进行抠像，适用于图像前后亮度对比大，而色相变化不大的抠像，如图 5-36 所示。效果如图 5-37 所示。

- 键控类型：选择亮度差异抠像的模式，根据图像中前景和背景的亮度差异类型来选择。
- 阈值：设置抠像程度的大小。
- 容差：设置抠像颜色的容差范围。
- 薄化边缘：在生成 Alpha 图像后再沿边缘向内或向外清除若干层像素，以修补图像的 Alpha 通道。
- 羽化边缘：对生成的 Alpha 通道进行羽化边缘处理，使蒙版更柔和。

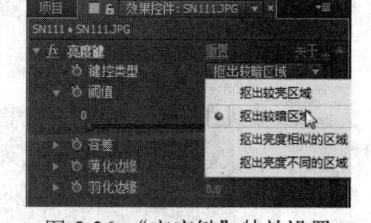

图 5-36 "亮度键"特效设置

图 5-37 应用亮度键抠像效果

5. 内部/外部键

通过指定一个手绘蒙版层对图像进行抠像，属于比较高级的抠像功能，常用于处理人物头发、衣服褶皱等细节。在使用时，首先需要在素材上绘制一个蒙版，然后把它指定给特效的"前景"或"背景"属性；如果指定给"前景"，那么蒙版所包括的内容将作为合成的前景层；如果指定给"背景"，那么蒙版所包括的内容将作为合成的背景层，特效设置如图 5-38 所示。效果如图 5-39 所示。

- 前景（内部）：选择作为前景层的蒙版层，该层所包含的素材将作为合成中的前景层。
- 其他前景：当合成中有多个前景层时，可以在这里添加，作用同上。
- 背景（外部）：选择作为背景层的蒙版层，该层所包含的素材将作为合成中的背景层。

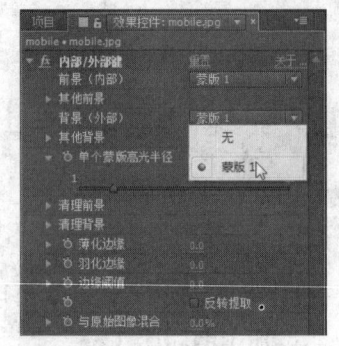

图 5-38 "内部/外部键"特效设置

- 其他背景：当合成中有多个背景层时，可以在这里添加，作用同上。
- 单个蒙版高光半径：设置单个蒙版的高光大小。
- 清理前景：指定一个路径层，该层上的路径将会变为前景层的一部分，可以用这个属性将其他背景层中需要作为前景的元素提取出来。
- 清理背景：指定一个路径层，该层上的路径将会变为背景层的一部分，可以用这个属性将其他前景层中需要作为背景的元素提取出来。
- 薄化边缘：设置蒙版边缘宽度大小。
- 羽化边缘：设置蒙版边缘羽化度。
- 边缘阈值：设置蒙版边缘的阈值，较大值可以向内缩小蒙版的区域。
- 反转提取：反转蒙版。
- 与原始图像混合：设置原图像与抠像后的图像之间的混合度。

图 5-39 应用内部/外部键抠像

6. 提取

通过设置一个亮度范围后，将素材图像中所有与指定亮度范围相近的像素部分都变成透明。这种抠像的方法适用于有很强曝光度的背景或者对比度很高的图像，例如将画面中主体的影子抠掉，特效设置如图 5-40 所示。效果如图 5-41 所示。

- 直方图：该图表显示了用于做抠像参数的色阶，左端为黑平衡输出色阶，右边为白平衡输出色阶，调整下面的参数，该图表内容会适时改变。
- 通道：选择要抠除的颜色通道，包括明亮度通道（即全图）、R/G/B、Alpha 通道。

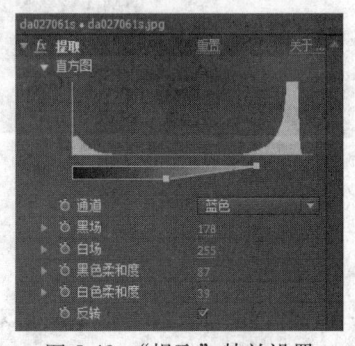

图 5-40 "提取"特效设置

- 黑场：设置黑点透明范围，小于该值的黑点将被透明。
- 白场：设置白点透明范围，大于该值的白点将被透明。
- 黑色柔和度：设置暗部区域的柔和度。
- 白色柔和度：设置亮部区域的柔和度。
- 反转：反转黑白色阶，使被透明的部分与不透明的部分反转。

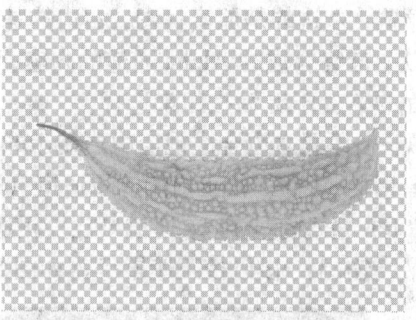

图 5-41　应用提取抠像

7. 线性颜色键

该特效既可用于对图像进行抠像，也可以用来保护那些被抠掉区域的部分或指定区域的图像内容（即使要被保护的部分与指定抠除的颜色相同）不被去掉。特效设置如图 5-42 所示。效果如图 5-43 所示。

- 预览：显示原始素材和选色抠像后的效果。中间的 3 个吸管工具，其中第一个普通吸管工具用于指定要变成透明的颜色，带加号的吸管工具用于加选要变成透明的颜色，减号吸管用于指定不需要变成透明的颜色。

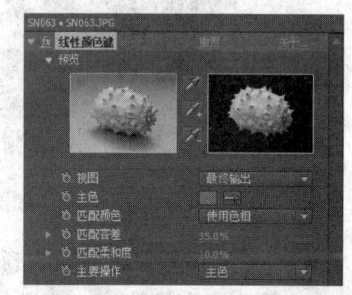

图 5-42　"线性颜色键"特效设置

- 视图：调节右侧视窗中的显示内容，包括"最终输出"、"仅限源"、"仅限遮罩" 3 个选项。
- 主色：选择主要抠像颜色，其功能和上面的主吸管工具作用相同。
- 匹配颜色：选择用于调节抠像的色彩空间，有"使用 RGB"、"使用色相"、"使用色度"这 3 种模式。
- 匹配容差：设置抠像颜色的容差范围，在容差范围内的颜色会被转换为透明像素。
- 匹配柔和度：指定透明与不透明像素间的柔和度。
- 主要操作：设置对所设置的"主色"是保留还是去除。

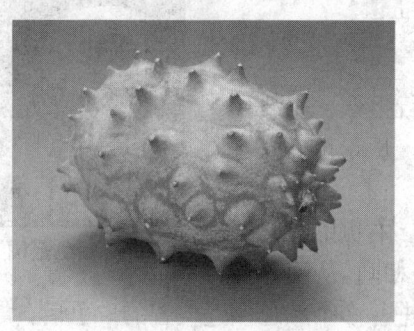

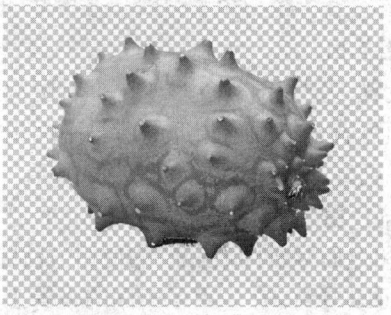

图 5-43　应用线性颜色键特效

8. 颜色差值键

通过将图像划分为 A 和 B 两个部分，分别在 A 图像和 B 图像中用吸管指定需要变成透明的不同颜色，得到两个黑白蒙版，最后将这两个蒙版合成，得到素材抠像后的 Alpha 通道，特效设置如图 5-44 所示。

- 预览：左边的是原素材图，右边的是 A、B 两个遮罩以及最终合成的 Alpha 通道的内容，可以通过单击下面的 A、B 及 5#按钮来选择。
- 视图：设置右边合成视窗中要显示的内容，包括显示原素材（源）、校正前的遮罩通道（未校正遮罩部分 A/B）、校正后的遮罩通道（已校正遮罩部分 A/B）、最终输出、未/已校正遮罩等，如图 5-45 所示。

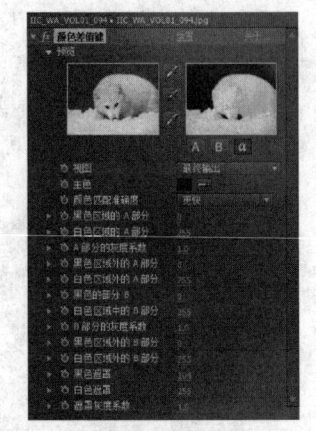

图 5-44 "颜色差值键"特效设置

图 5-45 "已校正[A,B,遮罩]"预览窗口

- 主色：设置需要抠除的颜色。可以单击后面的色块来设置，也可以选择吸管后进行吸取。
- 颜色匹配准确度：选择"更快"可以快速显示结果，但不够精细；选择"更准确"则会显示更精确的结果，但要花费更多运算时间。
- 黑/白色区域的 A 部分：设置 A 蒙版的非溢出黑/白平衡。
- A 部分的灰度系数：设置 A 遮罩的伽玛校正值。
- 黑/白色区域外的 A 部分：设置 A 遮罩的溢出黑/白平衡。
- 黑/白色区域中的 B 部分：设置 B 遮罩的非溢出黑/白平衡。
- B 部分的灰度系数：设置 B 遮罩的伽玛校正值。
- 黑/白色区域外的 B 部分：设置 B 遮罩的溢出黑/白平衡。
- 黑/白色遮罩：设置合成遮罩的非溢出黑/白平衡。
- 遮罩灰度系数：设置合成遮罩的伽玛校正值。

9. 颜色范围

通过设置一定范围的色彩变化来对图像进行抠像，主要用于非同一颜色背景但颜色相近的背景画面抠像，用于单一背景色抠像效果更好，特效设置如图 5-46 所示。

- 预览：用于显示当前素材的 Alpha 通道，右侧的吸管工具和上面"线性颜色键"的使用方法完全相同。从图 5-47 中可以看到，在应用了不同的吸管工具进行多个颜色相近位置的取色后，背景中的蓝色基本上被抠除，变成了透明区域。

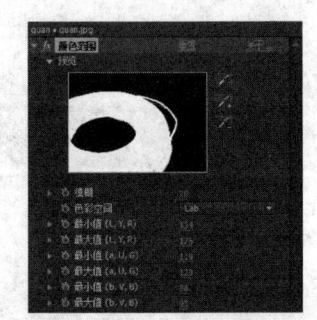

图 5-46 "颜色范围"特效设置

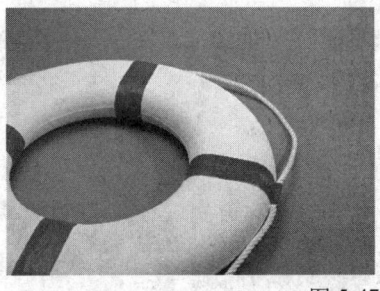

图 5-47 抠像效果

- 模糊：调节抠像效果边缘的柔和程度，用于对抠像效果进行完善；数值不同，抠像程度也不同，如图 5-48 所示。

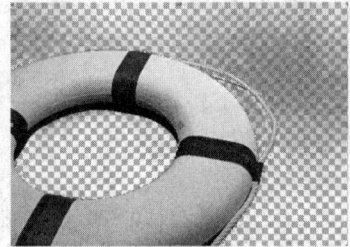

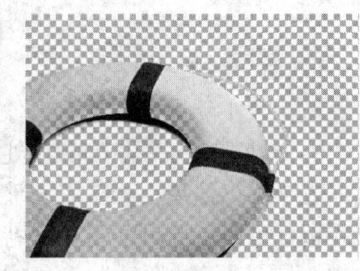

图 5-48 调节抠像边缘柔和

- 色彩空间：选择 1 种色彩空间的模式用于调节蒙版，包括 Lab、YUV、RGB3 种。
- 最小值（L、Y、R）：设置第 1 组数据的最小值，如果所选的模式为 Lab，则设置该色彩模型的第 1 个值 L；如果所选的模式为 YUV，则设置该色彩模型的第 1 个值 Y；如果所选的模式为 RGB，则设置该色彩模型的第 1 个值 R。
- 最大值（L、Y、R）：设置第 1 组数据的最大值，后面的参数解释同上。
- 最小值（a、U、G）：设置第 2 组数据的最小值，如果所选的模式为 Lab，则设置该色彩模型的第 2 个值 a；如果所选的模式为 YUV，则设置该色彩模型的第 2 个值 U；如果所选的模式为 RGB，则设置该色彩模型的第 2 个值 G。
- 最大值（a、U、G）：设置第 2 组数据的最大值，后面的参数解释同上。
- 最小值（b、V、B）：设置第 3 组数据的最小值，如果所选的模式为 Lab，则设置该色彩模型的第 3 个值 b，如果所选的模式为 YUV，则设置该色彩模型的第 3 个值 V；如果所选的模式为 RGB，则设置该色彩模型的第 3 个值 B。
- 最大值（b、U、B）：设置第 3 组数据的最大值。

10. 颜色键

通过设置或指定素材图像中某一像素的颜色，将图像中相同的颜色全部去除，从而产生透明的通道，这是一种简单实用的色彩抠像方法，特效设置如图 5-49 所示。效果如图 5-50 所示。

图 5-49 "颜色键"特效设置

- 主色：选择需要被抠除的颜色。
- 颜色容差：设置颜色容差范围，数值越高，偏差越大。
- 薄化边缘：对生成的 Alpha 通道沿边缘向内或向外溶解若干像素，以修补图像的 Alpha 通道。

- 羽化边缘：对边缘进行柔化，使抠像效果更柔和，便于合成。

图 5-50 抠像合成效果

11. 溢出抑制

该特效实际上并不具有抠像功能，其主要作用是对抠完像的素材进行进一步的颜色处理。这种情况经常出现在蓝屏或绿屏抠像后，如头发、玻璃边缘细节部分等经常会有残留蓝色边，此时即可用该特效将这些边沿部分的颜色抑制，从而达到去除这些颜色的目的，特效设置如图 5-51 所示。效果如图 5-52 所示。

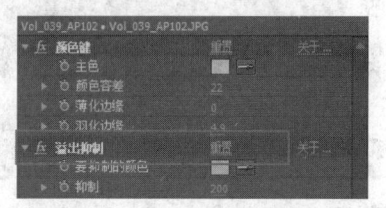

图 5-51 "溢出抑制"特效设置

- 要抑制的颜色：选择要溢出的颜色。
- 抑制：设置溢出抑制的程度大小。

图 5-52 色彩键抠像后应用溢出抑制

5.3.2 使用 Roto 笔刷工具抠像

（Roto 笔刷工具）是 After Effects CC 中新增的抠像工具，可以将运动主体从背景中分离出来，适用于主体对象与背景之间差异不明显的视频内容抠像。

上机实战　使用 Roto 笔刷工具抠像

1 在项目窗口中导入准备的视频素材，直接将其拖入时间轴窗口中，以其视频属性创建相同设置的合成项目，如图 5-53 所示。

2 按"Ctrl+K"快捷键打开"合成设置"对话框，将合成的持续时间修改为 2 秒，如图 5-54 所示。

5.1.3 蒙版的合成模式

蒙版的合成模式用于设置与图层上的其他蒙版以及与图层之间的范围关系，可以理解为多个蒙版层之间的加减运算，为其中某个蒙版层设置不同的合成模式后，产生的蒙版效果也会发生变化，不同的模式组合也将产生不同的显示效果。在时间轴窗口展开图层的蒙版选项，按"蒙版"选项后面的 相加 按钮，即可在弹出的下拉列表中为当前所选蒙版设置合成模式，如图 5-18 所示。

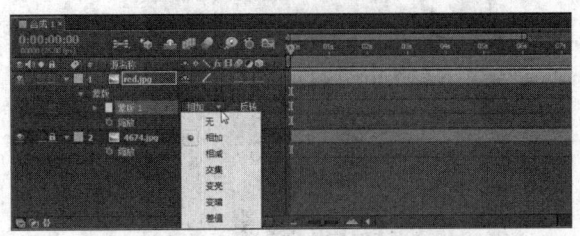

图 5-18　蒙版合成模式选项

- 无：只显示蒙版的形状，不产生蒙版效果，在需要为蒙版路径添加特效时使用，如图 5-19 所示。
- 相加：默认的合成模式，当图层中有多个蒙版时，可以显示前后蒙版相加的所有区域，如图 5-20 所示。

图 5-19　"无"模式 　　　　　　　图 5-20　"相加"模式

- 相减：与"相加"的效果相反，将蒙版区域变为透明，区域外的不透明；在有多个蒙版相交时，则下层的蒙版会将与上层蒙版重叠的部分减去，如图 5-21 所示。
- 交集：只显示两个蒙版重叠的区域，但必须两个都使用"交集"模式，否则将不会显示重叠部分，如图 5-22 所示。

图 5-21　"相减"模式 　　　　　　　图 5-22　"交集"模式

- 变亮：该模式需要两个以上的蒙版重叠在一起，然后将它们的"不透明度"数值降低，此时蒙版重叠的区域的亮度就会叠加，如图 5-23 所示；如果所有蒙版的合成模式都设置为"变亮"，则重叠区域的亮度将会相互覆盖，如图 5-24 所示。

图 5-53 用素材创建合成　　　　　　　　　图 5-54 修改持续时间

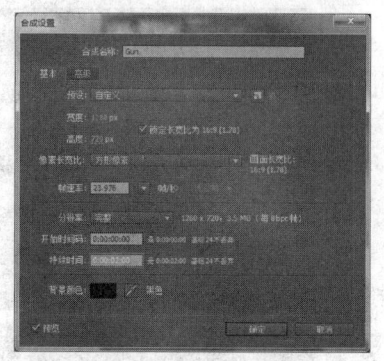

3 为了方便查看抠像前后的效果对比，这里先对素材图层进行复制。选择时间轴窗口中的视频素材图层并按"Ctrl+D"快捷键，对其进行复制，然后将复制得到的图层对齐到下层图层的出点，使它们前后相连，如图 5-55 所示。

图 5-55 复制图层

4 双击复制得到的新图层，进入其图层编辑窗口。在工具栏中点选 （Roto 笔刷工具），在需要抠除的背景区域上绘制出封闭区域，After Effects 将根据所绘制区域的像素特征进行自动运算，并用紫色线条标示出将会被保留的区域，如图 5-56 所示。

图 5-56 绘制抠像区域

5 使用 （Roto 笔刷工具）圈选其他背景区域，直到紫色线条标示区域与前景人物分离开来，如图 5-57 所示。

6 由于画面中人物戴的黑色帽子与该区域背景像素相似，所以也被圈入抠像处理区域，可以在按住 Alt 键的同时，沿人物帽子内边缘绘制一个区域将其从圈选区域恢复，如图 5-58 所示。

7 展开合成预览窗口，拖动时间指针，可以看见画面中背景被保留，前景人物被抠除。这是因为默认情况下，紫色线条范围内为保留区域。在"效果控件"面板中勾选"反转前台/后台"复选框，即可将抠像区域反转，如图 5-59 所示。

图 5-57　分离前景与背景

图 5-58　修整抠像区域

图 5-59　反转抠像区域

8　向后拖到时间指针进行预览，可以发现在素材图层的第 20 帧时，抠像效果失效。这是因为在该时间位置的画面前景发生了明显变化，与背景的像素发生了交叉混合，此时可以继续使用 Roto 笔刷工具对背景区域进行补充圈选，用同样的方法再次分离出前景与背景，如图 5-60 所示。

9　在"效果控件"面板中对"Roto 笔刷遮罩"选项参数进行设置，对抠像边缘进行"羽化"、"对比度"或"移动边缘"等调整，得到更完善的抠像效果，完成效果如图 5-61 所示。

图 5-60 补充抠像

图 5-61 调整抠像边缘

5.4 课堂实训

下面通过制作蒙版动画和绿屏抠像两个范例，介绍 After Effects 中蒙版与抠像特效的应用。

5.4.1 制作蒙版动画

蒙版功能不仅仅可以用于抠像，只要实现创意与动画的完美配合，也可以制作出精彩的动画影片。打开本书配套实例光盘中的\Chapter 5\蒙版动画\Export\蒙版动画.flv 文件，先欣赏本实例的完成效果，在观看过程中分析所运用的编辑功能与制作方法。如图 5-62 所示。

图 5-62 观看影片完成效果

上机实战　制作——蒙版动画

1　通过观看影片，可以了解到本实例中的动画特效，实际上在多个内容相同、颜色不同的图层上依次创建蒙版动画，并次第播放参数的层叠动态效果。按"Ctrl+I"快捷键，打开"导入文件"对话框后，导入本书实例光盘中\Chapter 5\蒙版动画\Media\AE.psd 文件，并在弹出的对话框中，设置将该 PSD 图像文件以"合成"的方式导入，如图 5-63 所示。

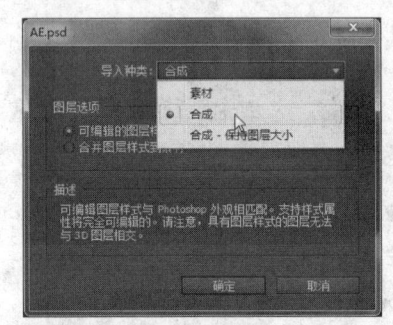

图 5-63　以"合成"方式导入素材文件

2　按"Ctrl+S"快捷键，在打开的"保存为"对话框中为项目文件命名并保存到电脑中指定的目录。

3　在项目窗口中双击合成项目"AE"，打开其时间轴窗口，查看其图层内容的组成，如图 5-64 所示。分别双击各图层，可以在图层编辑窗口中查看各图层的图像内容。

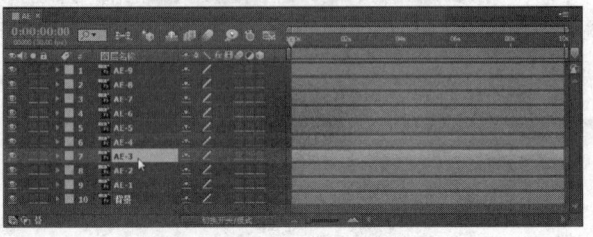

图 5-64　查看合成内容

4　双击图层"AE-1"，打开其图层编辑窗口。在工具栏中选择"椭圆工具"，在窗口中文字图像的中心上，按住"Shift"键并绘制出一个小的圆形蒙版。在文字图像中的空白处绘制，不要覆盖文字的图像范围，如图 5-65 所示。

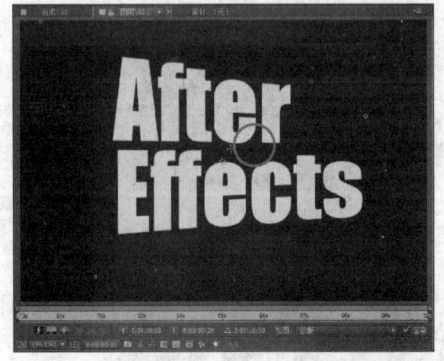

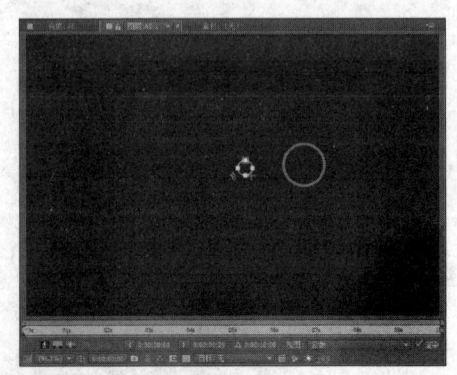

图 5-65　绘制蒙版

5　在时间轴窗口中展开图层的"蒙版"选项组，单击"蒙版路径"选项前的"时间变化秒表"按钮，在开始位置创建关键帧。将时间指针移动到 2 秒的位置，然后使用"选择

工具"双击窗口中的蒙版,进入其形状大小调整状态。在按住"Ctrl+Shift"键的同时,按住并拖动蒙版边缘的控制点,等比放大蒙版到完全显示出文字图像,如图 5-66 所示。

6 在"图层名称"窗格中选择"蒙版路径"选项并按"Ctrl+C"键对其复制。展开图层:"AE-2"的选项组并按"Ctrl+V"快捷键执行粘贴,将同样的蒙版形状关键帧动画复制给图层 AE-2,如图 5-67 所示。

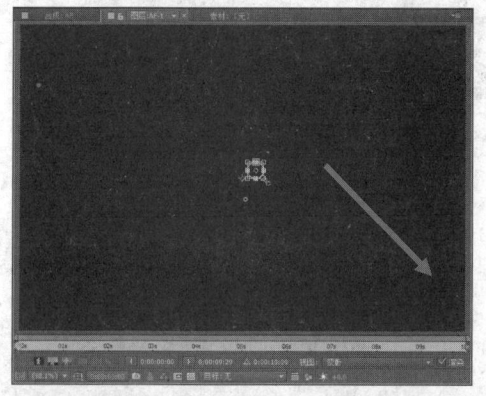

图 5-66 编辑关键帧上的蒙版形状

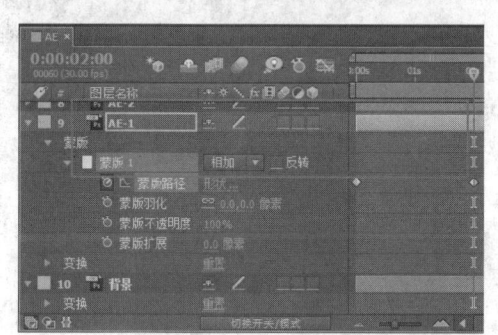

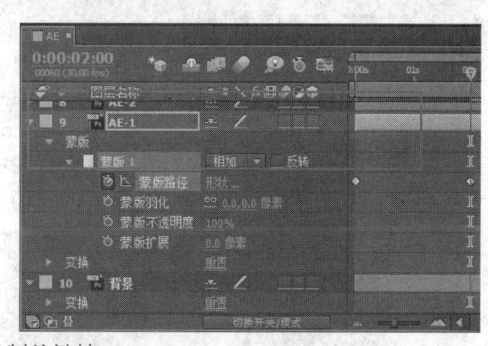

图 5-67 复制关键帧

7 双击图层"AE-2",进入其图层编辑窗口,拖动时间指针,即可查看复制应用到该图层上的蒙版动画效果,如图 5-68 所示。

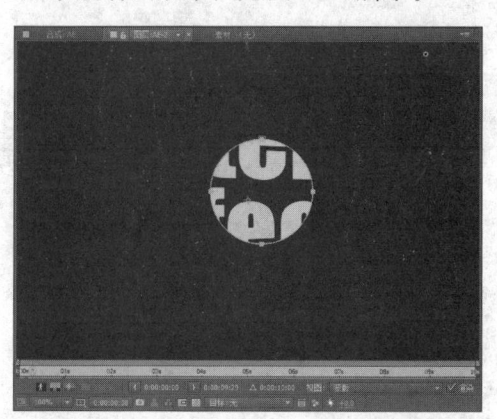

图 5-68 预览复制应用的蒙版

8 运用同样的方法,为其余的所有文字图像图层复制应用同样的蒙版关键帧动画,完成效果如图 5-69 所示。

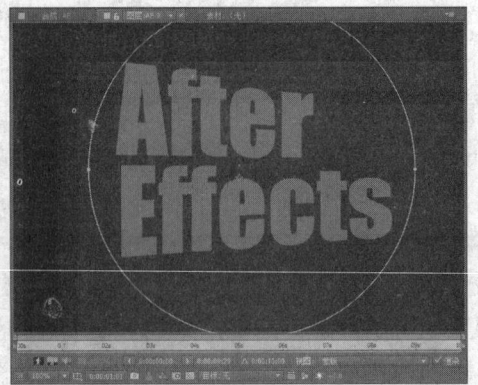

图 5-69 编辑蒙版形状变化动画

9 按 "Ctrl+K" 快捷键打开 "合成设置" 对话框，将合成项目的持续时间修改为 12 秒，如图 5-70 所示。

10 在时间轴窗口中从下向上选择所有图层，然后延长所有图层的持续时间到与合成的结束时间对齐，如图 5-71 所示。

11 保存对所有图层的选择状态，执行 "动画→关键帧辅助→序列图层" 命令，在弹出的 "序列图层" 对话框中勾选 "重叠" 选项，然后设置重叠持续时间为 0;00;11;01，即得到从下到上的各个图层已经相隔 1 秒开始播放，如图 5-72 所示。

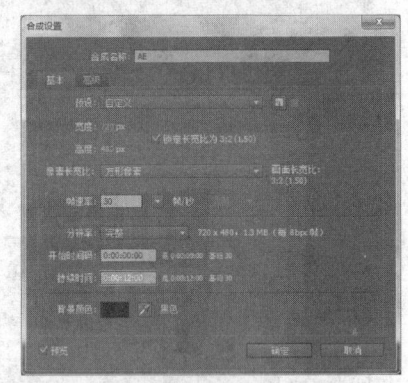

图 5-70 修改持续时间

图 5-71 加快动画速度

12 对合成结束位置的蒙版动画效果进行一些变化调整。选择图层 "AE-8" 并按 M 键，展开其蒙版选项组，并暂时将该蒙版的合成模式修改为 "无"，以方便修改蒙版动画时查看蒙版路径变化，如图 5-73 所示。

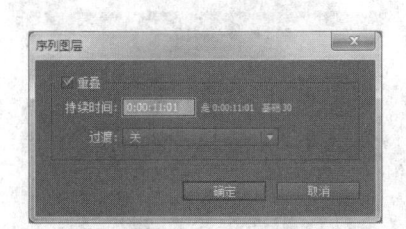

图 5-72 为蒙版路径描边

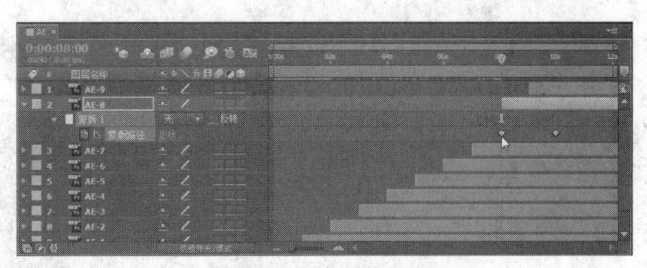

图 5-73 序列化图层

13 双击图层 "AE-8",打开其图层编辑窗口,将其在开始关键帧的蒙版移动到文字图像的左下方,如图 5-74 所示。

图 5-74 修改蒙版动画开始位置

14 双击图层 "AE-9",打开其图层编辑窗口,将其在开始关键帧的蒙版移动到文字图像的右上方,如图 5-75 所示。

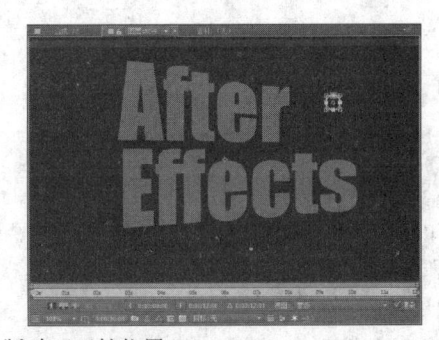

图 5-75 修改蒙版动画开始位置

15 将图层 "AE-8、AE-9" 的蒙版合成模式都恢复为 "相加",在时间轴窗口中拖动时间指针,在合成窗口中浏览修改蒙版动画后的影片效果,如图 5-76 所示。

图 5-76 预览影片效果

16 "Ctrl+S"保存项目。按"Ctrl+M"命令打开"渲染队列"面板，设置合适的渲染输出参数，将编辑好的合成项目输出成影片文件，欣赏完成效果，如图 5-77 所示。

5.4.2 绿屏抠像

在实际工作中需要应用视频抠像制作特技画面时，通常在拍摄素材时就需要安排好纯绿或纯蓝色的背景，并保持主体对象（如人物）上没有与背景相同或相近的颜色，这样可以在

图 5-77 影片完成效果

进行抠像时简单、快速地得到完善的抠像效果。打开本书配套实例光盘中的\Chapter 5\绿屏抠像\Export\绿屏抠像.flv 文件，欣赏一下本实例的完成效果，在观看过程中分析其所运用的编辑功能与制作方法。如图 5-78 所示。

图 5-78 观看影片完成效果

上机实战   绿屏抠像

1 按"Ctrl+I"快捷键打开"导入文件"对话框后，导入本书实例光盘中\Chapter 5\绿屏抠像\Media\序列图\目录下的第一个图像文件，然后勾选下面的"JPEG 序列"复选框，导入准备好的绿屏背景动态素材，如图 5-79 所示。

2 按下"Ctrl+S"快捷键，在打开的"保存为"对话框中为项目文件命名并保存到电脑中指定的目录。

3 将动态序列素材加入到时间轴窗口，直接以该素材的视频属性创建合成。为方便查看进行绿屏抠像前后的效果对比，需要加入前后两段首尾相连的视频素材到时间轴窗口，这里需要先对当前合成的时间长度进行修改。按"Ctrl+K"快捷键，打开"合成设置"对话框，将持续时间由 5 秒改为 10 秒，如图 5-80 所示。

4 将动态序列素材加入到时间轴窗口中，并使下层图像与上层图像结束位置首尾相连，方便查看添加抠像特效前后的效果对比。

5 再次按"Ctrl+I"快捷键导入本书实例光盘中的\Chapter 5\绿屏抠像\Media\目录下的 snow.avi，并将其加入到时间轴窗口的最底层，作为抠像处理后的背景画面，如图 5-81 所示。

6 选择图层 2 中的序列图像素材，为其添加"键控→颜色范围"特效，在"效果控件"面板中按吸管按钮，单击合成窗口中画面背景上的绿色部分，再使用带加号的吸管多次单击背景中残留的绿色部分，直至背景中的绿色像素全部变透明，然后适当调整"模糊"参数，使抠像边缘像素变得平滑，如图 5-82 所示。

图 5-79 导入序列图片　　　　　　　　图 5-80 新建合成项目

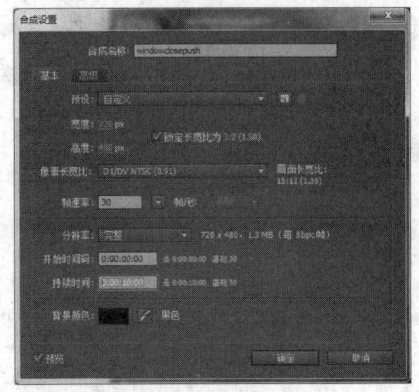

图 5-81 导入素材

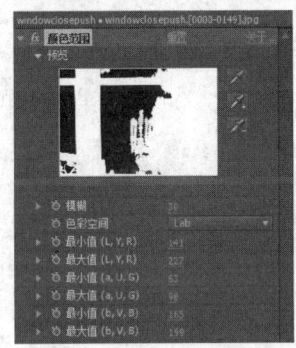

图 5-82 清除绿色背景

7　现在画面中背景与前景相接的边缘还残留着一些绿色，可以通过继续添加抠像特效进行细节完善。再为序列图像素材添加"溢出抑制"键控特效，使用吸管工具选择前景图像边缘的淡绿像素，然后适当调整"抑制"参数的值，将前景图像边缘残留的绿色调整为与环境色接近，即得到更完善的抠像效果，如图 5-83 所示。

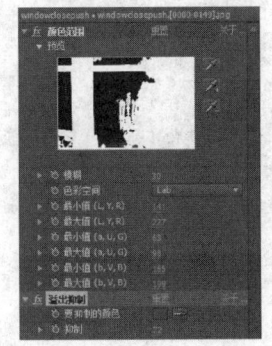

图 5-83 抑制抠像边缘残留颜色

5.5 课后习题

一、填空题

(1) 使用钢笔工具在图层上绘制_____的路径，才能产生蒙版效果。

(2) 调整蒙版属性选项中的_____数值，可以调节蒙版边缘的扩展或收缩，参数值为正时向外扩展，为负时向内收缩。

(3) 蒙版的_____合成模式，可以使绘制的蒙版区域变为透明，显示出蒙版范围外的图像。

(4) _____键控命令，可以通过将图像划分为 A 和 B 两个部分，分别在 A 图像和 B 图像中用吸管指定需要变成透明的不同颜色，得到两个黑白蒙版，最后将这两个蒙版合成，得到素材抠像后的 Alpha 通道。

图 5-84　影片完成效果

二、选择题

(1) 蒙版的（　　）合成模式，可以使多个重叠的蒙版中不相交的部分正常显示，使相交的部分变透明。

　　A. 相加　　　　　B. 相交　　　　　C. 差值　　　　　D. 变暗

(2) （　　）键控命令，可以通过设置一定范围的色彩变化来对图像进行抠像，主要用于非同一颜色背景，但颜色相近的背景画面抠像。

　　A. 颜色差值键　　B. 颜色键　　　　C. 提取　　　　　D. 颜色范围

三、上机实训

参考本章课堂实训内容，利用本书配套实例光盘中\Chapter5\抠像练习\Media 目录下准备的素材文件，尝试运用多种不同的键控命令，进行视频素材背景抠像的操作练习，如图 5-85 所示。

图 5-85　实训效果

第 6 章　文字编辑与特效应用

学习要点

- 掌握文本输入工具的使用和属性设置方法
- 熟悉字符面板和段落面板中各个选项的功能和设置方法
- 了解预设文字特效的应用效果

6.1　文字的创建与编辑

文字是基本的信息表达方式，在影视项目中除了可以用来显示标题、字幕外，还可以配合属性的设置、动画的创建，制作出漂亮的创意影片。

6.1.1　文字的输入工具

在工具栏按住"横排文字工具" ■ 按钮，可以在弹出的列表中选择"横排文字工具"或"竖排文字工具" ■，即可在合成窗口中直接输入水平文本或垂直文本，如图 6-1 所示。

> **TIPS** 在输入文字的过程中，按主键盘区的 Enter 键会执行换行；按数字键盘区的 Enter 键将完成输入状态。

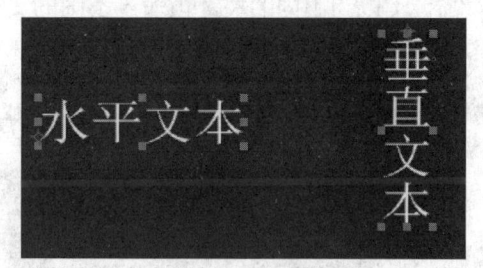

图 6-1　输入的文本

默认情况下，使用文字工具直接输入的文本都是字符文本。如果要建立段落文本，可以在选择文字工具后，在合成窗口中按鼠标左键并拖拽到合适的位置，创建一个文本框，如图 6-2 所示，然后可以输入段落文本内容，如图 6-3 所示。

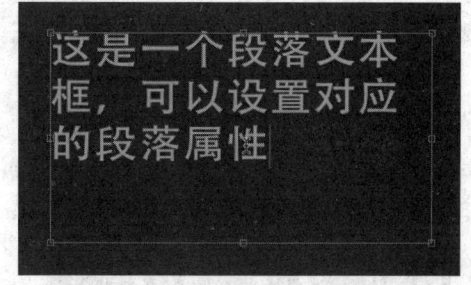

图 6-2　绘制文本框　　　　　　　　图 6-3　输入段落文本

> **TIPS** 在绘制文本框的同时按住 Alt 键，可以鼠标按下的位置作为中心点绘制段落文本框。按住 Shift 键，则可以绘制正方形的文本框。

6.1.2 文本层的属性设置

使用文字工具输入文字后,在时间轴窗口中将会自动创建对应的文本图层。在文本图层的选项组中,除了包括素材图层的 5 项基本变换属性外,还包括文本图层的属性选项,如图 6-4 所示。

图 6-4 文本图层属性选项

- 动画:单击该按钮,在弹出的菜单中选择添加到文字对象上的各种属性选项,可以在编辑文字动画时提供更多的变化设置。
- 源文本:单击前面的关键帧记录器按钮,可以在不同的时间位置创建关键帧,并且可以为不同的关键帧输入不同的文本内容,而不用创建新的文本图层,非常适合在编辑影片字幕的时候使用。
- 路径:如果在合成窗口中绘制了路径,则可以在此单击下拉按钮选择需要的路径,将文本设置为沿路径排列,如图 6-5 所示。

图 6-5 使文字沿路径排列

在为文本应用了沿路径排列后,还可以在展开的子选项中,对路径文本的效果进行详细的设置,如图 6-6 所示。

➢ 反转路径:在打开状态下,将文本调整为沿路径反转方向排列,如图 6-7 所示。

➢ 垂直于路径:默认为打开状态,即每个字符与路径方向垂直。在关闭状态时,则每个字符直接保持与画面相同的垂直方向,如图 6-8 所示。

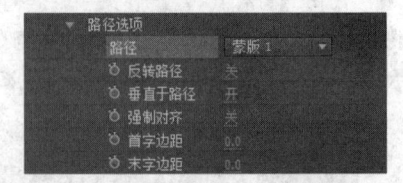

图 6-6 路径文本选项

图 6-7 反转排列   图 6-8 每个字符垂直

➢ 强制对齐:在打开状态时,可以使文本沿路径的长度进行两端强制对齐,如图 6-9 所示。

➢ 首字/末字边距：设置文本开始与结束位置的缩进量，单位为像素，常用于编辑文本沿路径运动的动画效果。如图 6-10 所示为开始位置缩进 100 像素的效果。

图 6-9　两端强制对齐　　　　　　　　　图 6-10　开始位置缩进

- 更多选项：在其中可以设置文本对象的轴心点分组方式、轴心点百分比位置、填充和描边方式、字符间混合模式等。

6.2　字符与段落的格式化

通过"字符"和"段落"面板可以对输入的文字或形成的段落进行详细的设置。

6.2.1　字符面板

"字符"面板主要用于设置文字的字体、大小、颜色、行距、字间距、描边宽度与方式、字符缩放等，如图 6-11 所示。

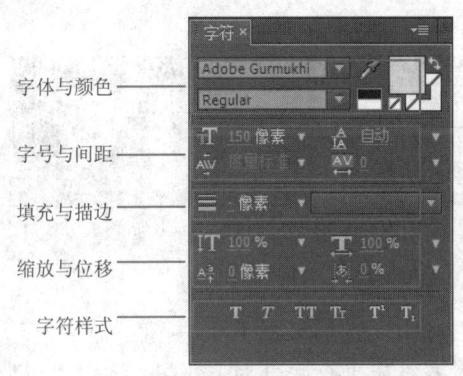

图 6-11　"字符"面板

- 字体与颜色：用于显示当前的字体、字体样式、文字和描边的颜色。
- 字号与间距：用于设置字号、行距、两个字符的间距、所有字符间距等。
- 描边：在前面的选项中设置描边宽度，在后面的下拉列表中可以选择 4 种填充与描边的着色方式。
  ➢ 在描边上填充：文字的填充色在描边色的上方，如图 6-12 所示。
  ➢ 在填充上描边：文字的描边色在填充色的上方，如图 6-13 所示。

图 6-12　填充覆盖描边　　　　　　　　　图 6-13　描边覆盖填充

> 全部填充在全部描边之上：所有文字的填充色覆盖描边色，如图 6-14 所示。
> 全部描边在全部填充之上：所有文字的描边色覆盖填充色，如图 6-15 所示。

图 6-14　所有填充覆盖所有描边　　　　图 6-15　所有描边覆盖所有填充

- 缩放和移动：用于设置所选择文字的缩放与位移，分别包括：在垂直方向上缩放文字 ■、在水平方向上缩放文字 ■、以文字的基线为准提高所选文字的位置 ■、设置所选字符的比例间距 ■。
- 字符样式：单击对应的按钮，可以为选择的文本或字符设置对应的字符样式，分别包括：仿粗体 ■、仿斜体 ■、全部大写字母 ■（除首字符外全部）、小型大写字母 ■、（把所选文字设置成）上标 ■、（把所选文字设置成）下标 ■。

6.2.2　段落面板

"段落"面板主要用于对段落文本进行格式化的设置，使段落文本以需要的形式编排。选择水平的文本段落和垂直文本段落时，段落面板中的选项按钮也会对应不同，但设置功能是相同的，如图 6-16 所示。

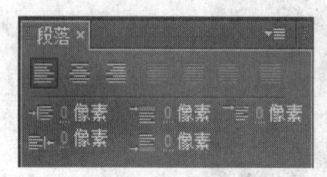

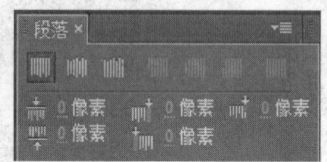

图 6-16　水平文本段落和垂直文本段落面板

- ■/■：使段落文本水平左对齐，或垂直顶部对齐。
- ■/■：使段落文本水平左右居中，或垂直上下居中。
- ■/■：使段落文本水平右对齐，或垂直底部对齐。
- ■/■：使段落文本除最后一行外的所有文字行都分散对齐，水平文字最后一行左对齐，或垂直文字最后一行顶部对齐。
- ■/■：使段落文本除最后一行外的所有文字行都分散对齐，水平文字最后一行左右居中，或垂直文字最后一行上下居中。
- ■/■：使段落文本除最后一行外的所有文字都分散对齐，水平文字最后一行右对齐，或垂直文字最后一行底部对齐。
- ■/■：使段落文本所有文字都分散对齐，最后一行将强制使用分散对齐。
- ■/■：使段落文本水平左缩进，或垂直顶部缩进。
- ■/■：使段落文本水平右缩进，或垂直底部缩进。
- ■/■：使段落文本首行缩进，水平文字相对于左侧进行首行缩进，或垂直文字相对于顶部进行首行缩进。要实现首行悬挂缩进，可以输入一个负的参数值。
- ■/■：设置水平文本或垂直文本的段前距离。

- ▤/▥：设置水平文本或垂直文本的段后距离。

6.3 应用预设文字特效

在"效果和预设"面板中展开"动画预设→Text（文字）"文件夹，可以选择各种专门为文本对象预设的动画特效，可以很方便地为所选的文本快速创建变化丰富的特技效果，如图 6-17 所示。

在时间轴窗口或合成窗口中选择需要应用预设特效的文本对象后，在"效果和预设"面板中双击文字特效，或者直接将文字特效拖到目标文本对象上，然后拖动时间指针，即可查看添加完成的文字特效，如图 6-18 所示。

为文本图层应用预设特效后，可以在时间轴窗口中展开该特效的参数选项，查看或修改各项影响动画效果的参数，调整预设的动画效果，如图 6-19 所示。

图 6-17 "效果和预设"面板中的文本类特效

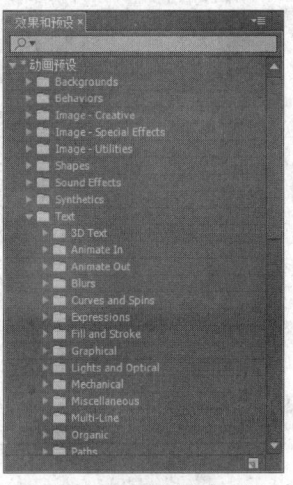

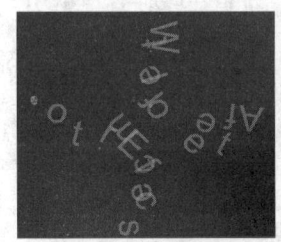

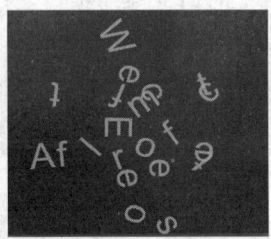

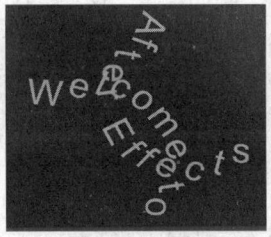

图 6-18 为文本应用 Center Spiral（中心旋涡）特效

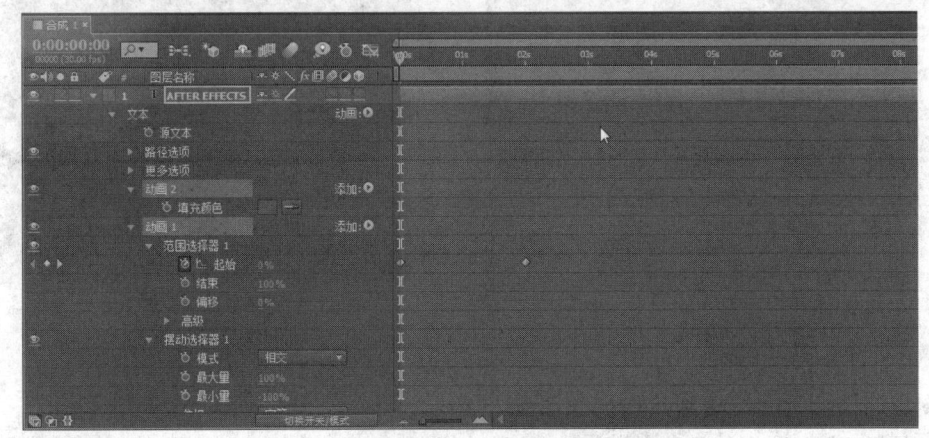

图 6-19 预设文字特效的参数选项

6.4 课堂实训——制作语文古诗视频课件

本实例将应用预设的文本动画特效，为文本图层添加动画效果，制作一个小学语文古诗《赋得古原草送别》的朗读教学课件。打开本书配套实例光盘中的\Chapter 6\语文古诗视频课件\Export\赋得古原草送别.flv 文件，先欣赏本实例的完成效果，在观看过程中分析所运用的编辑功能与制作方法，如图 6-20 所示。

图 6-20　观看影片完成效果

上机实战　制作语文古诗视频课件

1　按"Ctrl+I"快捷键，打开"导入文件"对话框后，导入本书实例光盘中\Chapter 6\语文古诗视频课件\Media\目录下准备的所有素材文件，如图 6-21 所示。

2　按"Ctrl+S"快捷键，在打开的"保存为"对话框中为项目文件命名并保存到电脑中指定的目录。

3　下面先制作作为背景动画的合成。按"Ctrl+N"键新建一个合成项目"背景"，选择"预设"模式为 NTSC DV，持续时间为 50 秒，如图 6-22 所示。

图 6-21　导入素材　　　　　　　　图 6-22　新建合成

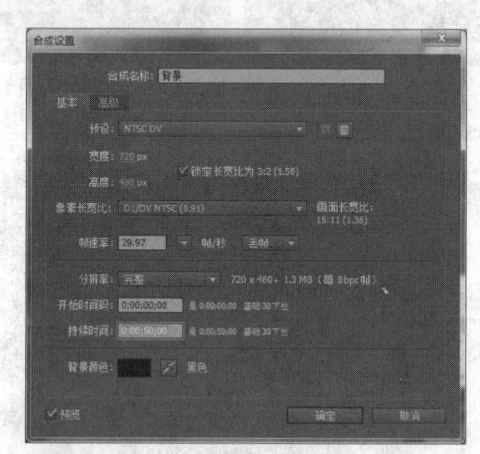

4　将项目窗口中的图片素材全部选中，并加入两次到新建合成的时间轴窗口中，然后将所有图层的持续时间缩短到 5 秒，如图 6-23 所示。

5　保持对所有图层的选中状态，执行"动画→关键帧辅助→序列图层"命令，在弹出的对话框中勾选"重叠"复选框，设置重叠持续时间为 0;00;01;16，重叠部分的过渡方式为"溶解前景图层"，如图 6-24 所示。

6　在"序列图层"对话框中单击"确定"按钮，为时间轴窗口中的图层应用序列化处理。拖动时间指针，可以在合成窗口中查看编辑完成的背景图像过渡切换效果，如图 6-25 所示。

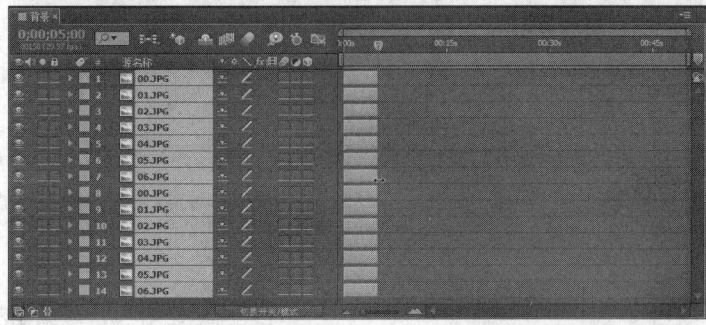

图 6-23　加入素材并调整持续时间

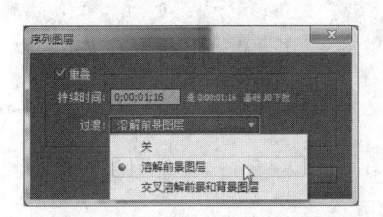

图 6-24　设置图层序列化　　　　图 6-25　应用图层序列化

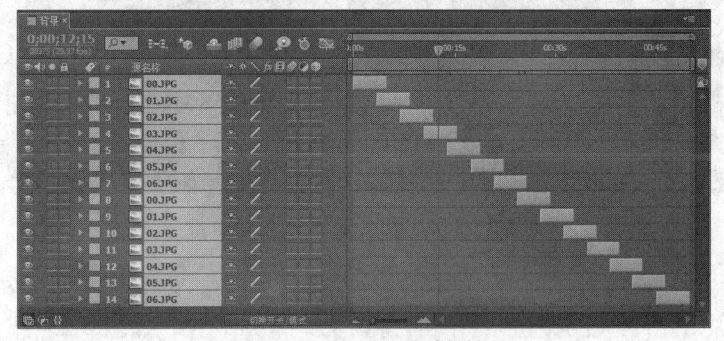

　　7　下面制作古诗诗句的动画合成。按"Ctrl+N"键新建一个合成项目"赋得古原草送别",选择"预设"模式为NTSC DV,持续时间为 50 秒。

　　8　从项目窗口中将编辑好的"合成:背景"、"bgmusic.mp3"加入到新建合成时间轴窗口中,然后将时间指针定位在第 2 秒的位置,将项目窗口中的"朗读语音.mp3"加入时间轴窗口中,如图 6-26 所示。

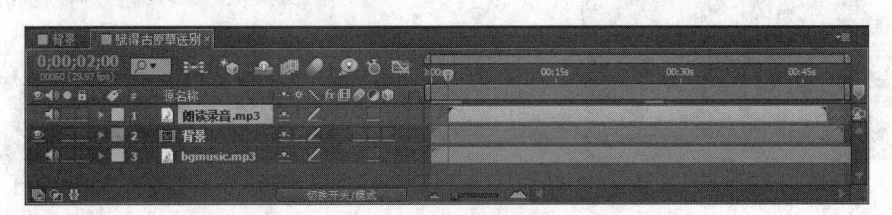

图 6-26　加入素材

　　9　单击"预览"面板中的"RAM 预览"按钮,预览播放可以听见音频层内容,并记录下朗读录音中标题与各诗句在合成中出现的时间位置。

10 在工具栏中选择"横排文字工具"，在合成窗口中输入古诗的标题文字，并通过"字符"面板设置好标题文字的显示属性，如图 6-27 所示。

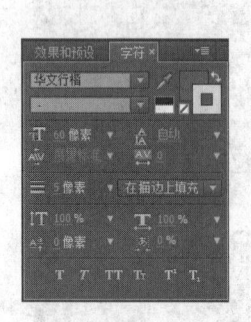

图 6-27　输入诗句文字

11 在工具栏中选择"横排文字工具"，分别建立 8 个文字图层，依次输入古诗《赋得古原草送别》的 8 个诗句，并通过"字符"面板设置好所有文字的显示属性，如图 6-28 所示。

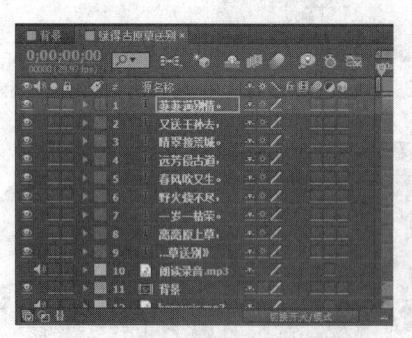

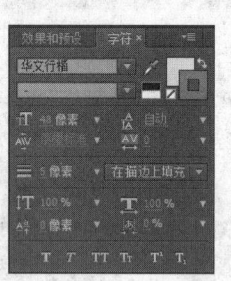

图 6-28　输入诗句文字

12 打开"对齐"面板，分别选择水平、垂直方向上的多个文字对象，在"对齐"面板中单击对应的按钮，将所有诗句文字排列整齐，如图 6-29 所示。

13 在时间轴窗口中选择所有的文字图层，在其上单击鼠标右键并选中"图层样式→投影"命令，为所有的文字图层应用投影效果，如图 6-30 所示。

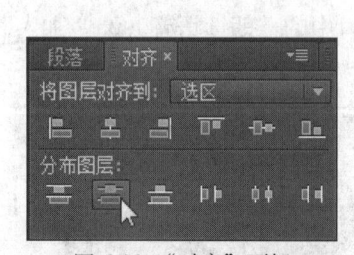

图 6-29　"对齐"面板

图 6-30　应用投影图层样式

14 参考前面进行 RAM 预览时记录的标题和各诗句的播放出现时间，将各诗句的入点调整到对应的时间位置，如图 6-31 所示。

15 在时间轴窗口中选择标题文字的图层，按 I 键将时间指针定位到该图层的入点位置，打开"效果和预设"面板，依次展开"动画预设→Text（文字）→Animate In（动画进入）"文件夹，双击 Typewriter（打字机）特效，即可为选中的标题文字应用逐字显示的打字机动画效果，如图6-32所示。

诗句	入点时间	诗句	入点时间
《赋得古原草送别》	0;00;03;05		
离离原上草，	0;00;10;15	一岁一枯荣。	0;00;14;15
野火烧不尽，	0;00;19;25	春风吹又生。	0;00;23;15
远芳侵古道，	0;00;28;25	晴翠接荒城。	0;00;32;20
又送王孙去，	0;00;38;00	萋萋满别情。	0;00;41;25

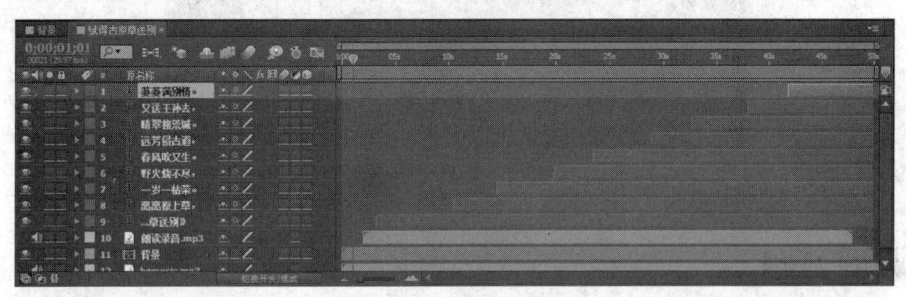

图6-31　设置图层入点

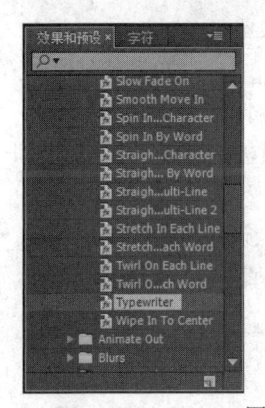

图6-32　应用 Typewriter（打字机）特效

16 使用同样的方法，选中各诗句图层后按 I 键，将时间指针定位到该图层的入点位置，然后为其应用 Typewriter（打字机）特效。

17 在时间轴窗口中展开背景音乐图层的属性选项，将"音频电平"选项的参数值修改为 –5.0dB，使背景音乐降低 5 分贝的音量，让朗读的语音可以被听得更清楚，如6-33所示。

图6-33　降低音频剪辑的音量

18 按"Ctrl+S"保存项目。按"Ctrl+M"命令,打开"渲染队列"面板,设置合适的渲染输出参数,将编辑好的合成项目输出成影片文件,欣赏完成效果,如图 6-34 所示。

图 6-34　影片完成效果

6.5　课后习题

一、填空题

(1) 默认情况下,使用文字工具直接输入的文本都是_____。如果要建立段落文本,可以通过使用文字工具拖拽出_____,再输入需要的段落文本内容。

(2) 通过为文本图层的_____选项在不同的时间位置建立关键帧,可以为不同的关键帧输入不同的文本内容,方便编辑影片的字幕内容。

(3) 在为文本应用了沿路径排列后,可以在其图层的"路径选项"中,通过将_____选项设置为关闭状态,使路径上的每个字符保持与画面相同的垂直方向。

(4) 在字符面板中按下 ■ 按钮,可以使选择的文本_____。

二、上机实训

参考本章课堂实训内容,利用本书配套实例光盘中\Chapter 6\文字编辑练习\Media 目录下准备的素材文件,制作古诗"小池"的语音朗读教学课件,可以自行尝试其他的预设文字特效,选择自己喜欢的动画效果。应用特效后可以通过预览查看动画的时间位置是否合适,可以通过调整特效的动画关键帧位置得到需要的时间效果。效果如图 6-35 所示。

图 6-35　实训效果

第 7 章 颜色校正特效

学习要点

- 了解影视后期中颜色校正编辑的用途
- 了解各个颜色校正命令的功能
- 掌握常用颜色校正命令的添加与设置方法

7.1 颜色校正特效

After Effects CC 提供了 33 个颜色校正特效命令，可以在影视后期编辑工作中对视频影像进行色彩问题的调整校正，或者根据创意需要为影片画面添加独特的变色效果。对 Photoshop 比较熟悉的读者可以发现，在"效果→颜色校正"菜单中的颜色校正命令，大部分和 Photoshop 中的图像色彩调整命令相同，而且它们的原理、功能也是基本一致的。只是在 After Effects 中可以将它们运用在动态的视频素材上，还可以利用添加关键帧来创建丰富的色彩变化动画。下面详细介绍 After Effects CC 中各个颜色校正特效命令的功能，如图 7-1 所示。

7.1.1 CC Color Neutralizer（CC 颜色中和）

该特效可以通过重新制定新的色彩，为图像重新定义暗部、中间色及高光部的色彩，并使新的图像效果实现色彩的中和平衡，如图 7-2 所示。

- Shadow / Midtones / Highlights Unbalance（阴影/中间色/高光失衡）：通过设置新的阴影/中间色/高光颜色或使用吸管工具选择颜色，重新定义图像中阴影/中间色/高光部分的颜色。
- Shadows / Midtones / Highlights（阴影/中间色/高光）：指定对应的颜色后，可以通过修改该颜色 R、G、B 偏移值，对阴影/中间色/高光的色调进行调整。
- Pining（变异）：通过调整数值，设置阴影/中间色/高光颜色在图像上的作用程度。
- Blend with Original（与原图混合）：设置特效效果与原图的混合程度。

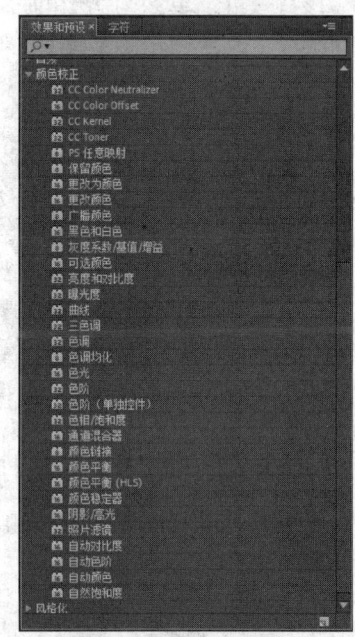

图 7-1 颜色校正命令

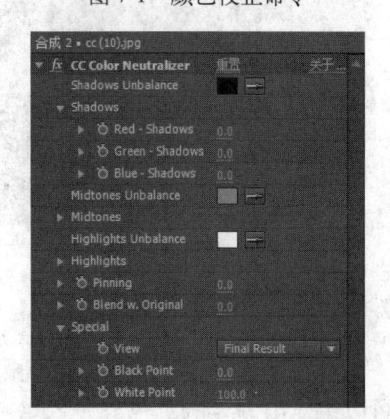

图 7-2 CC Color Neutralizer 特效设置

- Special（特殊的）：在该选项中可以切换图像在特效应用后的白平衡变化，并可以分别调整图像中的白色、黑色像素亮度值，如图 7-3 所示。

图 7-3　应用 CC Color Neutralizer 特效

7.1.2　CC Color Offset（CC 颜色偏移）

该特效可以单独为图像的每个色彩通道以色环为基准进行色彩偏移，以增加像素中该色彩的浓度，改变图像的整体色彩效果，如图 7-4 所示。

图 7-4　应用 CC Color Offset 特效

7.1.3　CC Kernel（CC 核心）

该特效可以对图像的亮度和对比度进行多层次的调整，进而改变图像色彩的亮度和对比度，如图 7-5 所示。

图 7-5　应用 CC Kernel 特效

7.1.4　CC Toner（增色）

该特效可以分别为图像的高亮部、暗部、中间色、阴影、暗部等像素进行单独着色处理，可以编辑出需要的单色或多色效果，也可以调整与源图像的融合度，得到渐进的着色效果，如图 7-6 所示。

图 7-6 应用 CC Toner 特效

7.1.5 PS 任意映射

该特效主要用来调整图像色调的亮度级别。可以通过调用 Photoshop 的图像文件来调节层的亮度值或重新映射一个专门的亮度区域来调节明暗及色调，如图 7-7 所示。
- 相位：设置图像颜色相位。
- 应用相位图映射到：应用外部的相位图到该图层的 Alpha 通道，如图 7-8 所示。

图 7-7 "PS 任意映射" 特效设置

图 7-8 "PS 任意映射" 特效应用效果

7.1.6 保留颜色

该特效可以删除或保留图像中的特定颜色，如图 7-9 所示。
- 脱色量：设置颜色消除的程度。
- 要保留的颜色：设置或选择保留的颜色。
- 容差：设置颜色相似的程度。
- 边缘柔和度：设置边缘柔化程度。
- 匹配颜色：选择颜色匹配的方式，如图 7-10 所示。

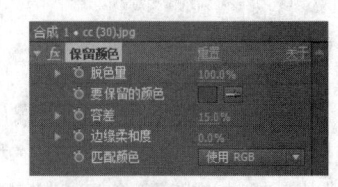

图 7-9 "保留颜色" 特效设置

图 7-10 应用 "保留颜色" 特效

7.1.7 更改为颜色

该特效可以用另外的颜色来替换原来的颜色，并能调节图像色彩，如图 7-11 所示。

- 自：选择需要改变的颜色。
- 收件人：选择替换成的新颜色，应用效果如图 7-12 所示。
- 更改：选择特效要应用的 HLS 通道。
- 色相：表示只有色调通道受影响。
- 色相和亮度：表示只有色调和亮度通道受影响。
- 色相和饱和度：表示只有色调和饱和度通道受影响。
- 色相、亮度和饱和度：表示图像的所有外观信息都受影响。
- 更改方式：选择特效颜色改变的方式。

图 7-11 "更改为颜色"特效设置

图 7-12 将红色替换为蓝色

- 设置为颜色：表示将原图颜色的像素直接转换为目标色。
- 变换为颜色：表示调用 HLS 的插值信息来将原图颜色转换为新的颜色。
- 容差：设置特效影响图像的范围。
- 柔和度：设置颜色改变区域边缘的柔和程度。
- 查看校正遮罩：设置是否使用改变颜色后的灰度蒙版来观察色彩的变化程度和范围。

7.1.8 更改颜色

该特效主要用于改变图像中的颜色区域的色调、饱和度和亮度。可以通过设定一个基色和相似值来确定该区域，相似值包括了 RGB 色彩、色调和色彩浓度相似度，如图 7-13 所示。

- 视图：选择在合成窗口中显示的效果。
- 校正的图层：用于显示调整后的效果。
- 颜色校正蒙版：用于将图像上被改变的颜色显示为蒙版，以方便显示出下层图像，实现需要的合成效果。

图 7-13 "更改颜色"特效设置

- 色相变换：设置色相，以度为单位。数值区间为-1800~+1800。
- 亮度变换：设置色彩区域的亮度变化。
- 饱和度变换：设置色彩区域饱和度变化。
- 要更改的颜色：选择图像中被修正的色彩区域的颜色。
- 匹配容差：设置颜色匹配的相似程度。
- 匹配柔和度：设置修整色的柔和度。
- 匹配颜色：选择匹配的颜色空间，可以选择 RGB、色相、浓度三种类型。
- 反转颜色校正蒙版：反转颜色校正蒙版效果，如图 7-14 所示。

图 7-14 应用 "更改颜色" 特效

7.1.9 广播颜色

该特效主要用于改变图像像素的颜色值，使像素色彩能在电视中精确显示，如图 7-15 所示。

- 广播区域设置：选择所需要的广播标准制式。
- 确保颜色安全的方式：选择减小信号幅度的方式。
  - 降低明亮度：是使素材减少亮度。
  - 降低饱和度：是使素材减少色彩饱和度。
  - 扣除不安全区域：是使不安全的像素透明。
  - 扣除安全区域：是使安全区域的像素透明。如图 7-16 所示。

图 7-15 "广播颜色" 特效设置

图 7-16 四种信号幅度减小方式

- 最大信号振幅：设置信号幅度的最大值，默认是 110，数值在 90~120 之间。

7.1.10 黑色和白色

该特效可以将图像的色彩全部转换为灰阶图像，并通过调整各个颜色通道的数值，改变图像的亮度，如图 7-17 所示。

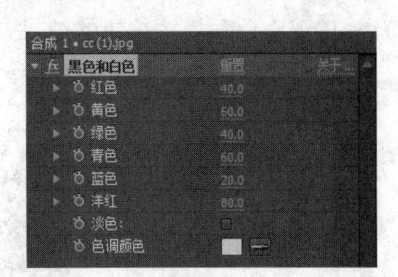

图 7-17 "黑色和白色" 特效设置

勾选"淡色"选项后，可以在下面的"色调颜色"中设置一种应用到图像上的色彩，得到单色效果。如图 7-18 所示。

图 7-18 应用"黑色和白色"特效

7.1.11 灰度系数/基值/增益

该特效可以对图像的 RGB 独立通道进行输出曲线调整，平衡图像色彩，如图 7-19 所示。

- 黑色伸缩：重新设置黑色强度。
- 红色/绿色/蓝色灰度系数：分别设置红色/绿色/蓝色通道的灰度曲线值，最大不超过 32000。
- 红色/绿色/蓝色基值：分别设置红色/绿色/蓝色通道的最低输出值，最大不超过 32000。
- 红色/绿色/蓝色增益：分别设置红色/绿色/蓝色通道的最大输出值，最大不超过 32000，如图 7-20 所示。

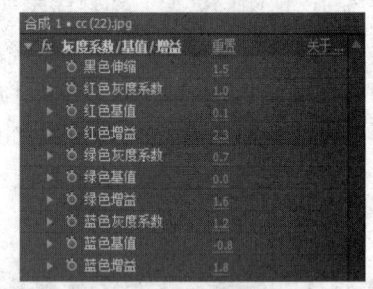

图 7-19 "灰度系数/基值/增益"特效设置

图 7-20 应用"灰度系数/基值/增益"特效

7.1.12 可选颜色

该特效可以将图像的 RGB 色彩转换为 CMYK 的色彩模式并进行色调浓度的调节，以得到符合 CMYK 色彩模式编辑的效果，如图 7-21、图 7-22 所示。

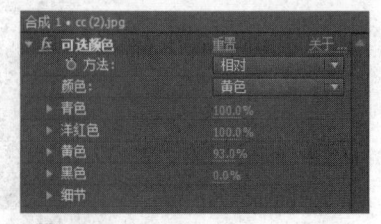

图 7-21 "可选颜色"特效设置

图 7-22　应用"可选颜色"特效

7.1.13　亮度和对比度

该特效主要用于调节层的亮度和色彩对比度，如图 7-23 所示。

- 亮度：设置图像的亮度，如图 7-24 所示。
- 对比度：设置图像的色彩对比度，如图 7-25 所示。

图 7-23　"亮度和对比度"特效设置

图 7-24　修改图像的亮度

图 7-25　修改图像的对比度

7.1.14　曝光度

该特效通过模拟照相机抓拍图像的曝光率设置原理，对图像色彩进行校准。

- 通道：选择通道类型
  - 主要通道：是调整全部色彩通道。
  - 单个通道：是单独调整 RGB 通道中的各个通道。如图 7-26 所示。

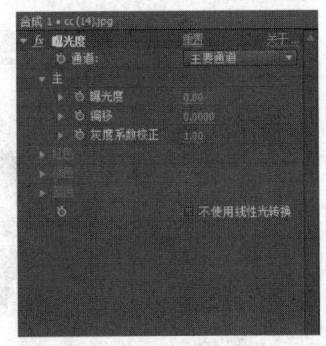

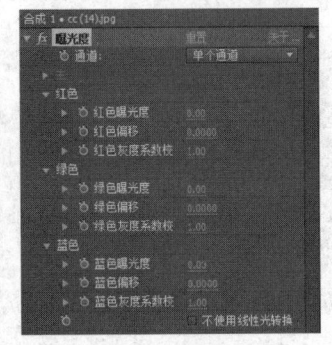

图 7-26　选择不同通道处理类型时的选项

- 主：包括曝光度、偏移和灰度系数校正。
  - 曝光度：是设置图像整体的曝光率。

➢ 偏移：是设置整体图像色彩的偏移度。
➢ 灰度系数校正：是设置整体的灰度值。
● 红色/绿色/蓝色：设置每一个 RGB 色彩通道的曝光度、偏移和灰度系数校正数值，如图 7-27 所示。

图 7-27 应用"曝光度"特效

➢ 不使用线性光转换：设置是否使用线性光转化。

7.1.15 曲线

该特效通过调整曲线来改变图像的色调，调节图像的暗部和亮部的平衡，比"色阶"特效功能更强大、精细，如图 7-28 所示。

通道：选择色彩通道，包括 RGB、红色、绿色、蓝色、Alpha。

- ⌇：指向的曲线是贝塞尔曲线图标。拖动曲线上的点，图像色彩也随之改变。
- ✎：铅笔工具。使用铅笔工具在绘图区域中可以绘制任意形状的曲线。
- 📁：文件夹选项。单击后将打开文件夹，可以导入之前设置好的曲线。
- 💾：保存按钮。单击后保存设置好的曲线数据。
- 〰：平滑处理按钮，可以使曲线形状更规则。
- ╱：恢复默认按钮。单击后恢复初始状态，如图 7-29 所示。

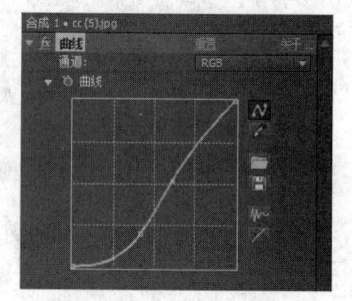

图 7-28 "曲线"特效设置

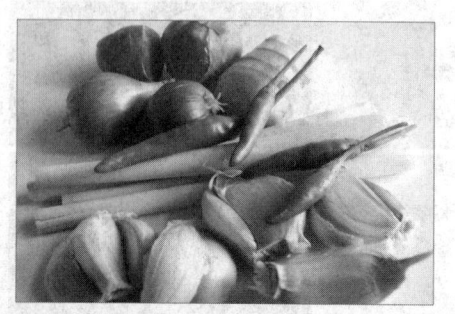

图 7-29 应用"曲线"特效

7.1.16 三色调

该特效可以用 3 种自定义颜色改变图像中高光、中间色调、阴影的色彩，从而改变原图色调，如图 7-30、图 7-31 所示。

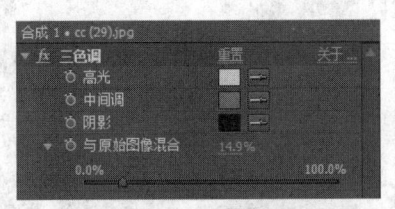

图 7-30 "三色调"特效设置

图 7-31 应用"三色调"特效

7.1.17 色调

该特效用于调整图像的颜色信息，在最亮像素和最暗像素之间确定融合度，最终产生一种混合效果，特效设置如图 7-32 所示，效果如图 7-33 所示。

- 将黑色映射到：将黑色映射到某种颜色。
- 将白色映射到：将白色映射到某种颜色。
- 着色数量：设置颜色映射的应用强度。

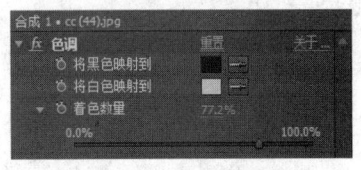

图 7-32 "色调"特效设置

图 7-33 应用"色调"特效效果

7.1.18 色调均化

该特效主要用于均衡颜色，使图像中的亮度和色彩变化平均化，特效设置如图 7-34 所示，效果如图 7-35 所示。

- 色彩均化：设置均衡方式。
  - RGB：基于 RGB 色彩分布模式。
  - 亮度：基于每个像素的亮度值。
  - Photoshop 样式：使用 Photoshop 的风格平均图像中像素的亮度。
- 色调均化量：设置亮度均衡的百分比。

图 7-34 "色调均化"特效设置

RGB 方式　　　　　　　　"亮度" 方式　　　　　　　"Photoshop 样式" 方式

图 7-35　不同的色彩均化方式

7.1.19　色光

该特效可以对选定的像素进行色彩转换，模拟彩光、霓虹灯等效果，如图 7-36 所示。

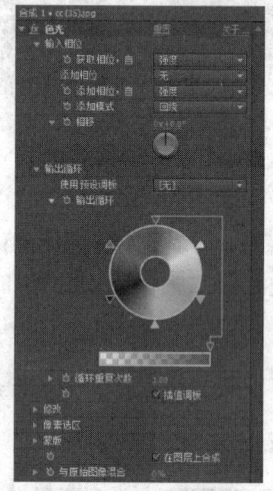

图 7-36　"色光"特效设置

- 输入相位：选择输入色彩的相位。
- 获取相位自：选择以图像中的指定通道的数值来产生彩色部分，如图 7-37 所示。
- 添加相位：选择时间轴中的其他素材层与原图合成。
- 添加相位自：选择需要添加色彩的通道类型。
- 添加模式：选择色彩的添加模式。

图 7-37　选择不同的通道

- 输出循环：设置色彩输出的风格化类型。通过色彩调节盘可以对色彩区域进行更精细的调整；底部的渐变矩形可以调节亮度。
- 修改：选择彩光影响当前图层颜色效果的方式，如图 7-38 所示。

图 7-38 选择不同通道来调整色彩

- 像素选区：设置合成彩色部分中的某个色彩对原图像的影响程度。设置彩光在当前图层上产生色彩影响的像素范围。
- 蒙版：选择一个时间轴中的其他素材层作为蒙版层来与原图合成，如图 7-39 所示。

图 7-39 设置蒙版合成

7.1.20 色阶

该特效用于精细调节图像的灰阶亮度，如图 7-40 所示。

- 通道：选择需要修改的通道。
- 直方图：图像中像素的分布图。水平方向表示亮度值，垂直方向表示该亮度值的像素数量。黑色输出值是图像像素最暗的值，白色输出值是图像像素最亮的值。
- 输入黑色：设置输入图像黑色值的极限值。
- 输入白色：设置输入图像白色值的极限值。
- 灰度系数：设置输入与输出灰阶对比度。
- 输出黑色：设置输出图像黑色值的极限值。
- 输出白色：设置输出图像白色值的极限值。
- 剪切以输出黑色：减轻黑色输出效果。
- 剪切以输出白色：减轻白色输出效果，如图 7-41 所示。

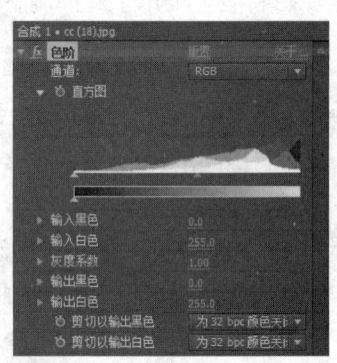

图 7-40 "色阶"特效设置

图 7-41 应用"色阶"特效

7.1.21 色阶（单独控件）

该特效与"色阶"特效的功能基本相同，可以针对单个色彩通道的"输入黑色"、"输入白色"、"输出黑色"、"输出白色"和"灰度系数"做更细致的调节，如图 7-42、图 7-43 所示。

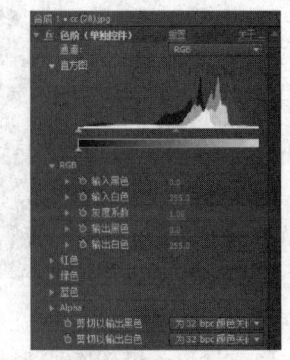

图 7-42 "色阶（单独控件）"特效设置

图 7-43 应用"色阶（单独控件）"特效

7.1.22 色相/饱和度

该特效主要用于精细调整图像的色相和饱和度，如图 7-44 所示。

- 通道控制：用于选择不同的图像通道。
- 通道范围：显示当前参数设置的色彩应用范围。
- 主色相：设置对整体色调的调整量，如图 7-45 所示。
- 主饱和度：设置饱和度。
- 主亮度：设置亮度数值。
- 彩色化：勾选该选项，可以将图像转换为单色图，并通过下面的选项设置需要的色彩效果。

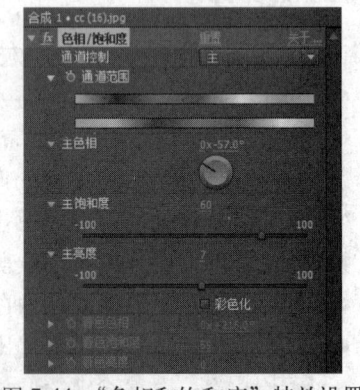

图 7-44 "色相和饱和度"特效设置

图 7-45 主色相调整效果

- 着色色相：设置单色着色色相。
- 着色饱和度：设置单色着色的饱和度。

- 着色亮度：设置单色着色的亮度。如图 7-46 所示。

图 7-46 单色着色效果

7.1.23 通道混合器

该特效可以通过提取各个通道内的数据，再重新融合后产生新的效果，如图 7-47 所示。

- X-X：左边和右边的 X 代表 RGB 通道可以，通过不同组合来调整图片色彩，如图 7-48 所示。
- 单色：勾选该选项，可以将图像中的色彩去掉，变为灰阶图像。

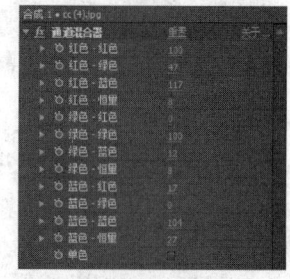

图 7-47 "通道混合器"特效设置

图 7-48 调整图像色彩

7.1.24 颜色链接

该特效可以通过计算出源图层图像像素的颜色平均值，然后应用到效果层上得到需要的着色效果，如图 7-49 所示。

- 源图层：选择用来计算平均值的源图层。
- 示例：可以在该下拉菜单中选择对提取出的信息进行过滤的方式。
  - 平均值：计算图层中所有不透明像素的 RGB 平均值。
  - 中间值：是选择所有包含 RGB 中间值的像素值。
  - 最亮值：是选择原图像包含最亮的 RGB 值的像素值。
  - 最暗值：是选择原图像包含最暗的 RGB 值的像素值。
  - RGB 最大值：选择 RGB 通道中数值最高的通道。

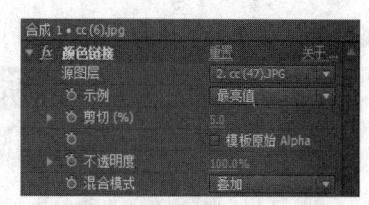

图 7-49 "颜色链接"特效设置

- RGB 最小值：选择 RGB 通道中数值最低的通道。
- Alpha 平均值：选择 Alpha 通道中信息的平均值。
- Alpha 中间值：选择 Alpha 通道中信息的中间值。
- Alpha 最大值：选择 Alpha 通道中信息的最大值。
- Alpha 最小值：选择 Alpha 通道中信息的最小值，如图 7-50 所示。

图 7-50 选择"最亮值"选项的应用效果

- 剪切：设置最大或最小的取样范围。只有在"示例"选项为"最亮值"、"最暗值"、"RGB 最大值"、"RGB 最小值"、"Alpha 最小值"、"Alpha 最小值"时才被激活。
- 原始 Alpha 通道：该属性被激活后，将在新数值上添加一个效果层的原始 Alpha 通道的模板。反之，将用原图像的平均值来填充整个效果层。
- 不透明度：设置效果层的不透明度。
- 混合模式：可以在该下拉菜单中设置效果层与原图像的混合方式，与 Photoshop 中的图层混合模式基本相同。

7.1.25 颜色平衡

该特效通过调整图像暗部、中间色、高光部的各色彩通道的平衡度来改变图像的颜色，如图 7-51 所示。

- 阴影红色/绿色/蓝色平衡：设置红色/绿色/蓝色通道阴影范围。
- 中间调红色/绿色/蓝色平衡：设置红色/绿色/蓝色通道的一般亮度范围平衡。
- 高光红色/绿色/蓝色平衡：设置红色/绿色/蓝色通道的高光范围平衡。

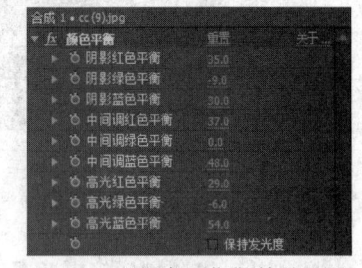

图 7-51 "颜色平衡"特效设置

- 保持发光度：勾选该选项，可以保持图像的整体平均亮度，如图 7-52 所示。

图 7-52 应用"颜色平衡"特效

7.1.26 颜色平衡（HLS）

该特效主要用于通过调整色相、亮度、饱和度来平衡图像的色调，如图 7-53、图 7-54 所示。

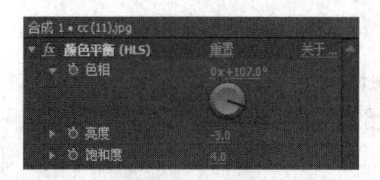

图 7-53 "颜色平衡（HLS）"特效设置

图 7-54 应用"颜色平衡（HLS）"特效

7.1.27 颜色稳定器

该特效可以根据周围的环境改变素材的颜色，以达到整体平稳的效果，主要应用在动态图像素材上。可以自行设定所需颜色，从整体上调整画面颜色，如图 7-55 所示。

- 设置帧：设置"轴心"帧的位置。选择要设置的帧的时间点，再单击该按钮即可。
- 稳定：设置稳定类型。
  - ➢ 亮度：是调整素材中所有帧的亮度平衡。
  - ➢ 色阶：可以指定色阶，使素材整体色彩平衡。
  - ➢ 曲线：是使用曲线形式调整素材中所有帧的平衡。
- 黑场：设置要作为暗部中间色的取色点。
- 中点：设置两个颜色或亮度值之间的中间色的点。
  此选项只有在"稳定"选项为"曲线"才被激活。
- 白场：设置一个要维持的最亮点。此选项只有在"稳定"选项为"色阶"和"曲线"才被激活。
- 样本大小：指定取样区域的半径大小，单位是一像素，如图 7-56 所示。

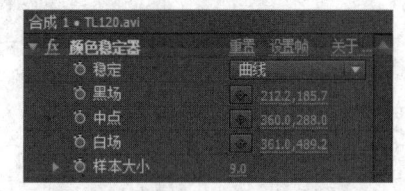

图 7-55 "颜色稳定器"特效设置

图 7-56 应用"颜色稳定器"特效

7.1.28 阴影/高光

该特效主要通过自动曝光补偿方式来修正图像,适用于影像中由于背光太强而造成的图像产生的轮廓或照相机闪光造成部分局部不清楚等情况,如图7-57所示。

- 自动数量:勾选该选项,则应用自动的设置效果。
- 阴影数量:设置阴影部分数值。
- 高光数量:设置高光部分的数值。
- 更多选项:包括更多关于"阴影/高光"的设置,可以单击三角图标展开。
- 阴影/高光色调宽度:设置阴影或高光的扩散范围。
- 阴影/高光半径:设置特效对高光和阴影部分的影响半径。
- 颜色校正:该属性只作用于彩色图片,对调节区域做色彩修正。
- 中间调对比度:设置中间色调的对比度。
- 修剪黑色/白色:设置对图像中黑色、白色像素的附加调整数量,如图7-58所示。

图7-57 "阴影/高光"特效设置

图7-58 应用"阴影/高光"特效

7.1.29 照片滤镜

该特效可以为图像模拟出在照相机上添加彩色滤镜片后的效果,主要用于纠正色彩的偏差,如图7-59所示。

- 滤镜:可以在该下拉菜单中选择需要的颜色滤镜,包含18种滤镜。
- 颜色:根据要求重新取色。在"滤镜"下拉列表中选择"自定义"时才被激活。
- 密度:设置重新着色的密度。
- 保持发光度:勾选该选项,可以保持图像亮度,如图7-60所示。

图7-59 "照片滤镜"特效设置

图7-60 应用"照片滤镜"特效

7.1.30 自动对比度

该特效将自动分析层中所有的对比度和混合的颜色，然后将最亮和最暗的像素点映射到图像中的白色和黑色中，使高光部分更亮，阴影部分更暗，如图7-61所示。

图7-61 "自动对比度"特效设置

- 瞬时平滑（秒）：该特效需要处理当前帧与前后帧之间的色彩与亮度的融合，在此设置进行融合处理的持续时间。数值越大，则画面过渡得越平滑；数值为0时，则对每个帧进行独立分析与调整，不与前后帧进行色彩与亮度的融合。
- 场景检测：视频素材在播放过程中，画面场景会有变化；在开启了实时平滑后勾选此项，可以自动侦测场景变化，如果场景发生改变，则重新开始计算实时平滑。
- 修剪黑色/白色：设置黑色或白色像素的削弱程度，可以加深暗部，加亮亮部，如图7-62所示。

图7-62 应用"自动对比度"特效

7.1.31 自动色阶

该特效用于自动设置高光和阴影。先在每个存储白色和黑色的色彩通道中定义最亮和最暗像素，再按比例分布中间像素值，如图7-63所示。

图7-63 应用"自动色阶"特效

7.1.32 自动颜色

该特效主要通过分析图像的高光、中间色和阴影部分的颜色，调整原图像的对比度和色彩，如图7-64所示。

图 7-64 应用"自动颜色"特效

7.1.33 自然饱和度

该特效通过对图像中像素的色彩信息进行振动运算，使像素与周围像素的色彩信息产生融合，如图 7-65 所示。

- 自然饱和度：设置图像中像素色彩的振动强度。
- 饱和度：设置颜色融合的饱和度，如图 7-66 所示。

图 7-65 "自然饱和度"特效设置

图 7-66 应用"自然饱和度"特效

7.2 课堂实训——制作会变色的树蛙

在实际的影视后期编辑工作中，常用的颜色校正命令主要包括色彩的变换，以及色彩的饱和度、对比度、明暗的调整等，其他的特效命令通常只在有特殊需要时才使用。即使只使用一个特效命令，只要配合好参数的关键帧变化，也可以制作出漂亮的影片。下面通过一个典型的实例应用，对利用颜色校正命令制作动画影片进行练习。打开本书配套实例光盘中的\Chapter 7\会变色的树蛙\Export\树蛙.flv 文件，先欣赏本实例的完成效果，在观看过程中分析所运用的编辑功能与制作方法。如图 7-67 所示。

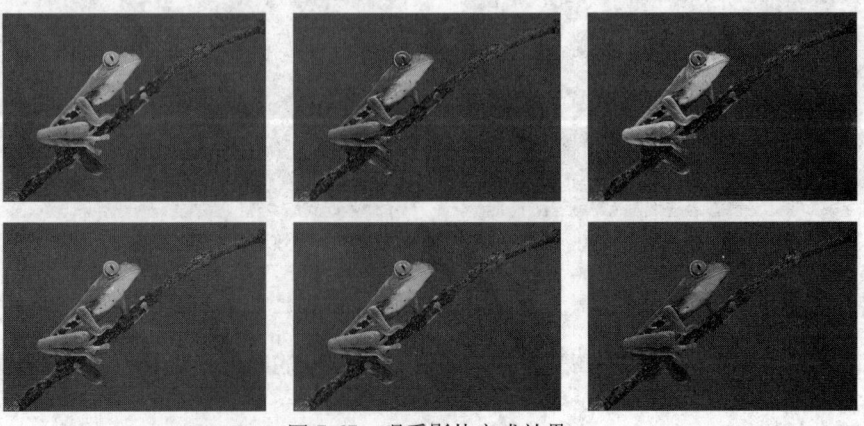

图 7-67 观看影片完成效果

第 7 章 颜色校正特效

上机实战　制作会变色的树蛙

1 在项目窗口中双击鼠标左键，打开"导入文件"对话框，选择本书实例光盘中的\Chapter 7\会变色的树蛙\Media\树蛙.psd 文件，设置导入方式为"合成"，然后单击"打开"按钮，在打开的导入设置对话框中保持默认的选项，单击"确定"按钮，如图 7-68 所示。

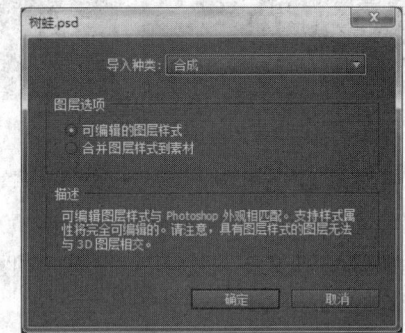

图 7-68　以合成方式导入素材

2 双击项目窗口中的合成"树蛙"，在时间轴窗口展开后，按"Ctrl+K"打开"合成设置"对话框，修改合成项目的帧频为 24fps，持续时间为 0;01;00;00，如图 7-69 所示。

3 将时间轴窗口中两个素材图层的持续时间延长到与合成项目相同，然后按"Ctrl+S"快捷键，在打开的"保存为"对话框中为项目文件命名并保存到电脑中指定的目录。

4 按"Ctrl+I"快捷键，打开"导入文件"对话框后，导入本书实例光盘中\Chapter 7\会变色的树蛙\Media\目录下准备的音频文件，然后将其加入到时间轴窗口中的底层，作为影片的背景音乐，如图 7-70 所示。

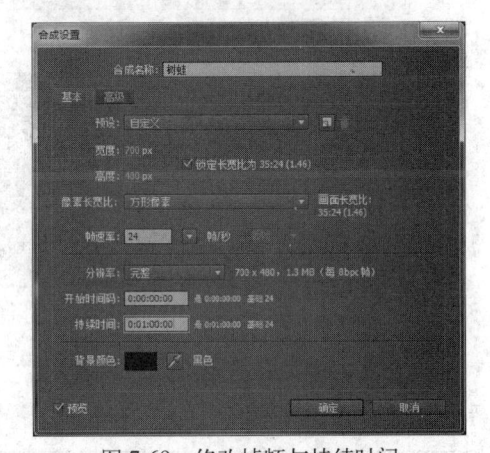

图 7-69　修改帧频与持续时间

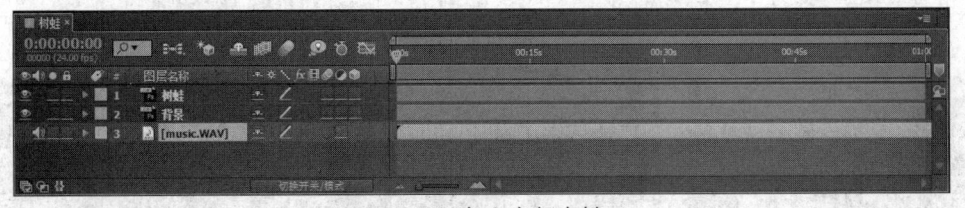

图 7-70　加入音频素材

5 在时间轴窗口中选择图层"树蛙"，执行"效果→颜色校正→色相/饱和度"命令，在打开的"效果控件"面板中，移动时间指针到 00;00;05;00 的位置，按"通道范围"前面的 按钮，为图层中的树蛙图像创建色彩变化的关键帧动画，如图 7-71 所示。

		00;00;05;00	00;00;15;00	00;00;25;00	00;00;30;00	00;00;35;00
⏱	主色相	0x+0°	1x+0°	-1x+0°	0x+-180°	0x+0°
⏱	主饱和度	0	60	0	-100	10

图 7-71　编辑色彩变化关键帧动画

6　为树蛙编辑单色着色变化效果。选择时间轴窗口中的图层"树蛙",按下"Ctrl+D"快捷键对其进行复制。移动时间指针到 00:00:35:00 的位置,按键盘上建的 [键,将其入点调整到从第 35 秒开始;按下 T 键展开图层的"不透明度"选项,为其创建不透明度关键帧动画,如图 7-72 所示。

		00:00:35:00	00:00:40:00	00:00:55:00	00:00:60:00
⏱	不透明度	0%	100%	100%	0%

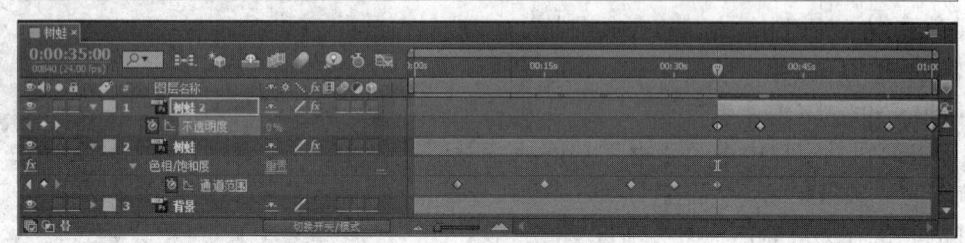

图 7-72　创建不透明度关键帧动画

7　在新复制的图层的"效果控件"面板中,勾选"彩色化"复选框,为下面的选项编辑关键帧动画,如图 7-73 所示。

		00;00;40;00	00;00;45;00	00;00;50;00	00;00;55;00	00;00;59;23
⏱	着色色相	0x+0°	1x+0°	-1x+0°	0x+-180°	0x+0°
⏱	着色饱和度	25	100	0	50	0
⏱	着色亮度	0	30	-30	25	0

图 7-73　编辑着色效果关键帧动画

8 按 "Ctrl+S" 保存项目。按 "Ctrl+M" 命令，打开"渲染队列"面板，设置合适的渲染输出参数，将编辑好的合成项目输出成影片文件，欣赏完成效果，如图 7-74 所示。

7.3 课后习题

图 7-74 观看影片完成效果

一、填空题

（1）使用＿＿＿＿＿＿特效命令，可以改变图像像素的颜色值，使像素色彩能在电视中精确显示。

（2）使用＿＿＿＿＿＿特效命令，可以用另外的颜色来替换图像中指定的颜色，并能调节图像色彩。

（3）使用＿＿＿＿＿＿特效命令，可以通过调整图像暗部、中间色、高光部的各色彩通道的平衡度来改变图像的颜色。

（4）使用＿＿＿＿＿＿特效命令，可以删除或保留图像中的特定颜色。

二、选择题

（1）下列颜色校正命令中，（　　）不能用于调整图像画面的明暗灰度。
　　　A. 颜色稳定器　　B. 曲线　　　　C. 自动色阶　　　D. 色阶

（2）下列颜色校正命令中，（　　）用于为图像模拟在照相机上添加彩色滤镜片后的效果。
　　　A. 颜色平衡　　　B. 照片滤镜　　C. PS 任意映射　　D. 色调

（3）下列颜色校正命令中，（　　）可以以三种自定义颜色来改变图像中高光、中间色调、阴影的色彩，从而改变原图色调。
　　　A. 更改颜色　　　B. 颜色链接　　C. 三色调　　　　D. 自然饱和度

三、上机实训

利用本书配套实例光盘中\Chapter 7\颜色校正练习\Media 目录下准备的素材文件，应用本章中学习的各种颜色校正特效，制作如图 7-75 所示的老电影画面效果，可以自行尝试使用多种不同的颜色校正效果命令来完成。

图 7-75 老电影画面效果

第 8 章　创建三维合成

学习要点

- 理解三维合成的概念，掌握创建 3D 图层的操作方法
- 掌握对 3D 图层的各种查看、移动、旋转等基本操作方法
- 熟悉 3D 图层的材质选项属性
- 熟悉并掌握摄像机图层的创建与设置方法
- 熟悉并掌握灯光图层的创建与设置方法

8.1　认识三维合成

三维合成是指可以编辑立体空间效果的合成项目，它是 After Effects 领先于其他影视后期编辑软件的优势之一。通过将二维图层转换为三维图层，即可为其开启空间深度属性，并可以通过创建摄像机以及灯光对象，展现逼真的三维立体空间画面，如图 8-1 所示。同时，还可以通过导入 3D 模型素材文件，为立体模型创建动画或应用特效，制作精彩的三维特效影片。

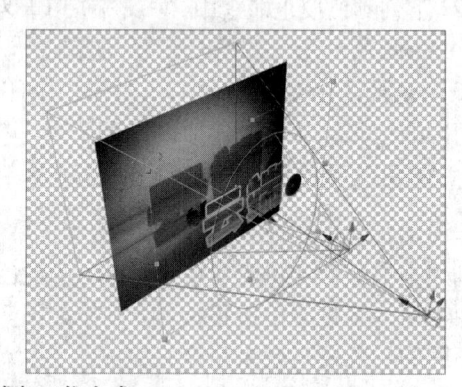

图 8-1　二维合成与三维合成

8.2　3D 图层的创建与设置

在三维空间中，通常用 X、Y、Z 坐标数值来确定物体在三维空间中的位置。3D 图层就是在二维图层的长、宽属性上，增加了纵向画面的深度属性。在标示位置属性时，在 X、Y 的基础上增加 Z 坐标，用以表现对象在三维空间中与画面平面的远近关系。

8.2.1　通过转换图层创建 3D 图层

为时间轴窗口中的图层（调节图层、音频层除外）打开 3D 开关，即可将其转换为 3D 图层；在时间轴窗口中，可以查看新增的 3D 图层相关属性选项，如图 8-2 所示。

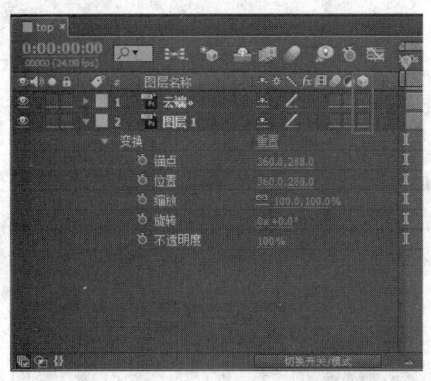

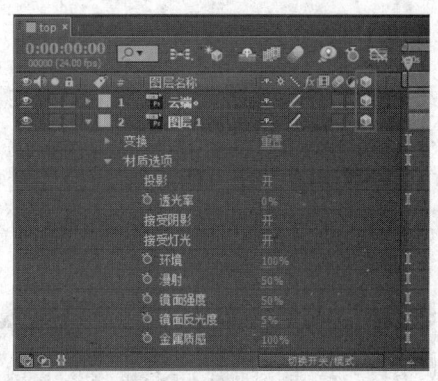

图 8-2 将图层转换为 3D 层

8.2.2 查看三维合成的视图

在二维合成模式下，在合成窗口中显示的画面，按照各图层在时间轴窗口中上下层位置依次显示。将图层转换为 3D 图层后，则图层在画面中的显示将完全取决于它在 3D 空间中的位置。单击合成窗口中的"3D 视图弹出式菜单"按钮 自定义视图 1 ▼，在弹出的下拉菜单中选择需要的视图角度，默认选择的视图为"活动摄像机"，还有 6 种不同角度的视图和 3 个自定义视图。如果在当前合成中创建了摄像机对象，则还会显示该摄像机的视图选项，如图 8-3 所示。

单击"选择视图布局"按钮 1 ▼，可以在该下拉菜单中选择需要的选项，将合成窗口设置为显示多个角度的视图及排列方式。还可以配合 自定义视图 1 ▼ 按钮，单独为选择的视图设置查看角度，方便在三维编辑时准确地定位素材对象，如图 8-4 所示。

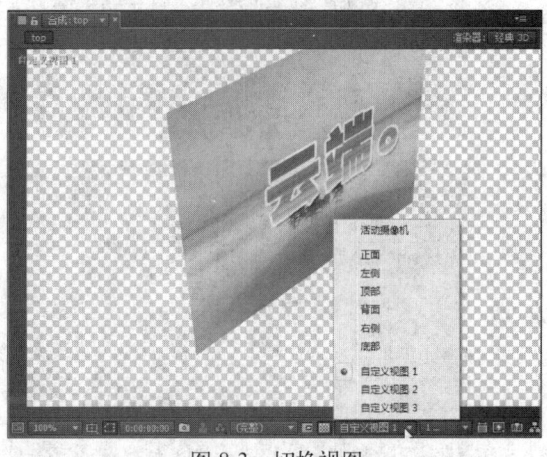

图 8-3 切换视图

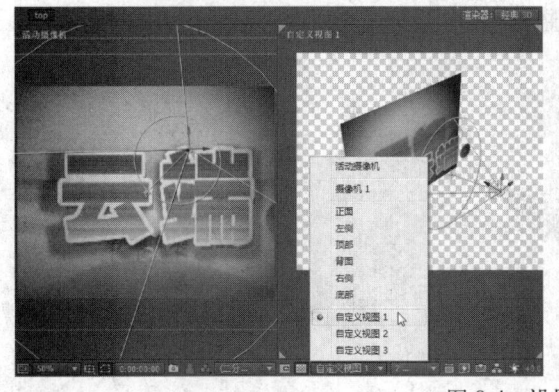

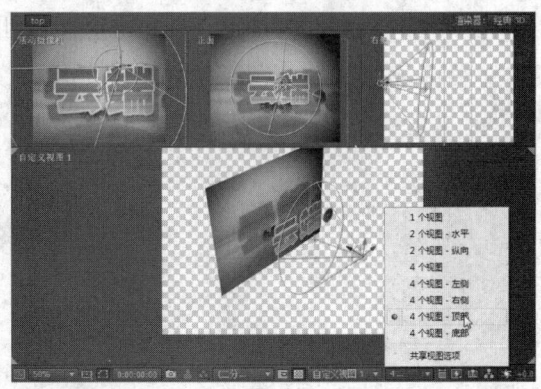

图 8-4 设置视图布局

> **TIPS**：在切换当前所选预览窗口的视图角度时，也可以通过执行"视图→切换 3D 视图"命令来切换视图。按 Esc 键，可以在上一次所选视图角度与当前视图角度之间切换。

8.2.3 移动 3D 图层

和移动二维图层一样,移动 3D 图层也可以通过在时间轴窗口中修改坐标数值,或者在合成窗口中拖动对象来完成。

在时间轴窗口中展开图层的"变换"选项,在"位置"选项后面的 3 个数值分别代表图层对象在三维空间中的 X、Y、Z 坐标,通过拖动或输入新的数值,即可在对应的方向上移动图层,如图 8-5 所示。

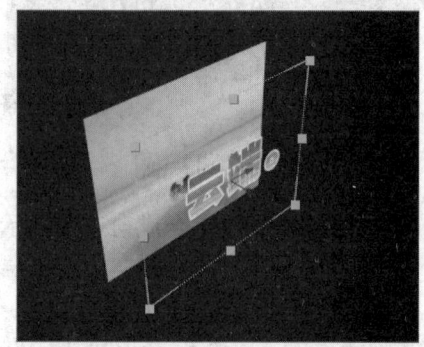

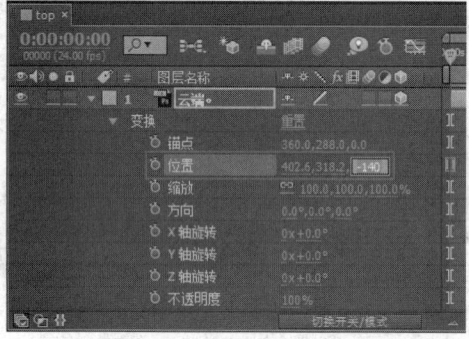

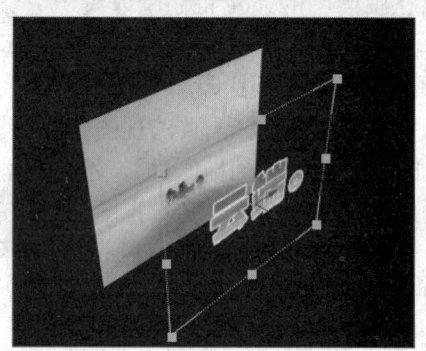

图 8-5　在时间轴窗口中移动图层

在合成窗口中选择 3D 图层后,在图层的轴心点位置将显示出 X(红色)、Y(绿色)、Z(蓝色)方向箭头,将鼠标移动到对应的方向箭头上,鼠标指针的右下角将显示鼠标停靠位置对应的方向轴,此时按下鼠标并拖动,即可在该方向上移动图层对象,如图 8-6 所示。

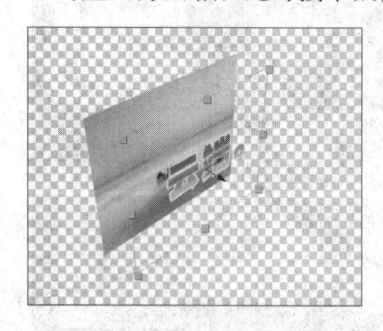

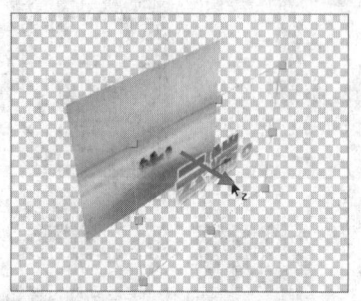

图 8-6　在合成窗口中移动 3D 图层

> **TIPS**　执行"图层→变换→视点居中"命令,或按"Ctrl+Home"快捷键,可以快速将所选 3D 图层的中心点对齐到当前视图的中心。执行"图层→变换→重置"命令,可以快速将所选图层的变换属性全部恢复到初始状态。

8.2.4 旋转 3D 图层

和移动 3D 图层一样，旋转 3D 图层同样也可以在时间轴窗口和合成窗口中完成。在时间轴窗口中，可以通过调整"方向"或"旋转"选项的数值来旋转对象，它们都会使图层对象沿指定的方向轴旋转，如图 8-7 所示。

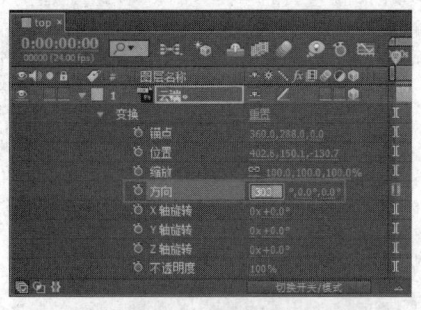

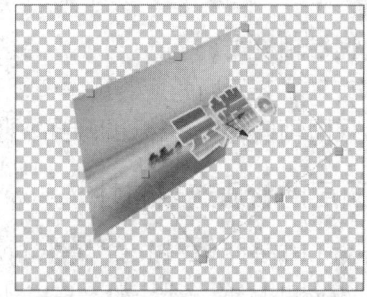

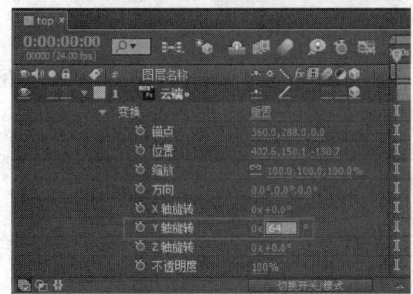

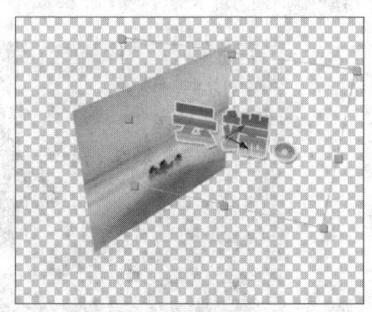

图 8-7　在时间轴窗口中旋转图层

"方向"和"旋转"的区别在于创建动画时的不同。"方向"只有一组三维参数值，每个数值在 0°～360° 之间循环，在创建关键帧动画时，只能从一个角度一次性移动到目标角度。而 3 个不同的"旋转"属性都可以旋转若干圈，可以为对象创建旋转很多圈的动画。

如果要在合成窗口中旋转 3D 图层，需要先在工具栏中选择"旋转工具"，然后在工具栏后面的 下拉列表中选择旋转方式是"方向"还是"旋转"，即可在合成窗口中按住并任意旋转 3D 图层，如图 8-8 所示。或者将鼠标移动到图层的坐标轴上，在显示出当前的旋转作用方向轴时按住并拖动，将图层在对应的方向上旋转，如图 8-9 所示。

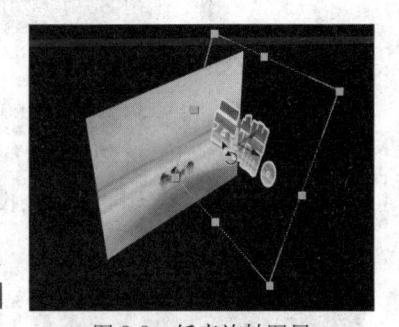

图 8-8　任意旋转图层

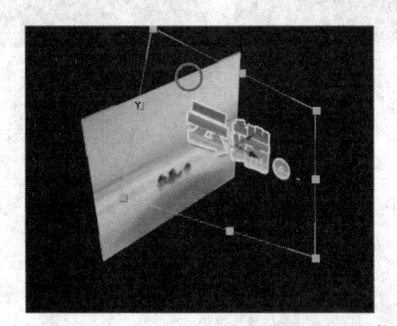

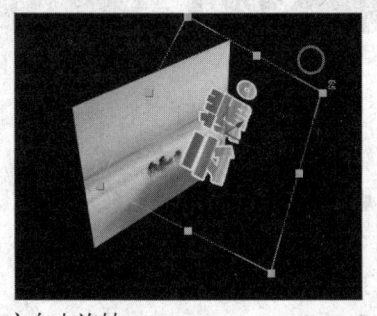

图 8-9　在指定方向上旋转

8.2.5 设置坐标模式

坐标模式是指图层上的坐标相对于当前合成、当前视图角度的位置模式,可以在工具栏中选择需要的坐标系来查看和操作三维对象。

- ■(本地轴模式):坐标和 3D 图层表面对齐,在图层被旋转时,坐标方向轴也同步旋转。
- ■(世界轴模式):坐标与合成的绝对坐标对齐,始终显示三维空间的坐标,不会随图层旋转。在不同角度的视图中,可以看见从该视角对应的坐标方向轴。
- ■(视图轴模式):坐标和所选的视图对齐,在各个视图中可以看见同样的坐标方向轴。

8.2.6 3D 图层的材质选项属性

在时间轴窗口中展开 3D 图层的属性选项,可以看见一组"材质选项"属性,主要用于控制 3D 图层中的光线和阴影的关系,如图 8-10 所示。

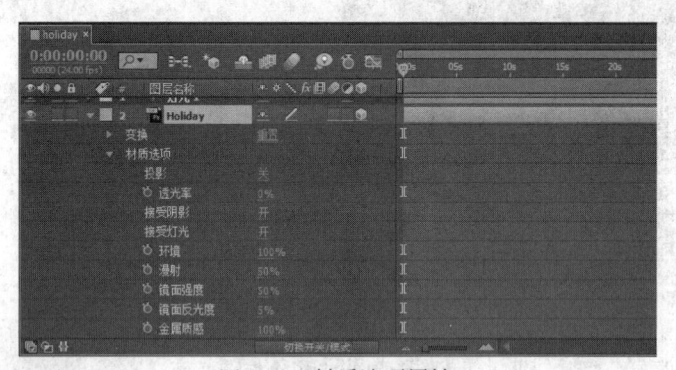

图 8-10 材质选项属性

- 投影:设置是否形成投影,单击可以切换为"开"状态。所产生阴影的效果由灯光层决定。如果要产生阴影,必须先创建一个灯光层,打开灯光层的"投影"属性。默认为"关"状态即不产生投影,"开"表示打开投影,"仅"表示只显示投影不显示图层,如图 8-11 所示。

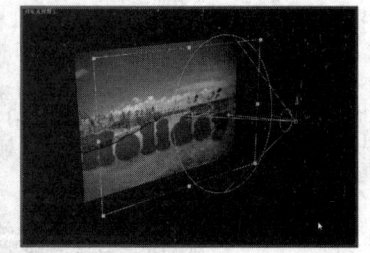

图 8-11 设置阴影投影方式

- 透光率:控制光线穿过层的比率。在调大这个参数值时,光线将穿透层,而 3D 图层的图像颜色也将附加给投影。
- 接受阴影:设置当前层是否接受其他层投射的阴影,"开"表示接受投影,默认为"关"状态,即不接受投影。
- 接受灯光:设置当前层是否接受灯光的影响,"开"表示接受,"关"表示不接受,如图 8-12 所示。

图 8-12 设置图层是否接受灯光影响

- 环境：设置环境色反射到周围物体的强度。
- 漫射：设置图层表面的漫反射强度。
- 镜面强度：设置光线被图层反射出去的强度。
- 镜面反光度：设置光线被图层反射出去的高光范围大小。
- 金属质感：设置图层的颜色对反射高光的影响程度。为最大值时，高光色与图层原本的颜色相同；反之，则与灯光颜色相同。

8.3 摄像机与灯光

通过创建摄像机，可以得到自定义的视图角度，并且可以通过为摄像机创建关键帧动画，得到浏览三维空间的影片效果。通过创建灯光，可以得到更加逼真的立体空间光影效果，同样也可以通过为灯光对象创建动画来增强三维空间的效果表现。

8.3.1 创建并设置摄像机图层

其实每个合成项目中都带有一个系统自带的摄像机"活动摄像机"。如果需要得到自定义的视图画面，就需要用户自行创建摄像机来完成。执行"图层→新建→摄像机"命令，在打开的"摄像机设置"对话框中可以对新建的摄像机进行参数设置，如图 8-13 所示。

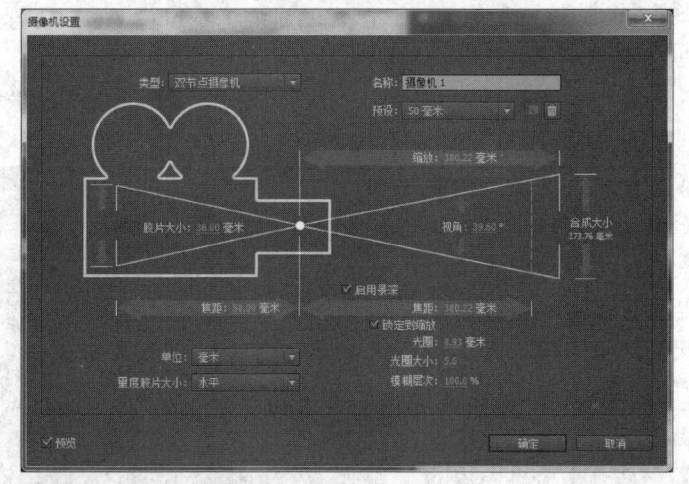

图 8-13 摄像机设置对话框

- 类型：用于设置创建的摄像机类型是"单节点摄像机"还是"双节点摄像机"。默认为双节点摄像机,即除了摄像机本身一个点外,还有一个可移动的"目标点"与摄像机形成一条直线来确定拍摄角度,如图 8-14 所示。单节点摄像机没有目标点,只能依靠旋转或移动摄像机来改变拍摄角度,如图 8-15 所示。

图 8-14 双节点摄像机　　　　图 8-15 单节点摄像机

- 名称:为创建的摄像机命名。
- 预设:在该下拉列表中可以选择要创建的摄像机的镜头焦距。每个数值选项都是根据使用 35mm 标准电影胶片的摄像机的一定焦距的定焦镜头来设置的。选择的镜头焦距不同,下面的其他几项相关参数(变焦、视角、焦长)的数值也会不同。
- 缩放:即镜头到目标拍摄平面的距离。
- 视角:即镜头在场景中可以拍摄到的宽度。
- 胶片大小:有效的胶片尺寸,默认匹配合成项目的画面尺寸。
- 焦距:即从胶片到摄像机镜头的距离。
- 启用景深:勾选该选项,可以为焦距、光圈和模糊级别应用自定义变量,得到更精确的对焦效果。在焦点位置上的图像会清晰。在焦点以外的图像,相距越远或越近都越模糊,和相机的原理一致。
- 焦距:从摄像机到拍摄对象能拍摄清楚的理想距离,即镜头到焦点的距离。
- 锁定到缩放:使焦距匹配变焦的数值,根据镜头焦距的变化而变化。
- 光圈:即镜头的孔径,该数值会影响拍摄的景深效果。光圈越大,景深越明显。
- 光圈大小:现在的相机通常都是用 F 制式的光圈度量单位,该数值可以方便用户了解当前的镜头设置相对于实际中的相机光圈大小。
- 模糊层次:即景深的模糊程度。默认为 100%,相当于用真实的摄像机拍摄时相同的模糊程度。
- 单位:设置摄像机各项长度数值所使用的单位。
- 量度胶片大小:设置是以水平距离、垂直距离还是对角线距离来设置胶片尺寸测量方式。

设置完成需要的参数后,单击"确定"按钮,即可在当前合成中创建一个摄像机图层。在时间轴窗口中展开摄像机图层的属性选项,可以对摄像机属性参数中的基本选项进行修改设置,如图 8-16 所示。

图 8-16 摄像机图层的属性选项

- 缩放：设置镜头到目标拍摄平面的距离，如图 8-17 所示。

图 8-17 设置不同数值的缩放距离

- 景深：设置是否开启景深效果。在"开"状态下，会显示当前焦距数值的平面框，如图 8-18 所示。

图 8-18 景深的关闭与打开状态

- 焦距：设置镜头到焦点的位置，使位于焦点的对象显得清晰，前后的物体逐渐变得模糊，如图 8-19 所示。

图 8-19 设置不同数值的焦距

- 光圈：在焦距确定的情况下。光圈越大，景深越明显。数值为0时，没有景深效果，不管离摄像机是远还是近，都是清晰的画面，没有模糊效果，如图8-20所示。

图8-20 设置不同数值的光圈

- 模糊层次：设置景深的模糊程度，数值越大，景深效果产生的模糊越强烈。数值为0时没有模糊效果，如图8-21所示。

图8-21 设置不同数值的模糊级别

在工具栏中按"统一摄像机工具"按钮，可以在弹出的子面板中选择摄像机调整工具，将视图中基于摄像机的查看角度调整为需要的状态，并不会影响摄像机拍摄的画面效果，如图8-22所示。

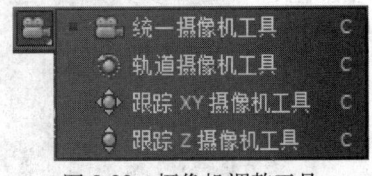

图8-22 摄像机调整工具

- 统一摄像机工具：用于自由旋转当前所选的活动摄像机视角，如图8-23所示。

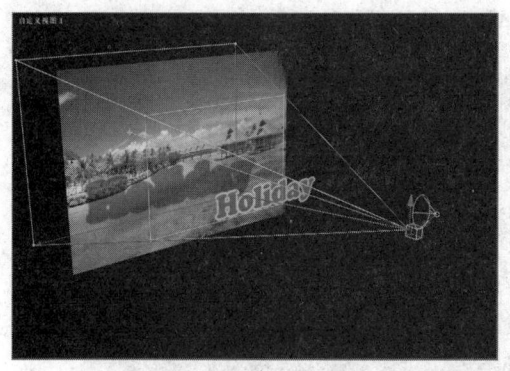

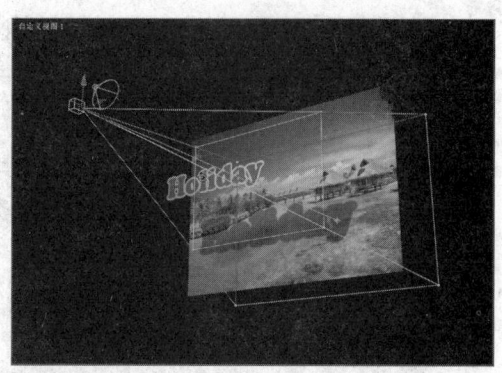

图 8-23 旋转摄像机视图

- 轨道摄像机工具：可以使摄像机视图在任意方向和角度进行旋转，与使用"统一摄像机工具"工具相似。
- 跟踪 XY 摄像机工具：在水平或垂直方向上移动摄像机视图，如图 8-24 所示。
- 跟踪 Z 摄像机工具：用于调整摄像机视图的深度，如图 8-25 所示。

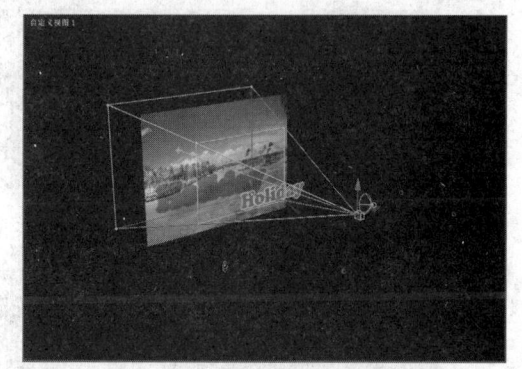

图 8-24 平移摄像机视图　　　　　图 8-25 轴向移动摄像机视图

8.3.2 创建并设置灯光图层

在 After Effects 中，可以创建 4 种不同类型的灯光，模拟出各种灯光效果，使制作的三维空间画面更逼真。执行"图层→新建→灯光"命令创建一个灯光图层，可以在"灯光设置"对话框中对可以创建的灯光图层进行参数设置。在"名称"栏中为创建的灯光图层命名后，在"灯光类型"下拉列表中设置要创建的灯光类型，模拟需要的灯光效果，如图 8-26 所示。

- 平行：光线从光源照向目标位置，光线平行照射，光照范围无限远，可以照亮场景中位于目标位置的每一个对象，如图 8-27 所示。

TIPS 创建的灯光（环境光除外）可以使 3D 图层的物体产生阴影，但需要在灯光图层的属性选项中将"投影"选项设置为"开"，同时将 3D 图层的"接受阴影"属性也设置为"开"。

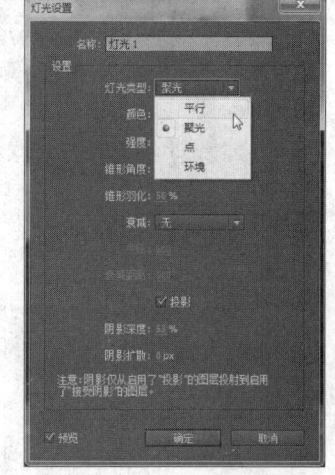

图 8-26 灯光设置对话框

图 8-27 设置平行光源

- 聚光：光线从一个点发射，以圆锥形呈现放射状照向目标位置。被照射对象形成一个圆形的光照范围，通过调整"锥形角度"可以控制照射范围的面积，如图 8-28 所示。

图 8-28 设置聚光光源

- 点：光线从一个点发射向四周扩散。物体距离光源点越远，受光照强度越弱，类似于房间里面的灯泡效果，如图 8-29 所示。

图 8-29 设置点光源

- 环境：没有发射光源，所以不能被选择或移动。可以照亮场景中的所有物体，但无法产生投影。常用于通过设置灯光颜色，为整个画面渲染环境色调，如图 8-30 所示。

图 8-30 设置了光色的环境光源

8.3.3 灯光的属性选项

不同的灯光类型也具有不同的属性选项。可以在创建灯光时的"灯光设置"对话框中设置，也可以在创建了灯光层后，在时间轴窗口中展开灯光层的属性选项再设置，如图 8-31 所示。

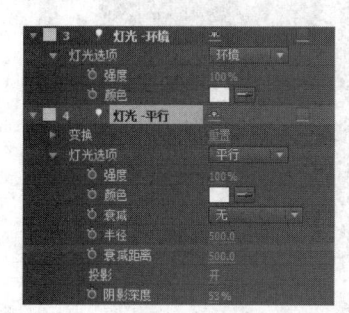

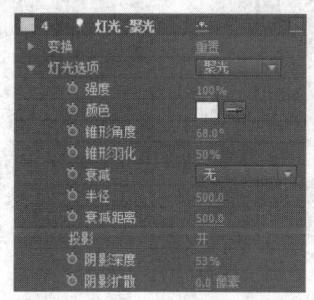

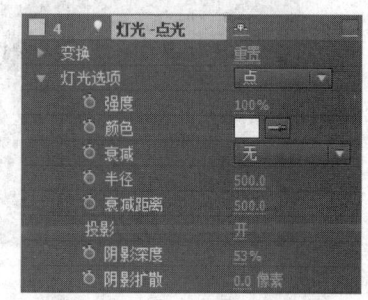

图 8-31 不同灯光类型的属性选项

- 强度：可以设置灯光强度。强度越高，灯光越亮，场景受到的照射就越强。将强度的值设置为 0 时，场景就会变黑。设置为负值时，可以去除场景中的某些颜色，也可以吸收其他灯光的强度，如图 8-32 所示。

图 8-32 设置不同的灯光强度

- 颜色：设置灯光的颜色。
- 衰减：设置模拟真实灯光的传播衰减方式，离光源越远，受光越轻。在不同的灯光类型中，可以通过设置"半径"或"衰减距离"来调整灯光对受光对象的影响程度。

- 锥形角度：设置锥形灯罩的角度。只有聚光灯灯光有此属性，主要用来调整灯光照射范围的大小，角度越大，光照范围越广，如图 8-33 所示。

图 8-33　设置不同的锥形角度

- 锥形羽化：设置锥形灯罩范围的羽化值。只有聚光灯灯光有此属性，可以使聚光灯的照射范围产生边缘羽化效果，如图 8-34 所示。

图 8-34　设置不同的光照羽化

- 投影：默认为"关"状态，单击该选项可以切换为"开"状态，可以使被照射对象在场景中产生投影。
- 阴影深度：设置灯光照射物体后所产生阴影的深度，如图 8-35 所示。
- 阴影扩散：设置阴影的扩散程度，主要用于控制层与层之间的距离产生的漫反射效果，如图 8-36 所示。

图 8-35　设置不同的阴影深度

图 8-36　设置不同的阴影扩散程度

8.4 课堂实训——制作影片《体坛面面观》

配合利用 3D 图层和摄像机、灯光的特性，可以创建出突破平面限制的动感影片效果。下面通过制作影片《体坛面面观》介绍创建三维合成的方法。请打开本书配套实例光盘中的\Chapter 8\体坛面面观\Export\体坛面面观.flv 文件，欣赏本实例的完成效果，在观看过程中分析所运用的编辑功能与制作方法，如图 8-37 所示。

图 8-37 观看影片完成效果

上机实战 制作影片《体坛面面观》

1 在项目窗口中双击鼠标左键，打开"导入文件"对话框，选择本书实例光盘中\Chapter 8\体坛面面观\Media 目录下准备的所有素材文件并执行导入，如图 8-38 所示。

2 按"Ctrl+N"快捷键，打开"合成设置"对话框，为新建的合成项目命名，并设置合成的画面尺寸为 720×480 像素，像素长宽比为方形像素，帧频为 24fps，持续时间为 12 秒，如图 8-39 所示。

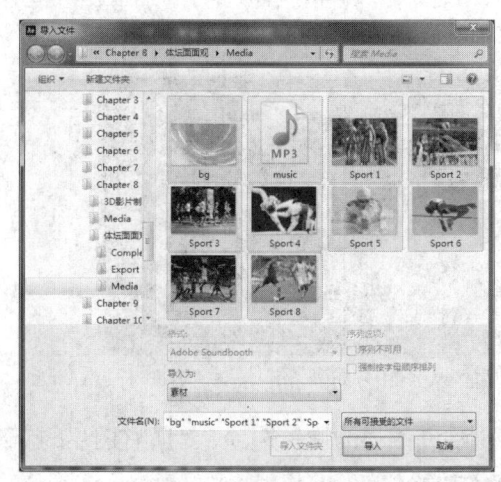

图 8-38 导入素材文件　　　　　　　　图 8-39 新建合成

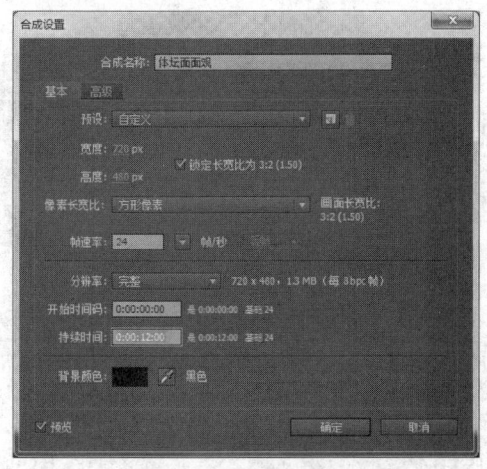

3　按"Ctrl+S"快捷键打开"另存为"对话框，为项目文件命名并保存到电脑中指定的目录。

4　将导入的素材文件依次加入到时间轴窗口中，并将所有图像素材图层都设置为3D图层，如图8-40所示。

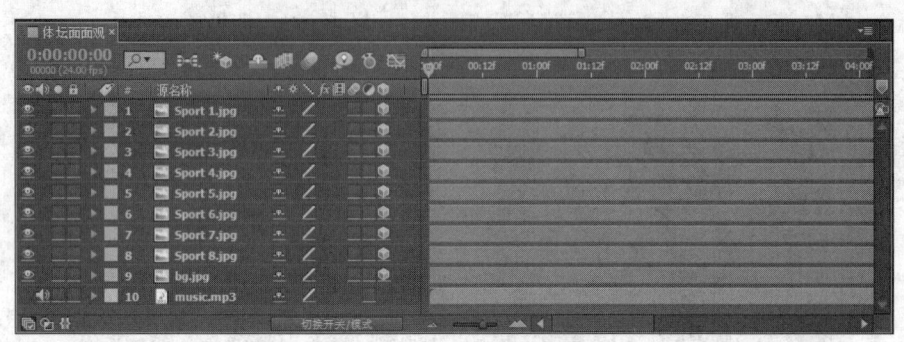

图8-40　加入素材到时间轴窗口中

5　选择"Sport 1.jpg~Sport"8.jpg图层，按A键展开"锚点"选项，将这些图层的锚点位置的X参数修改为–350.0，如图8-41所示。

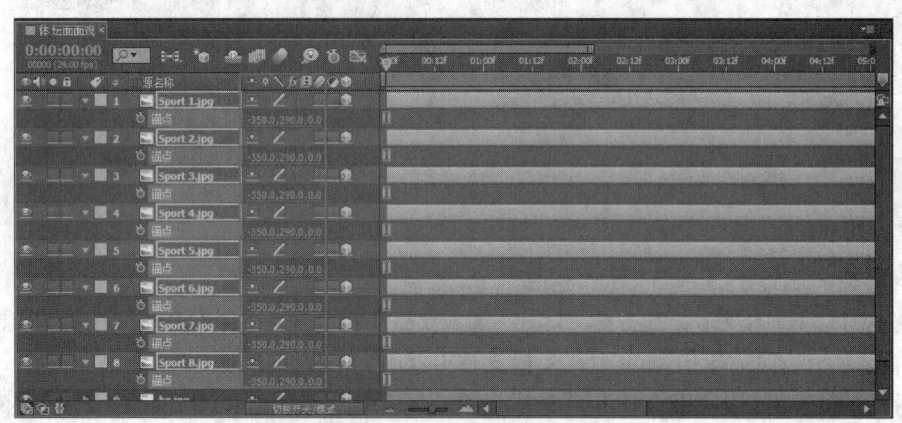

图8-41　修改素材图层持续时间

6　展开图层"bg"的属性选项，将其"位置"的Y参数修改为600.0，"缩放"数值修改为500%；"X轴旋转"的数值修改为90°，如图8-42所示。

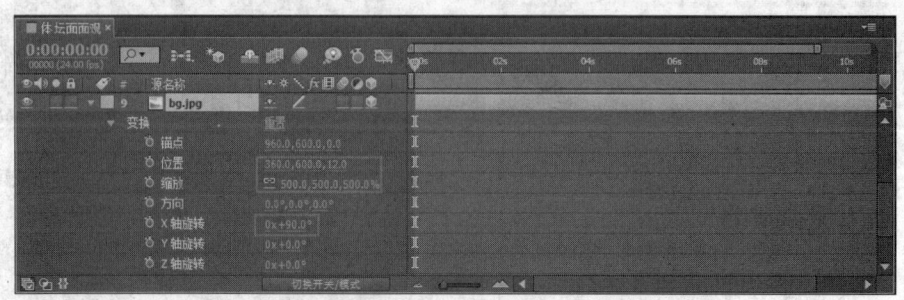

图8-42　调整背景图层位置、大小和方向

7　选择"Sport 2.jpg~Sport 8.jpg"图层，按R键展开图层的旋转选项，对所有图层的"Y轴旋转"参数依次递增45°，使8张图片排列成一个环形，如图8-43所示。

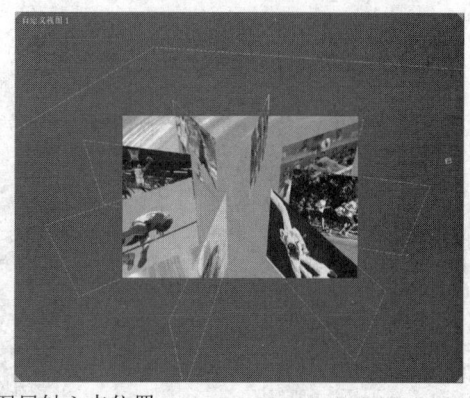

图 8-43　修改图层轴心点位置

8　选择图层"Sport 1.jpg"并按 R 键展开其旋转选项。将时间指针定位在开始位置，然后选取"Sport 1.jpg~Sport 8.jpg"图层，按下"Y 轴旋转"选项前面的"时间变化秒表"按钮，在该位置创建关键帧；然后将时间指针移动到结束位置，依次分别将各个图层的"Y 轴旋转"选项参数中的 0x 修改为 3x，即为这些图片所排列的环形，创建从开始到结束旋转 3 圈的关键帧动画，如图 8-44 所示。

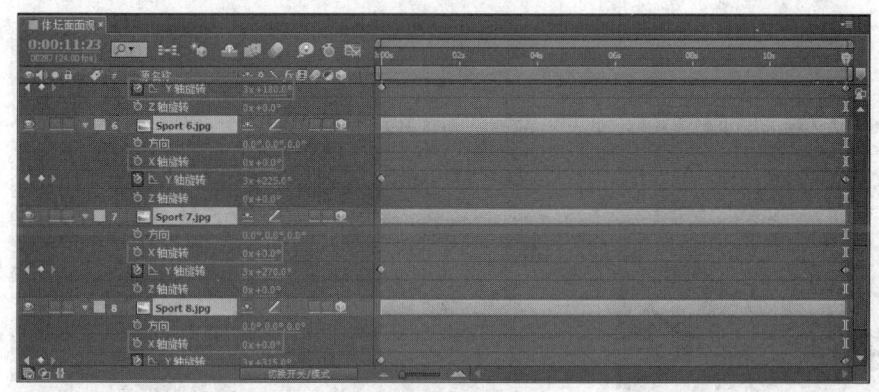

图 8-44　创建旋转动画

9　重新选取"Sport 1.jpg~Sport 8.jpg"图层，展开它们的"材质选项"，并将"投影"选项设置为"开"，使这些图层都可以在接受光照后产生投影，如图 8-45 所示。

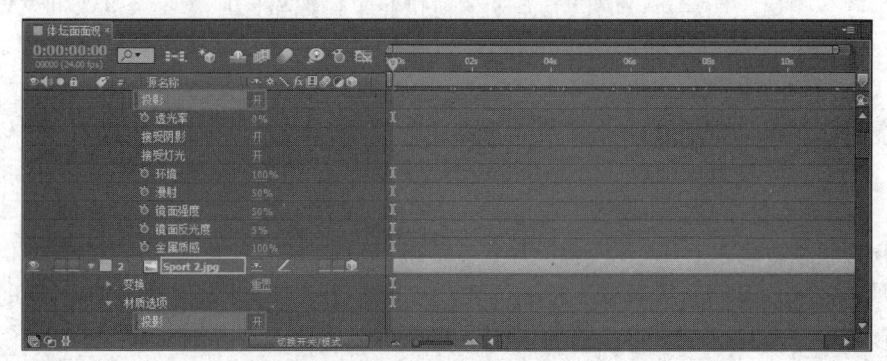

图 8-45　开启投影选项

10　在时间轴窗口中将时间指针定位到开始的位置。执行"图层→新建→灯光"命令，新建一个聚光灯图层，设置光照"强度"为 120%，开启"投影"选项并设置"阴影深度"

为60%。然后将灯光的位置移动到330.0，–415.0，–1000.0的位置，将其目标点定位到300.0，600.0，0.0，如图8-46所示。

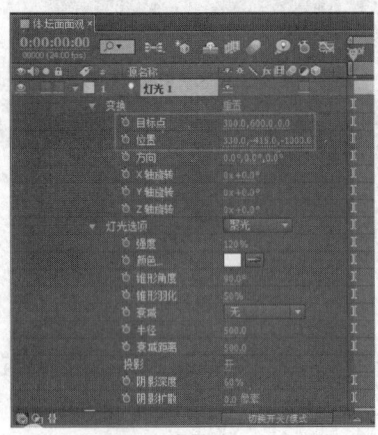

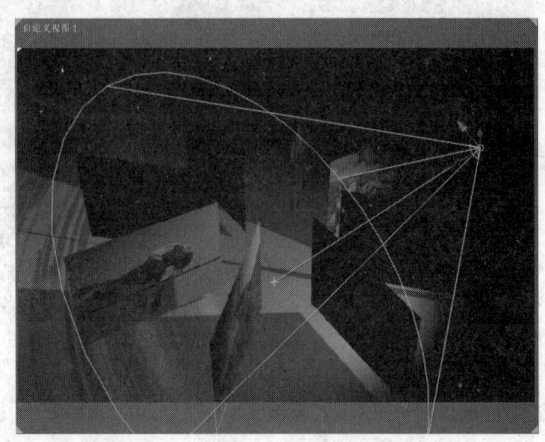

图8-46 新建灯光并设置属性

11 再次新建一个灯光图层，设置灯光类型为"环境"，光照"强度"为80%，如图8-47所示。

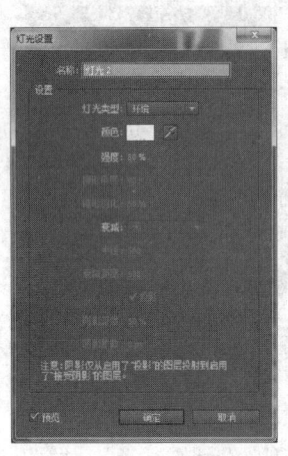

图8-47 新建并设置环境灯光

12 执行"图层→新建→摄像机"命令，新建一个摄像机图层，在"摄像机设置"对话框中单击"预设"下拉列表并选择"28毫米"，然后单击"确定"按钮执行创建，如图8-48所示。

13 在时间轴窗口中展开摄像机图层的属性选项，修改其"目标点"参数为330.0，300.0，–660.0；"位置"参数为–1080.0，140.0，–900.0，完成摄像机初始位置的定位，如图8-49所示。

14 将时间指针移动到第3秒的位置，然后按"目标点"、"位置"选项前的"时间变化秒表"按钮。移动时间指针到第9秒的位置，修改"目标点"参数为"360.0，400.0，50.0""位置"参数为"360.0，–400.0，–270.0"，为摄像机创建关键帧动画，如图8-50所示。

15 将时间指针移动到第3秒的位置，在时间轴窗口中选择摄像机的"位置"参数在第9秒的关键帧。将合成窗口的视图切换到"顶部"视图，拖动摄像机的动画路径在关键帧上的控制点，将动画路径由直线调整为曲线，如图8-51所示。

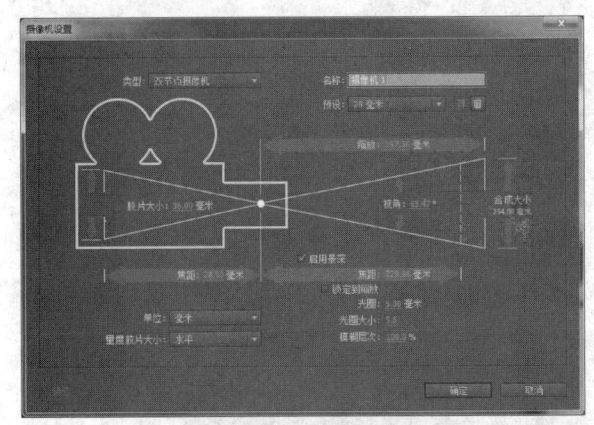

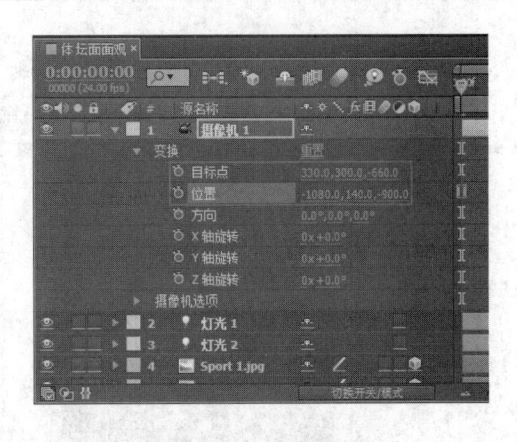

图 8-48 创建摄像机　　　　　　　　　图 8-49 设置摄像机位置

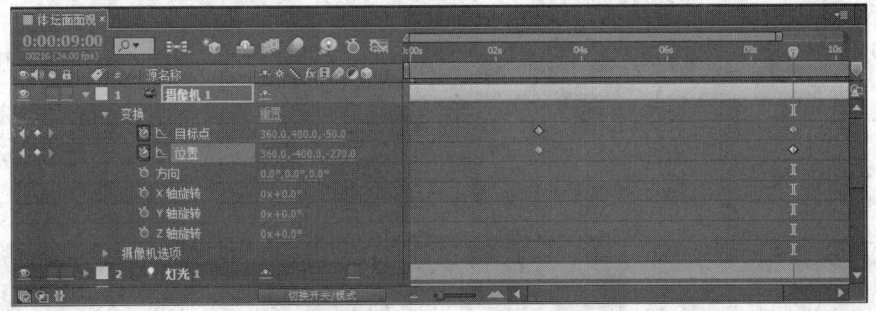

图 8-50 创建关键帧动画

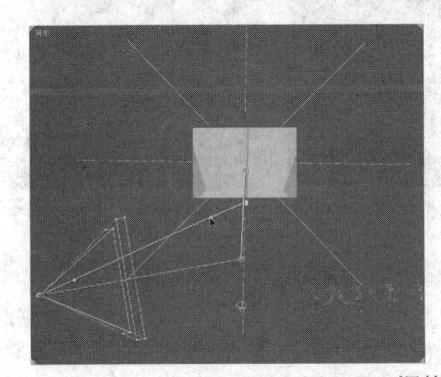

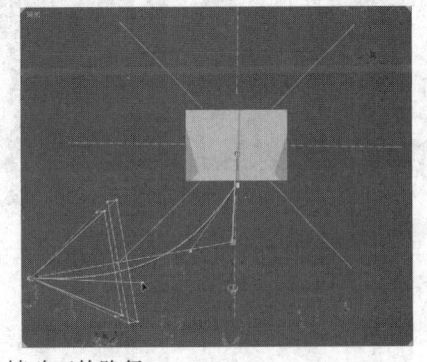

图 8-51 调整关键帧动画的路径

16 执行"动画→关键帧辅助→缓入"命令，将"位置"参数在第 9 秒的关键帧设置为缓入关键帧，如图 8-52 所示。

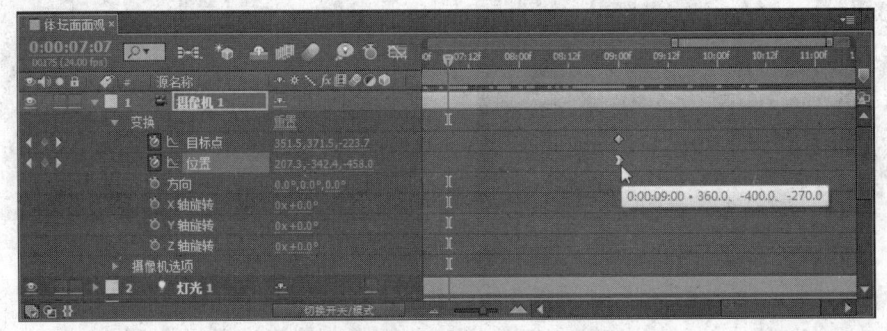

图 8-52 设置位移动画缓入效果

17 将时间指针移动到第 9 秒的位置,执行"图层→新建→文本"命令,新建一个文本图层,输入文字"体坛面面观",并在"字符面板"中设置好文字属性,如图 8-53 所示。

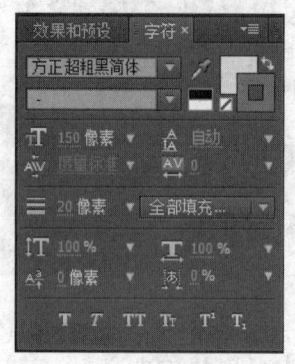

图 8-53 新建文本图层

18 在工具面板中选择"椭圆工具" ,在文本图层上按住"Shift"键绘制一个圆形的蒙版,然后在文本图层的属性选项中展开"路径选项"并在"路径"下拉列表中选择新绘制的蒙版作为文本对象的对齐路径,并将"反转路径"、"垂直于路径"、"强制对齐"选项都设置为开启,设置"首字边距"为45.0,使文本对象形成一个环形,如图 8-54 所示。

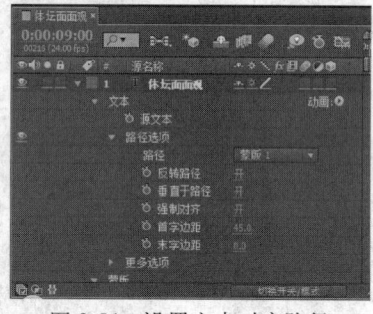

图 8-54 设置文本对齐路径

19 打开文本图层的 3D 开关,展开文本的"变换"选项,将其"锚点"参数修改为"328.5,−23.5,0.0";将"位置"参数修改为"360.0,530.0,5.0";将"X 轴旋转"参数修改为−90°,将 3D 文本图层放置在 8 张图片所形成的圆环中心,如图 8-55 所示。

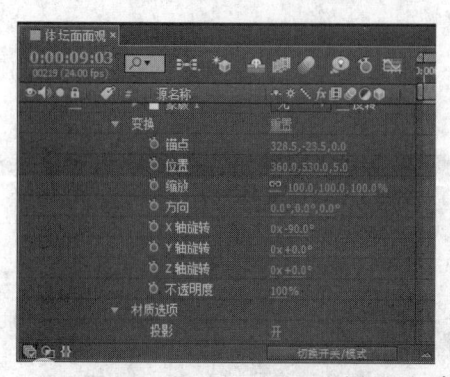

图 8-55 排列文本图层

20 选择文本图层,按 I 键将时间指针定位到图层的入点位置。按 P 键后,再按"Shift+R"键,展开图层的"位置"和"旋转"选项,为文本图层创建逐渐显现的关键帧动画,并将两个结束关键帧都设置为缓入,如图 8-56 所示。

		00;00;09;00	00;00;10;00
⏱	位置	360.0,610.0,5.0	360,500.0,5.0
⏱	Z 轴旋转	0x+0.0°	1x+0.0°

图 8-56　创建关键帧动画

21 执行"图层→新建→纯色"命令,新建一个品蓝色的纯色图层,将其移动到时间轴窗口中的最下层,作为影片画面的背景色,完成效果如图 8-57 所示。

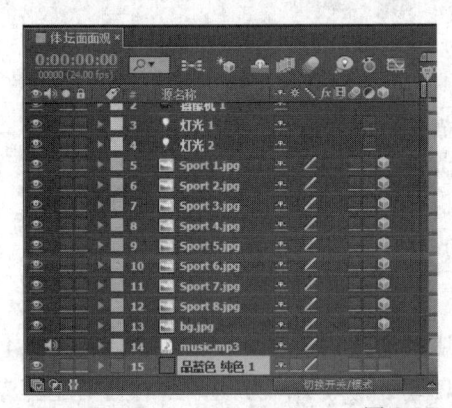

图 8-57　新建纯色背景图层

22 按"Ctrl+S"保存项目。按"Ctrl+M"命令,打开"渲染队列"面板,设置合适的渲染输出参数,将编辑好的合成项目输出为影片文件,欣赏完成效果,如图 8-58 所示。

图 8-58　观看影片完成效果

8.5 课后习题

一、填空题

（1）在 3D 图层的"变换"属性中，"方向"与"旋转"的区别在于创建动画时，"方向"选项的参数值在_____之间，在创建关键帧动画时，只能_____；而"旋转"属性都可以旋转若干圈。

（2）在_____坐标系中，坐标与合成的绝对坐标对齐，始终显示三维空间的坐标，不会随图层旋转。

（3）在打开灯光层的"投影"属性状态下，将 3D 素材图层的"投影"属性设置为_____，可以只显示投影而不显示图层。

（4）在时间轴窗口展开摄像机层的属性选项，将_____设置为打开状态，可以使拍摄到的画面，在焦点位置上的图像清晰，在焦点以外的图像，相距越远越模糊。

二、选择题

（1）在一个 3D 的纯色图层上看见其他图层在上面的投影，需要将其（　　）选项设置为"开"。

  A．投影　　　　　B．接受投影　　　C．接受灯光　　　D．阴影深度

（2）在焦距确定的情况下，摄像机图层的（　　）的参数值会直接影响拍摄的景深效果。该数值为 0 时，没有景深效果。

  A．缩放　　　　　B．焦距　　　　　C．光圈　　　　　D．视角

（3）要使场景中在目标位置的每个对象都被照亮，需要创建（　　）类型的灯光图层。

  A．平行　　　　　B．聚光　　　　　C．点　　　　　　D．环境

三、上机实训

打开本书配套实例光盘中的\Chapter 8\3D 影片制作练习\Export\动感立体相册.mp4 文件，如图 8-59 所示，在观看过程中分析所运用的编辑功能与制作方法，然后利用配套光盘中\Chapter 8\3D 影片制作练习\Media 目录下准备的素材文件创建合成，配合利用 3D 图层和摄像机、灯光的特性，制作完成这个动感立体相册影片。

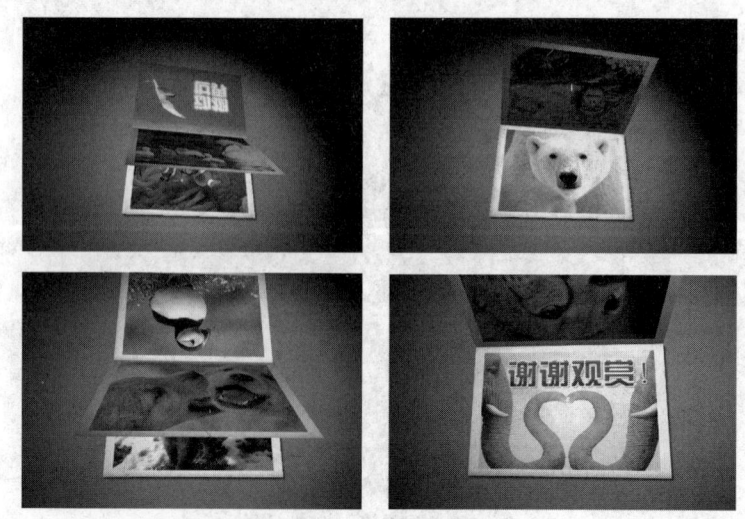

图 8-59　影片完成效果

第 9 章　图像处理特效

📖 **学习要点**

- ➢ 了解"扭曲"、"模糊和锐化"、"生成"等特效的功能与参数设置
- ➢ 通过实例练习,熟悉并掌握特效命令的应用方法

After Effects CC 具有强大的后期特效处理能力,提供了 21 个大类、200 多个特效命令,可以分别应用于各种类型的视觉特效制作。在前面的抠像、色彩校正等功能的学习中,已经了解并练习了一些在影视后期处理中常用的特效命令。本章将介绍一些在图像处理与特效生成方面的常用特效,进一步体验 After Effects CC 优秀的后期特效处理功能。

9.1　扭曲特效

"扭曲"类特效主要用于对图像进行扭曲处理,模拟出 3D 空间变换效果。

9.1.1　贝塞尔曲线

此特效通过调节围绕在图像周围的闭合的贝塞尔曲线,来改变图像形状,如图 9-1、图 9-2 所示。

- X 顶点:设置各个顶点手柄的位置。X 代表各个顶点设置手柄名称。
- X 切点:设置各个切点设置手柄的位置。X 代表各个切点设置手柄的名称。
- 品质:设置图像边缘与贝塞尔曲线对于图形的接近程度。数值越高,图形的边缘越接近贝塞尔曲线,如图 9-2 所示。

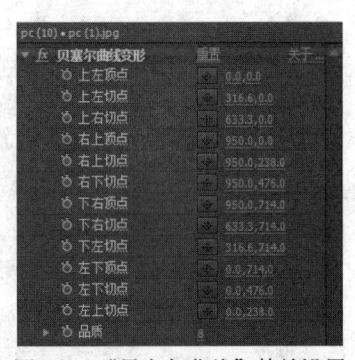

图 9-1　"贝塞尔曲线"特效设置

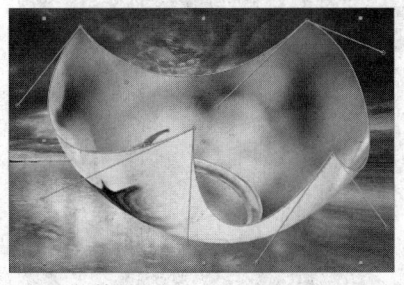

图 9-2　应用"贝塞尔曲线"特效

9.1.2　边角定位

此特效通过定位图像的 4 个边角拉伸图像,得到图像在空间上的透视效果,如图 9-3、

图 9-4 所示。
- 左上：用于设置左上角设置点位置。
- 右上：用于设置右上角设置点位置。
- 左下：用于设置左下角设置点位置。
- 右下：用于设置右下角设置点位置。

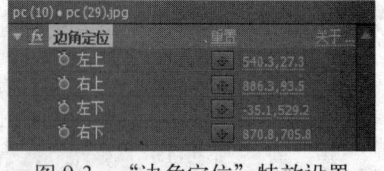

图 9-3 "边角定位"特效设置

图 9-4 应用"边角定位"特效

9.1.3 变换

此特效主要针对二维图像进行基本的扭曲变形，如图 9-5 所示。
- 锚点：设置变形区域的中点，默认是与图像中心点相同的位置。
- 位置：设置图像的位置。
- 统一缩放：设置高度和宽度是否关联。勾选该复选项后，调整缩放高度和缩放高度中任意一个数值，那么另外一个也将随之改变；取消勾选时，调整缩放高度和缩放高度中任意一个，不会影响另一个。
- 缩放高度：设置当前层的高度。
- 缩放宽度：设置当前层的宽度。
- 倾斜：设置倾斜程度。数值为正数时，向右倾斜；数值为负数时，向左倾斜，如图 9-6 所示。

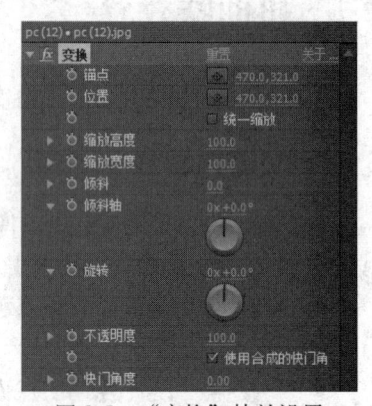

图 9-5 "变换"特效设置

图 9-6 设置倾斜程度

- 倾斜轴：设置倾斜角度，如图 9-7 所示。
- 旋转：设置 Z 轴旋转角度，如图 9-8 所示。

图 9-7 设置倾斜角度　　　　　图 9-8 设置旋转角度

- 不透明度：设置图像的不透明度。
- 使用合成的快门角度：激活该选项，当进行运动模糊的时候，将使用合成视图的快门角度。
- 快门角度：设置运动模糊的程度。

9.1.4 变形

此特效主要是对图像进行不同的变形操作，可以转换为各种几何图形，如图 9-9 所示。

- 变形样式：可以在该下拉菜单中选择变形的几何形状，如图 9-10 所示。
- 变形轴：选择扭曲效果的坐标方向，包括水平和垂直两种方向，如图 9-11 所示。

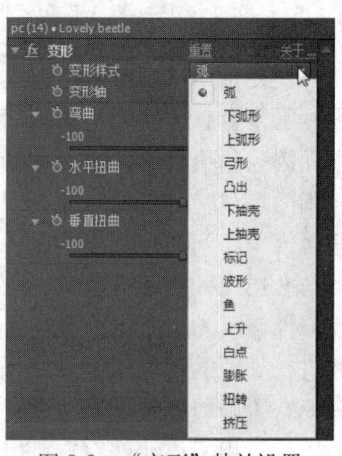

图 9-9 "变形"特效设置

图 9-10 选择几何变形

图 9-11 选择扭曲效果的坐标方向

- 弯曲：设置扭曲效果的程度，如图 9-12 所示。
- 水平扭曲：设置水平方向的扭曲程度。
- 垂直扭曲：设置垂直方向的扭曲程度。

图 9-12　设置扭曲效果的程度

9.1.5　变形稳定器 VFX

在使用手持摄像机的方式拍摄视频时，拍摄得到的视频常常会有比较明显的画面抖动。该特效用于对视频画面因为拍摄时的抖动造成的不稳定进行修复处理，减轻画面播放时的抖动问题。应用该特效，需要素材的视频属性与序列的视频属性保持相同。在操作时，需要准备与合成序列相同视频属性的素材，或将合成序列的视频属性修改为与所使用视频素材的视频属性一致。另外，要进行处理的视频素材最好是固定位置拍摄的同一背景画面，否则程序可能无法进行稳定处理的分析。在为视频素材应用了该特效后，可以在效果控件面板中设置其选项参数，如图 9-13 所示。

- 分析/取消：单击"分析"按钮，开始对视频播放时前后帧的画面抖动差异进行分析。如果合成序列与视频素材的视频属性一致，则在抖动分析完成后，将显示为"应用"，单击该按钮即可应用当前的特效设置；单击"取消"按钮可以中断或取消抖动的分析。

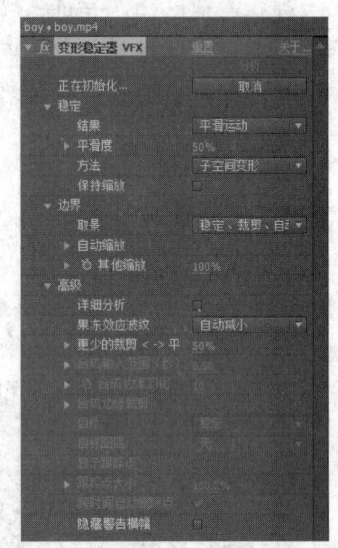

图 9-13　"变形稳定器 VFX"特效设置

- 结果：在该下拉列表中可以选择采用何种方式进行画面稳定的运算处理。选择"平滑运动"，则可以允许保留一定程度的画面晃动，使晃动变得平滑，可以在下面的"平滑度"选项中设置平滑程度，数值越大，平滑处理越好；选择"无运动"，则以画面的主体图像作为整段视频画面的稳定参考，对后续帧中因为抖动而产生的位置、角度等差异，通过细微的缩放、旋转调整，得到最大化稳定效果。

- 方法：根据视频素材中画面抖动的具体问题，在此下拉列表中选择对应的处理方法，包括"位置"、"位置，缩放，旋转"、"透视"、"子空间变形"。例如，如果视频素材的画面抖动主要是上下、左右的晃动，则选择"位置"选项即可；如果抖动较为剧烈且有角度、远近等细微变化，则选择"子空间变形"选项可以得到更好的稳定效果。

- 取景：在对视频画面应用所选"方法"的稳定处理后，将会出现因为旋转、缩放、移动了帧画面而导致的画面边缘不整齐的问题，可以在此选择对所有帧的画面边缘进行整齐的方式，包括"仅稳定"、"稳定，裁剪"、"稳定，裁剪，自动缩放"、"稳定、合成边缘"。例如，选择"仅稳定"，则保留各帧画面边缘的原始状态；选择"稳定，裁剪，自动缩放"，则可以对画面边缘进行裁切整齐、自动匹配合成序列画面尺寸的处理。

- 自动缩放：该选项只在上一选项中选择了"稳定，裁剪，自动缩放"时可用，用于设置对帧画面进行缩放来匹配稳定时的最大放大程度。
- 详细分析：勾选该选项，可以重新对视频素材进行更精细的稳定处理分析。
- 果冻效应波纹：在该选项的下拉列表中，可以选择对因为缩放、旋转调整产生的画面场序波纹加剧问题的处理方式，包括"自动减少"和"增强减少"。
- 更少的裁剪<->平滑更多：在此设置较小的数值，则执行稳定处理时偏向保持画面完整性，稳定效果也较好；设置较大的数值，则执行稳定处理时偏向使画面更稳定、平滑，但对视频画面的处理会有更多的缩放或旋转处理，会降低画面质量。
- 合成输入范围：在"取景"选项中选择"稳定、合成边缘"时可用，用于设置从视频素材的第几帧开始进行分析。
- 合成边缘羽化：在"帧"选项中选择"稳定、合成边缘"时可用，设置在对帧画面边缘进行缩放、裁切处理后的羽化程度，使画面边缘的像素变得平滑。
- 合成边缘裁剪：可以在展开此选项后，分别手动设置对各边缘的裁剪距离，可以得到更清晰整齐的边缘，单位为像素。

9.1.6 波纹

此特效可以在图像上模拟波纹效果，如图9-14所示。

- 半径：设置波纹的半径。当波纹的范围超过边缘的时候，图形的边缘也发生改变，如图9-15所示。

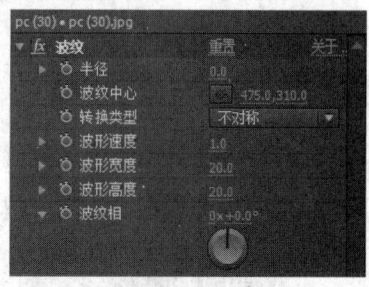

图9-14 "波纹"特效

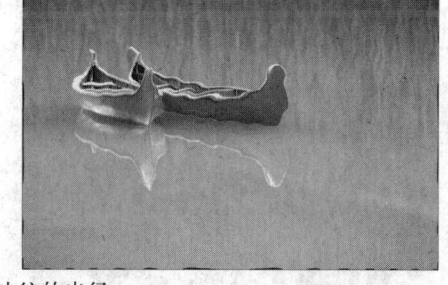

图9-15 设置波纹的半径

- 波纹中心：设置波纹的中心位置，如图9-16所示。

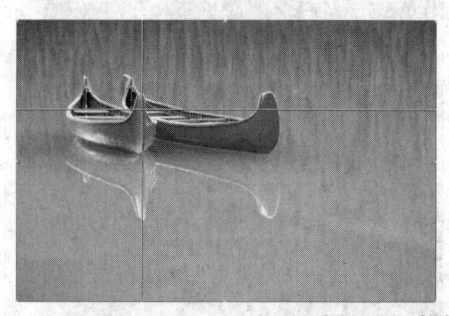

图9-16 设置波纹的中心位置

- 转换类型：选择波纹的形状。"不对称"为随机波纹形状，效果自然真实；"对称"为对称规则波纹形状，褶皱比"不对称"少。

- 波纹速度：设置波纹运动方式。数值为负时，波纹向内运动；数值为正时，波纹向外运动。
- 波纹宽度：设置波纹的密度，如图9-17所示。
- 波纹高度：设置波纹的振荡幅度，如图9-18所示。

图9-17 设置波纹的密度

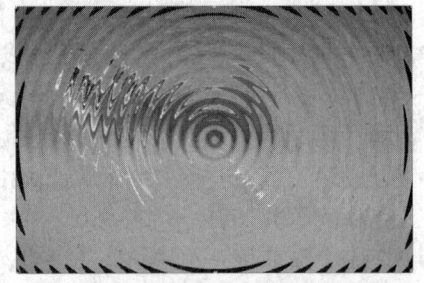

图9-18 设置波纹的振荡幅度

- 波纹相：设置波纹产生的初始形状角度。

9.1.7 波形变形

此特效可以使图像生成波纹效果，而且可以自动生成匀速抖动动画，如图9-19所示。

- 波浪类型：可以在该下拉菜单中选择波纹效果，共有9种波纹效果，如图9-20所示。
- 波形高度：设置波纹抖动的幅度。
- 波形宽度：设置波纹的密度。数值越大，距离越宽，如图9-21所示。

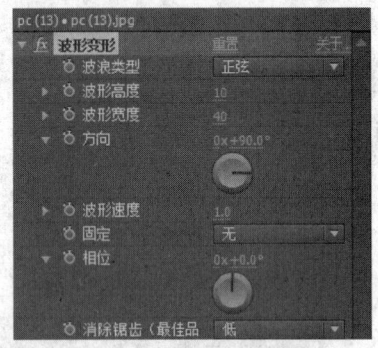

图9-19 "波形变形"特效设置

图9-20 选择波纹效果

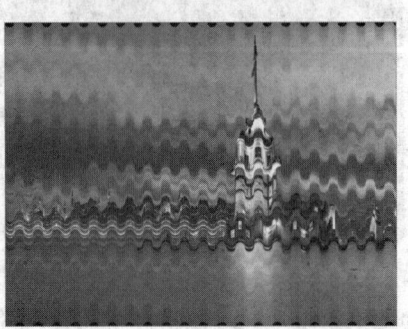

图9-21 设置波纹的密度

- 方向：设置波纹抖动方向。
- 波形速度：设置波纹的运动参数。正数时是从左到右，负数时则相反。
- 固定：可以在该下拉菜单中选择需要固定图像像素的边缘，防止边缘变形。
- 相位：平行移动波纹，调整其位置。
- 消除锯齿：选择对变形边缘所产生锯齿的消除程度。"低"效果最差；"中"各项比较平均；"高"效果最好。

> TIPS：同一类特效中的特效命令，它们的参数选项有不少相同的部分。对于已经介绍过的参数选项在其他特效命令中重复的，不再重复赘述，可以查看该位置之前命令的介绍说明。

9.1.8 放大

此特效可以放大所选的图像区域，并对图像进行优化，保持其画质，如图9-22所示。

- 形状：选择放大区域的形状，包括圆形和正方形，如图9-23所示。
- 中心：设置放大区域的中心。
- 放大率：设置放大倍数，最大可以放大到2000%，如图9-24所示。

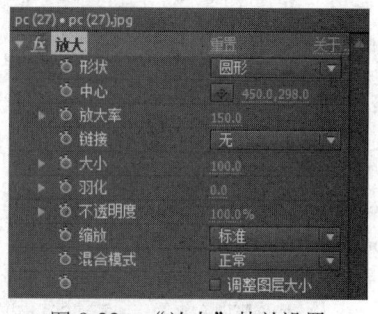

图9-22 "放大"特效设置

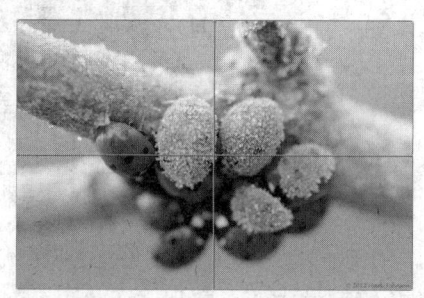

图9-23 选择放大区域的形状

图9-24 设置不同的放大倍数

- 链接：设置放大的3项系数（大小、羽化、放大率）之间的匹配关联方式。
- 大小：设置放大区域的尺寸。
- 羽化：设置放大区域边缘的羽化程度，如图9-25所示。
- 不透明度：设置放大区域的不透明度。

- 缩放：选择放大区域内图像的缩放类型以优化放大的图形。
- 混合模式：设置放大区域和原图像的混合方式，与图层的混合模式相似，如图 9-26 所示。

图 9-25　设置羽化程度　　　　　　　图 9-26　设置混合方式

- 调整图层大小：当"链接"选项为"无"时，该选项被激活。当勾选该选项后，如果放大区域超出原图像的尺寸边界，特效将继续按放大区域边缘来显示放大区域。如果没有勾选该选项，放大区域超出原图像的尺寸边界时，将按原图像的尺寸边界来限制放大区域的边界范围。

9.1.9　改变形状

此特效的主要功能是通过同一层中的 3 个蒙版（源蒙版、目标蒙版和边界蒙版）来产生变形效果，如图 9-27 所示。

- 源蒙版：选择设置源蒙版。
- 目标蒙版：选择设置目标蒙版。
- 边界蒙版：选择设置边界蒙版。
- 百分比：设置变形强度的百分比。

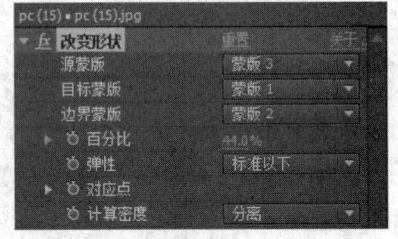

图 9-27　"改变形状"特效设置

- 弹性：设置原图像和蒙版边缘的匹配程度。"生硬"选项变形程度最小，"正常"选项效果适中，"超级流体"选项可以产生类似流体的最大变形效果。
- 对应点：指定源蒙版和目标蒙版对应点的数量。
- 计算密度：设置插值方式。"分离"选项是离散处理方式，不创建关键帧，效果最好；"线性"选项是线性处理方式，创建关键帧，并在关键帧之间设置线性变化；"平滑"选项是平滑处理方式，创建多个关键帧，使变形过程更加平滑，如图 9-28 所示。

图 9-28　应用"改变形状"特效

9.1.10 光学补偿

此特效的主要功能是模拟相机镜头拍摄的畸变效果，如图9-29所示。

- 视场（FOV）：设置畸变中心的程度，数值越大，变形越大，如图9-30所示。
- 反转镜头扭曲：设置反转镜头的扭曲度，如图9-31所示。

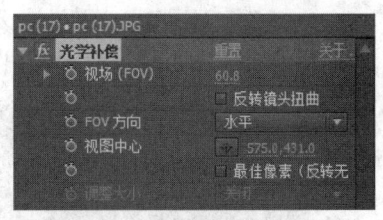

图9-29 "光学补偿"特效设置

图9-30 设置视觉区域

- FOV方向：设置视觉区域的方位，有"水平"、"垂直"和"对角"3种模式。
- 视图中心：设置畸变效果的位置中心，如图9-32所示。

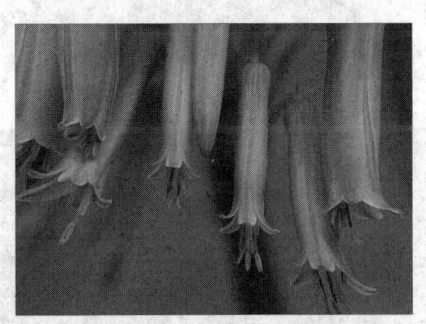

图9-31 反转镜头扭曲

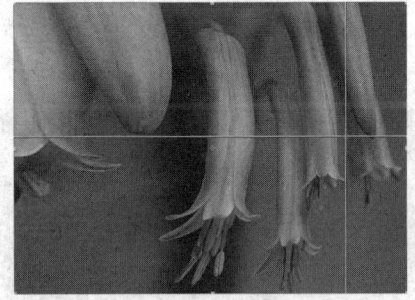

图9-32 设置畸变中心

- 最佳像素：优化扭曲后的图像。
- 调整大小：调节视觉区域的范围，起放大的作用。该选项在勾选"反转镜头扭曲"选项时可用。

9.1.11 果冻效应修复

摄像应用中的果冻效应是指被拍摄物体相对于摄像机高速运动时，由于摄像机曝光时间不足或快门速度相对不够，而在拍摄画面中产生的模糊、扭曲、摇摆不定或曝光不完全等现象。此特效就是专门用于减轻、修复视频素材中存在的果冻效应问题，如图9-33所示。

- 果冻效应率：用于设置对画面中果冻效应问题的修复程度。
- 扫描方向：用于指定进行修复处理的隔行扫描重置方向。

图9-33 "果冻效应修复"特效设置

- 方法：用于设置对视频素材中分析得到的果冻效应进行修复处理的方法，包括"变形"和"像素运动"，选择需要的方法后，在下面对应的选项中可以设置使用该方法对果冻效应的处理强度，如图9-34所示。

图9-34　应用"果冻效应修复"特效

9.1.12　极坐标

此特效主要用于在图像的直角坐标系与极坐标系间互相转换，得到不同的变形效果，如图9-35所示。

- 插值：设置扭曲的程度，如图9-36所示。
- 转换类型：该下拉列表中，"矩形到极线"可以将直角坐标系转为极坐标系。"极线到矩形"将极坐标系转为直角坐标系，如图9-37所示。

图9-35　"极坐标"特效设置

图9-36　设置扭曲的程度

矩形到极线　　　　　　　　　　　极线到矩形

图9-37　坐标系互换

9.1.13 镜像

此特效可以在图像的任意位置和角度创建反射线并产生镜像效果,如图9-38所示。

- 反射中心:设置反射线的位置,如图9-39所示。
- 反射角度:设置反射角度。反射中心移动后,角度反射效果也相应改变,如图9-40所示。

图9-38 "镜像"特效设置

图9-39 设置反射线的位置

图9-40 设置反射角度

9.1.14 偏移

此特效是在原图像范围内重新分割画面。移动原图像的中心点,随着中心点的移动原图像内容在原图像的范围内移动,移出画面的部分将自动填补到缺省的部分,如图9-41所示。

图9-41 "偏移"特效设置

- 将中心转换为:设置原图像的偏移中心,如图9-42所示。

图9-42 设置原图像的偏移中心

- 与原始图像混合:设置效果图像与原始图像的混合程度。

9.1.15 球面化

此特效可以使图像表面产生球面化效果,如图 9-43 所示。

- 半径:设置球面化半径大小,如图 9-44 所示。
- 球面中心:设置球面中心位置。位置可以在图像范围内,也可以在范围外。

图 9-43 "球面化"特效设置

图 9-44 设置球面化半径

9.1.16 凸出

此特效可以在一个指定点周围进行扭曲,模拟凸凹透镜效果或放大镜效果,如图 9-45 所示。

- 水平半径:设置变形的水平半径,最大数值为 8000。
- 垂直半径:设置变形的垂直半径,最大数值为 8000。
- 凸出中心:设置凸出变形的定位点。
- 凸出高度:设置凸出变形的方向和程度。如果数值为正,表现的是凸出效果;如果数值为负,表现的是凹陷的效果,如图 9-46 所示。

图 9-45 "凸出"特效设置

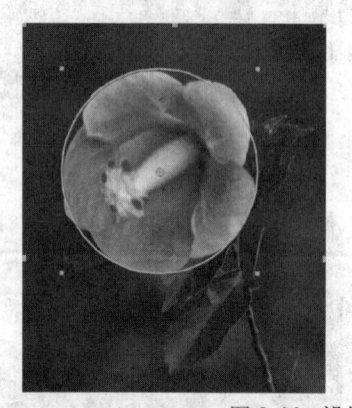

图 9-46 设置不同的凸出高度

- 锥形半径:设置凸出变形半径大小。
- 消除锯齿:设置对图像变形所产生的锯齿的消除程度。
- 固定所有边缘:勾选该复选框,可以固定图像的边界,防止边界变形。

9.1.17 湍流置换

此特效是利用分形噪波对图像进行扭曲变形，模拟出物体表面的纹理图案、流水和波动的效果等，如图 9-47 所示。

- 置换：可以在该下拉菜单中选择对图像进行偏移扭曲的类型，包括"湍流"、"凸出"和"扭转"选项。"湍流"是对图像做倾斜角度的扭曲变形。"凸出"效果更倾向于把图像向中间挤压，类似压扁的效果。"扭转"是将图像由两边向中间挤压变形并略带螺旋状影响。"湍流\凸出\扭转较平滑"是分别针对"湍流"、"凸出"和"扭转"操作后的效果做平滑优化。"垂直置换"只在垂直方向对图像做扭曲操作。"水平置换"只在水平方向对图像做扭曲操作。"交叉置换"在垂直方向和水平方向都做扭曲变形操作，如图 9-48 所示。

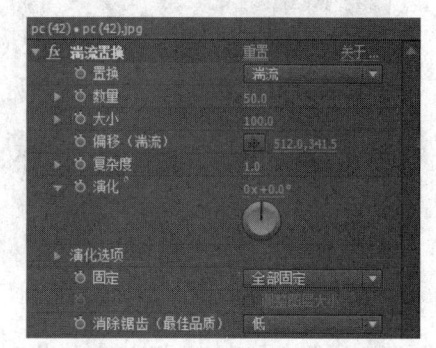

图 9-47 "湍流置换"特效设置

图 9-48 不同的扭曲类型

- 数量：设置特效的施加程度，数值越大，扭曲效果越明显。
- 大小：设置扭曲的幅度大小，如图 9-49 所示。

图 9-49 设置不同的扭曲幅度

- 偏移（湍流）：设置抖动的偏移量。
- 复杂度：设置扭曲的细节程度。数值越大，图像被扭曲得越厉害，同时细节也越精确，如图 9-50 所示。
- 演化：设置扭曲在一定时间范围内的累计效果。
- 演化选项：选择渲染"演化"的方式。
- 固定：可以在该下拉菜单中选择锁定图像边缘的方式。

图 9-50 设置不同的复杂度

- 调整图层大小：可以使扭曲效果扩展到图像边缘外。在"全部固定"和"锁定全部固定"选项可用时，该属性不可用。
- 消除锯齿：设置扭曲后图像的抗锯齿效果。

9.1.18 网格变形

此特效主要功能是应用网格化的贝塞尔曲线来设置图像的变形，如图 9-51 所示。

- 行数：设置网格的行数。数值最大不超过 31。
- 列数：设置网格的列数。数值最大不超过 31，如图 9-52 所示。
- 品质：对拉伸区域图形进行优化，使画面更平滑自然。
- 扭曲网格：用于编辑扭曲变形动画时创建关键帧。

图 9-51 "网格变形"特效设置

图 9-52 设置行数和列数并变形图像

9.1.19 旋转扭曲

此特效的主要功能是旋转指定中心点周围的像素排列，模拟出旋涡效果，如图 9-53 所示。

- 角度：设置旋转的角度，也就是旋转的程度，如图 9-54 所示。
- 旋转扭曲半径：设置旋转半径，如图 9-55 所示。
- 旋转扭曲中心：设置旋涡特效的中心位置，如图 9-56 所示。

图 9-53 "旋转扭曲"特效设置

图 9-54 设置旋转的角度

图 9-55 设置旋转半径

图 9-56 设置旋涡特效的中心位置

9.1.20 液化

此特效提供了一系列工具，并可以通过选项设置对图像的任意区域进行旋转、膨胀、收缩等变形，如图 9-57 所示。

- （变形）：该工具可以模拟手指涂抹的效果，选择后直接在图像上按住鼠标并拖动即可，如图 9-58 所示。
- （湍流）：通过扰乱图像的像素使图像变形，产生类似波纹的效果，但变形程度不大，如图 9-59 所示。
- （顺时针旋转扭曲）：选择这个工具后，在图像上按住鼠标，该区域像素将按顺时针方向旋转变形。按住鼠标时间越久，旋转变形越大，如图 9-60 所示。

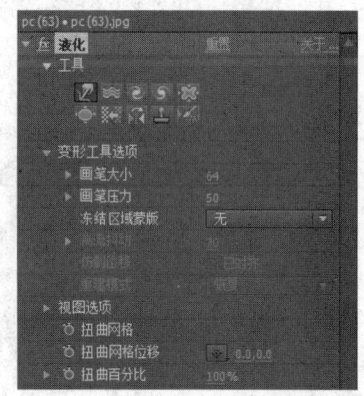

图 9-57 "液化"特效设置

图 9-58 使用"变形"工具涂抹

图 9-59 使用"湍流"工具变形图像

- ⬛ (逆时针旋转扭曲):选择这个工具后,在图像上按住鼠标,该区域像素将按逆时针方向旋转变形。按住鼠标时间越久,旋转变形越大,如图 9-61 所示。

图 9-60 顺时针旋转变形图像 　　　　图 9-61 逆时针旋转变形图像

- ⬛ (凹陷):按住鼠标不动或来回在图像上拖动,笔刷区域的像素点集中向笔刷中心聚集,如图 9-62 所示。
- ⬛ (膨胀):与"凹陷"工具相反,将像素点以笔刷为中心,向四周扩散,如图 9-63 所示。

图 9-62 像素聚集效果 　　　　图 9-63 像素膨胀效果

- ⬛ (转移):以笔刷移动方向相垂直的方位来进行变形,如图 9-64 所示。
- ⬛ (反射):向笔刷区域复制周围像素来变形图像,如图 9-65 所示。

图 9-64 垂直变形 　　　　图 9-65 复制周围的图像

- ：在按住 Alt 键的同时，在已经应用了扭曲效果的区域按下鼠标左键，定位复制区域，然后移动到其他地方按下鼠标，即可将该位置的扭曲效果复制给新的位置，如图 9-66 所示。

图 9-66 复制周围的图像

- ![]重建：恢复被变形笔刷修改过的区域的像素。
- 变形工具选项：随所选工具的不同而有不同的设置选项。
- 画笔大小：设置画笔笔刷的大小。
- 画笔压力：设置画笔笔刷的压力值，压力越小则变化越慢。
- 冻结区域蒙版：选择"无"选项时特效的整个区域都产生变化。如果选择了一个蒙版层，则蒙版外的区域受笔刷影响，蒙版内的区域会根据蒙版层自身的不透明度和羽化程度来计算变形程度。
- 湍流抖动：设置"湍流"工具扰乱像素的疏密程度。
- 仿制位移：设置"仿制"工具的偏移方向。
- 重建模式：选择合适的模式来恢复被变形的区域。"恢复"是让非冻结区域恢复到未变形的状态。"置换"是按原样恢复非冻结区域来匹配重建工具最初的位置，该选项可以使图像恢复到原始状态。"放大扭转"表示恢复非冻结状态，以匹配重建工具起点的位置、旋转和缩放。"仿射"表示选项恢复非冻结区域以匹配重建工具最初位置的所有局部变形，包括位置、旋转、水平和垂直缩放、歪斜。
- 视图选项：设置显示辅助选项。勾选"视图网格"，可以显示辅助网格，帮助参考变形的范围，然后设置需要的网格大小和网格的颜色。
- 扭曲百分比：默认为 100%，可以加强或降低涂抹的液化效果，数值范围为 0~200%。

9.1.21 置换图

此特效通过用一张作为映射层的图像的像素来置换原图像像素，从而达到变形的目的，如图 9-67、图 9-68 所示。

- 置换图层：选择要作为映射图像的图层。
- 用于水平/垂直置换：选择水平或垂直方向上要应用的置换通道。
- 最大水平/垂直置换：设置置换图层的水平或垂直位置。

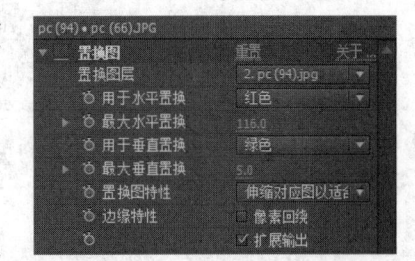

图 9-67 "置换图"特效设置

- 置换图特性：选择将置换图以何种方式进行映射置换。
- 边缘特性：勾选"像素回绕"选项，可以锁定边缘像素，将效果控制在边缘内；勾选

"扩展输出",则使效果伸展到原图像边缘外。

图 9-68 应用"置换图"特效

9.1.22 漩涡条纹

此特效通过使用蒙版在图像中自定义一个区域，然后通过改变蒙版位置对原图像的区域进行"涂抹"变形，如图 9-69、图 9-70 所示。

- 源蒙版：选择源蒙版。在默认状态下，系统选择第二个蒙版作为源蒙版。
- 边界蒙版：选择边界蒙版。
- 蒙版位移：设置源蒙版的偏移量。
- 蒙版旋转：设置源蒙版的旋转角度。
- 蒙版缩放：设置源蒙版的缩放。

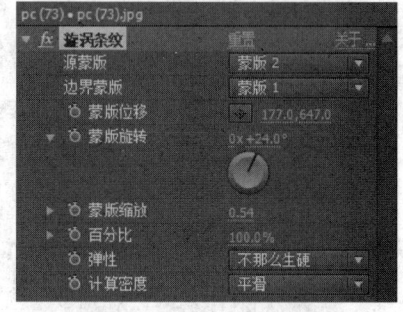

图 9-69 "漩涡条纹"特效设置

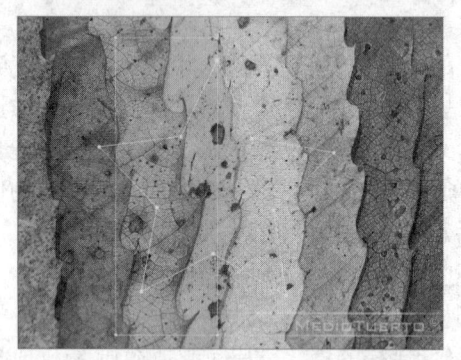

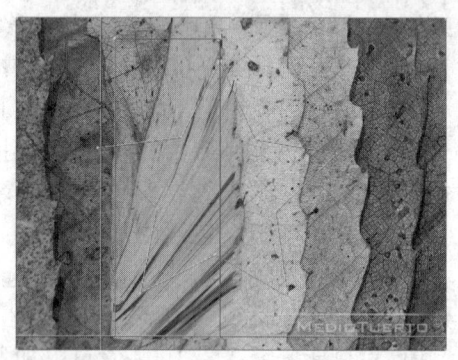

图 9-70 设置变形蒙版

- 百分比：设置特效最终效果呈现的百分比。
- 弹性：设置原图像和蒙版边缘的匹配程度。
- 计算密度：设置关键帧之间的过渡优化方式
  - ➢ 分离：离散算法，不需要插入关键帧。
  - ➢ 线性：需要两个以上的关键帧，执行的是线形算法。
  - ➢ 平滑：需要 3 个以上的关键帧，但变形效果更好。

9.2 "模糊和锐化"特效

"模糊和锐化"类特效命令主要用于调整图像的清晰程度，产生模糊或锐化的变化效果。

9.2.1 定向模糊

此特效可以通过调节模糊强度，得到在指定方向上不同程度的模糊效果，如图 9-71 所示。

- 方向：通过调整角度数值或滑轮指向设置的模糊方向，如图 9-72 所示。
- 模糊长度：调节模糊的强度。数值为 0～1000 之间，如图 9-73 所示。

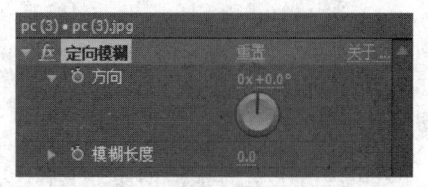

图 9-71 "定向模糊"特效设置

图 9-72 设置模糊方向

图 9-73 设置不同的模糊强度

9.2.2 钝化蒙版

此特效用于在图像中的颜色边缘增加对比度，使画面整体对比度增强，如图 9-74 所示。

- 数量：设置边缘锐化程度。默认范围是 0~100，最大不超过 500，如图 9-75 所示。

图 9-74 "钝化蒙版"特效设置

图 9-75 设置边缘锐化程度

- 半径：设置图像受影响的范围。数值越高，受影响范围越大，反之越小。默认数值是0.1~100之间，最大不超过500。
- 阈值：设置图像边界容差范围，数值越大，则杂点越少，但画面质感将降低。

9.2.3 方框模糊

此特效主要以邻近像素颜色的平均值为基准，使图像产生带有色散效果的方形像素模糊，模糊效果比较平均。其参数设置选项如图9-76所示。

- 模糊半径：设置模糊半径。数值越高，模糊效果越明显，如图9-77所示。

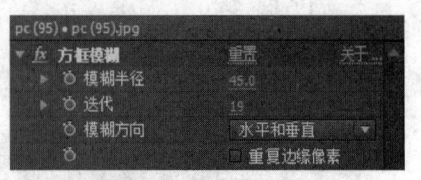

图9-76 "方框模糊"特效设置

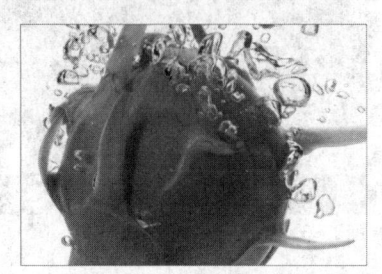

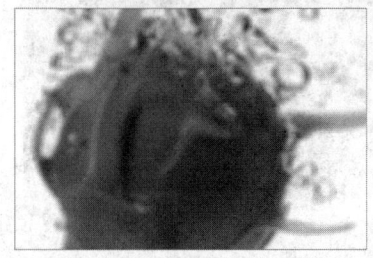

图9-77 设置模糊半径

- 迭代：设置模糊效果的反复叠加。
- 模糊方向：设置模糊的方向。
    - 水平和垂直：同时在两个方向进行模糊处理。
    - 水平：只在水平方向模糊。
    - 垂直：只在垂直方向模糊，如图9-78所示。

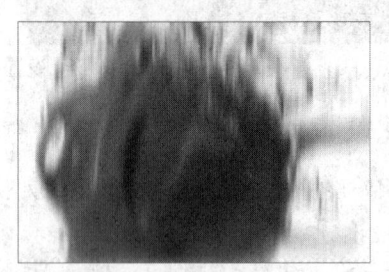

图9-78 设置模糊的方向

- 重复边缘像素：对图像进行模糊处理后，图像边缘也会变模糊；勾选该选项，将保持图像边缘的清晰平滑，如图9-79所示。

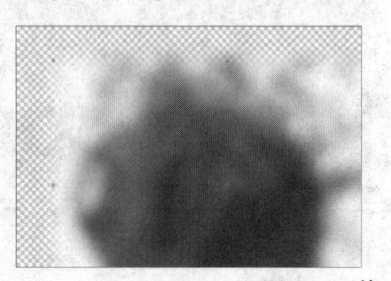

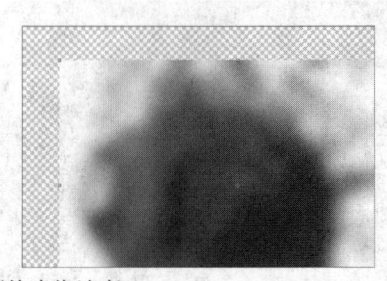

图9-79 使画面的边缘清晰

9.2.4 复合模糊

此特效可以为当前图像指定另外的一个图层作为模糊层，根据模糊层图像中重叠位置的像素明度来影响模糊程度，亮度越高越模糊，如图9-80所示。

- 模糊图层：指定特效的模糊层图像，可以是在当前时间轴窗口中的任何图层，包括该图层本身。如图9-81所示，分别是由原图像本身和指定图像作为模糊层的效果。

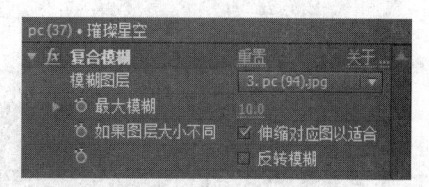

图9-80 "复合模糊"特效设置

图9-81 指定特效的模糊层图像

- 最大模糊：设置可模糊部分的最大值。
- 如果图层尺寸不同：指定图像与被模糊图像尺寸不同时的处理方法。勾选"伸缩对应图以适合"选项，可以调节模糊层尺寸大小来匹配被模糊图像的尺寸，使整个模糊层的效果作用在被模糊图像上。
- 反转模糊：反转模糊效果。

9.2.5 高斯模糊

此特效用于模糊和柔化图像，去除图像中的杂点，如图9-82所示。

- 模糊度：设置模糊的强度，默认数值为 0~50 之间，最大不超过 1000，如图9-83所示。

图9-82 "高斯模糊"特效设置

图9-83 设置模糊的强度

9.2.6 减少交错闪烁

此特效主要通过在小范围内进行像素模糊，消除视频图像中隔行扫描时的闪烁现象，如

图 9-84 所示。
- 柔和度：柔化图像的边界。默认数值为 0~3 之间，最大不超过 1000，如图 9-85 所示。

图 9-84 "减少交错闪烁"设置

图 9-85 减少交错闪烁效果

9.2.7 径向模糊

此特效是以某个点为中心，产生特殊的放射或旋转效果，离中心越远模糊越强，如图 9-86 所示。
- 数量：设置模糊的强度数值，数值越大，模糊越强烈，如图 9-87 所示。
- 中心：设置旋转或放射中心的位置，如图 9-88 所示。
- 类型：选择模糊的类型。
  - 旋转：是指旋转模糊。
  - 缩放：是指放射模糊。如图 9-89 所示。

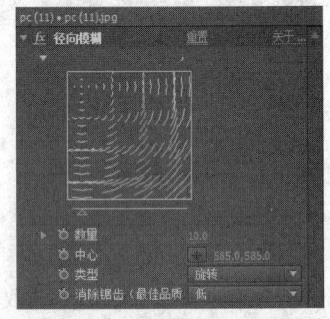

图 9-86 "径向模糊"特效设置

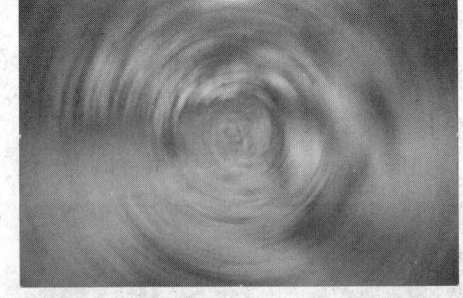

图 9-87 设置模糊的强度

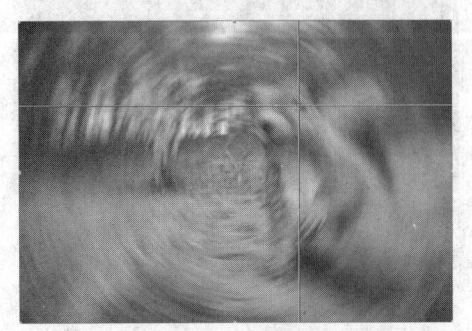

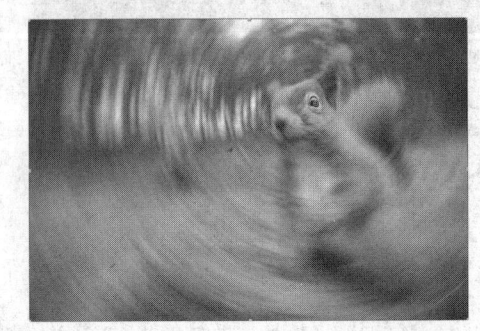

图 9-88 设置旋转或放射中心的位置

图 9-89　旋转模糊与放射模糊

9.2.8　快速模糊

此特效主要用于对大面积图像进行整体、水平或垂直方向的简单模糊，如图 9-90 所示。
- 模糊度：设置模糊的强调。默认设置为 0~127 之间，最大不超过 32767，如图 9-91 所示。
- 模糊方向：设置模糊方向，包括全方向、水平方向、垂直方向。

图 9-90　"快速模糊"特效设置

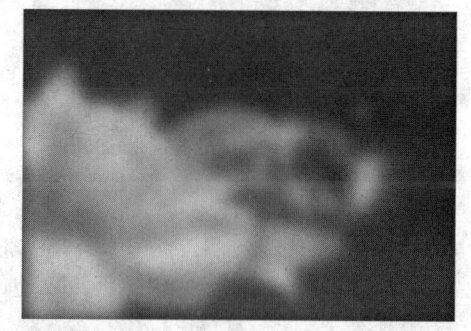

图 9-91　设置模糊的强调

9.2.9　锐化

此特效是对像素边缘的颜色进行突出，使画面更锐利，但锐化过高容易产生浮雕效果，如图 9-92 所示。
- 锐化量：设置锐化程度。默认值为 0~100 之间，最大不超过 4000，如图 9-93 所示。

图 9-92　"锐化"特效设置

图 9-93　设置锐化的程度

9.2.10 摄像机镜头模糊

此特效可以将周围区域模糊来突出一个重点区域，类似用摄像机拍照时设置镜头焦距的拍摄效果，可以制作移轴摄影特效。在指定一个图层作为贴图图层后，可以应用该图层中图像的颜色通道、Alpha 通道或亮度来精确定义需要模糊的区域，如图 9-94 所示。

- 光圈属性：用于设置产生模糊效果时，应用的模糊形状、大小等属性。
  - 形状：设置模糊形状，使模糊呈现对应的多边形效果，包括三角形、正方形、五边形、六边形、七边形、八边形等类型，如图 9-95 所示。
- 圆度：设置多边形边缘的曲率，数值越大越圆滑，如图 9-96 所示。

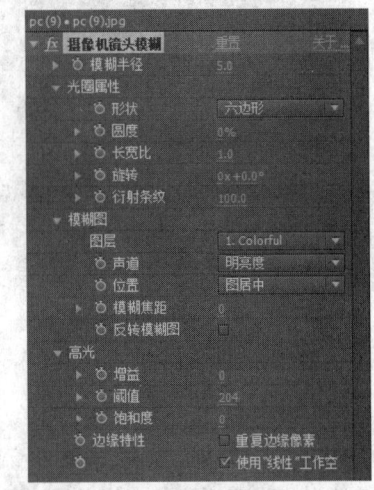

图 9-94 "摄像机镜头模糊"特效设置

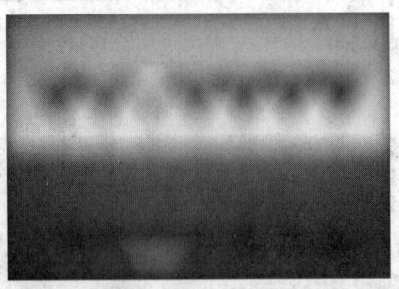

图 9-95 设置不同的多边形类型

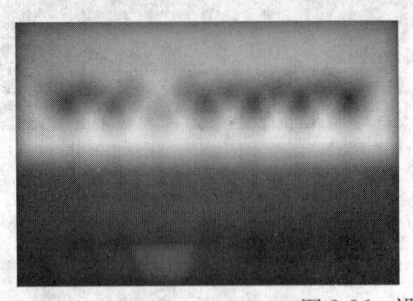

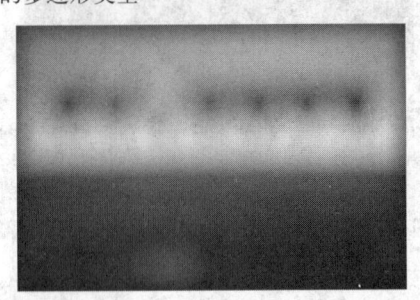

图 9-96 设置不同的圆滑率

- 长宽比：设置模糊效果在指定方向上的模糊程度。
- 旋转：设置模糊效果的模糊方向。
- 衍射条纹：设置模糊像素向周围的衍射程度，如图 9-97 所示。

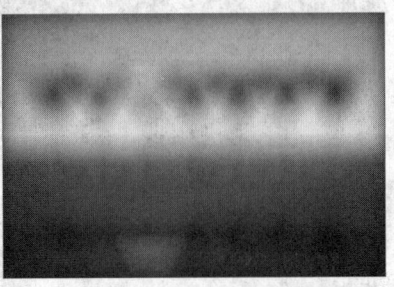

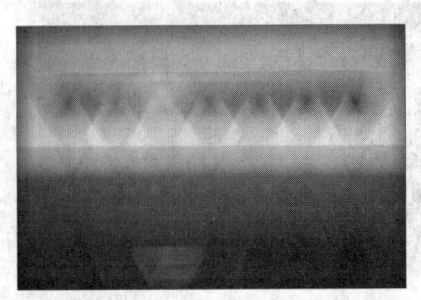

图 9-97 设置不同程度的衍射边缘

- 模糊图：用于指定图层作为模糊贴图层，根据贴图层中的图像形状来应用模糊效果。
  - 图层：选择需要应用为贴图层的图层，如图 9-98 所示。

图 9-98　选择贴图层应用模糊

- 通道：选择要应用贴图图像的那个通道来执行模糊。
- 位置：指定贴图层与被模糊图像尺寸不同时的处理方法。
  - 图居中：则使贴图图像居中。
  - 拉伸图以适合：可以调节贴图层尺寸大小来匹配被模糊图像的尺寸。
  - 焦距模糊：设置聚焦距离。数值越大，则远景越清楚。
  - 反转模糊图：反转贴图和模糊图层的关系，如图 9-99 所示。

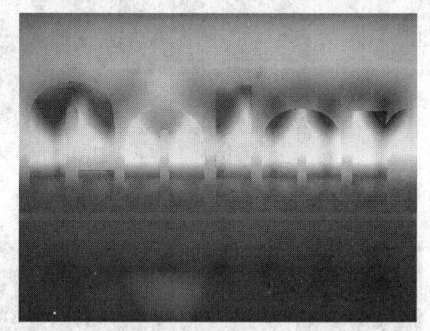

图 9-99　反转贴图深度

9.2.11　双向模糊

此特效通过将像素与周围像素的颜色值进行平均处理，将颜色区域中的褶皱平滑化，并保持图像边缘的锐度，如图 9-100 所示。

- 半径：设置要进行模糊的像素范围大小，如图 9-101 所示。

图 9-100　"双向模糊"特效设置

图 9-101　应用双向模糊

- 阈值：调整像素间双向模糊的应用程度，如图 9-102 所示。
- 彩色化：默认为勾选状态，以保持图像原有的颜色值。取消勾选，则图像变为灰度状态，如图 9-103 所示。

图 9-102　增加阈值来加强模糊 　　　　图 9-103　取消对"彩色化"的勾选

9.2.12　通道模糊

此特效可以分别对图像的各个色彩通道进行模糊处理，其参数设置如图 9-104 所示。

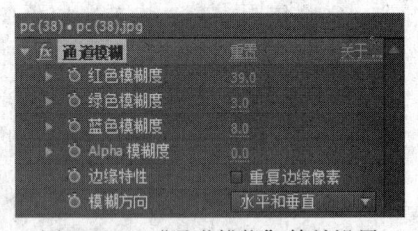

- 红色模糊度：调节红色通道模糊程度，如图 9-105 所示。
- 绿色模糊度：调节绿色通道模糊程度。
- 蓝色模糊度：调节蓝色通道模糊程度。
- Alpha 模糊度：调节 Alpha 通道模糊程度。

图 9-104　"通道模糊"特效设置

图 9-105　调节红色通道模糊程度

9.2.13　智能模糊

此特效可以自动识别图像中不同物体之间的边缘，并单独渲染出边缘线，使素材图像看起来更加光滑，从而达到柔化图像的目的，如图 9-106 所示。

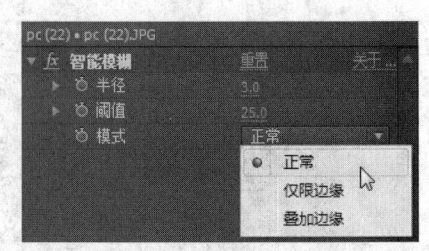

- 半径：设置图像中像素周围受影响程度，数值越大，则画面越平滑，细节越丰富。
- 阈值：调整图像边界的公差范围，数值越大，则杂点越少，但画质质感将降低。
- 模式：选择处理模式。

图 9-106　"智能模糊"特效设置

➢ 仅限边缘：是只计算出图像中不同色彩接触边缘的像素，用白点表现出来，色彩部分用黑色填充。
➢ 叠加边缘：是"正常"和"仅限边缘"的混合效果。如图9-107所示。

图 9-107　3 种处理模式

9.3　生成特效

"生成"类特效的作用是在图像上产生创造性的效果。例如，为图像填充特殊的效果或设置纹理等，同时也可以对音频添加一定的特效及渲染效果。

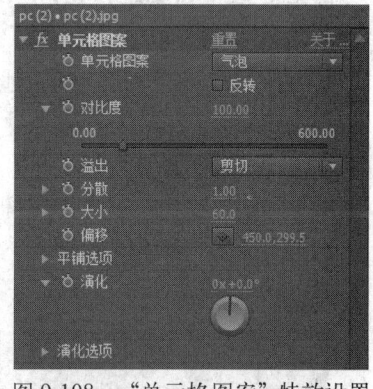

9.3.1　单元格图案

此特效的作用是生成一种程序纹理用来模仿细胞、泡沫、原子结构等单元状物体，如图9-108所示。
- 单元格图案：在其中可以选择要生成的单元格图案的形状，用于表现不同的物质结构，如图9-109所示。

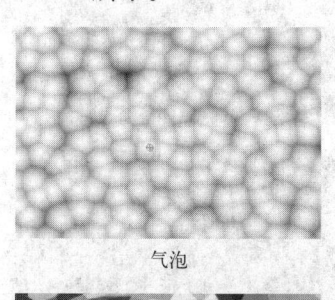

图 9-108　"单元格图案"特效设置

气泡 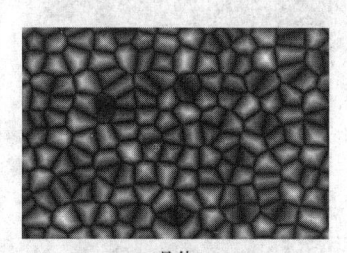　　　　　　　　晶体 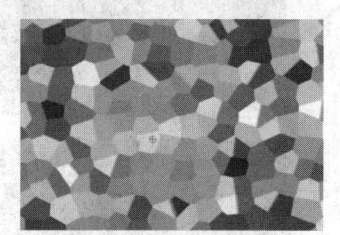　　　　　　　　印板

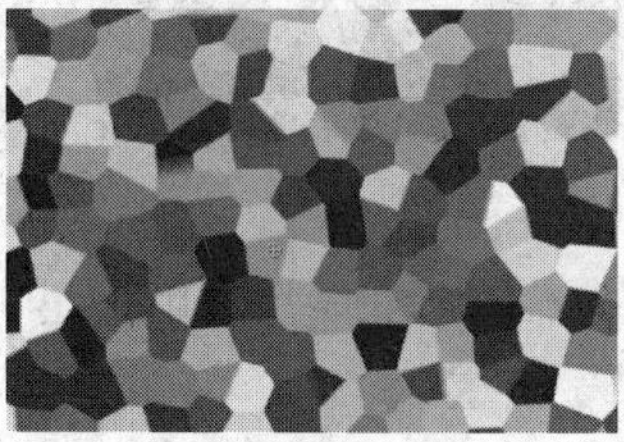

静态板 　　　　　　　晶格化 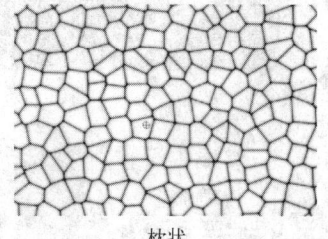　　　　　　　枕状

图 9-109　各种单元格图案效果

晶体 HQ　　　　　　　　印版 HQ　　　　　　　　静态板 HQ

晶格化 HQ　　　　　　　混合晶体　　　　　　　　管状

图 9-109（续）

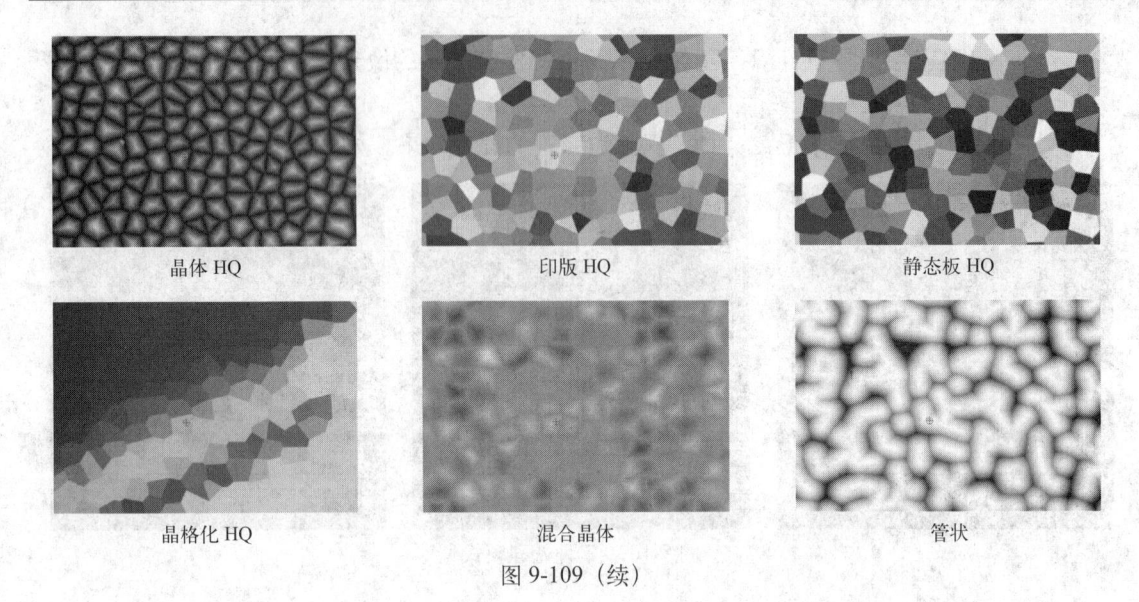

9.3.2　分形

此特效通过对规则纹理的不断细分衍生，产生不规则的随机效果，如图 9-110 所示。

- 设置选项：设置分形的种类，都是基于"曼德布罗特"和"朱莉娅"这两种基本的分型算法得到的，如图 9-111 所示。
- 等式：选择了一种分形种类后，在此选择可以应用于该算法的数学表达式，得到更丰富的随机变化效果。

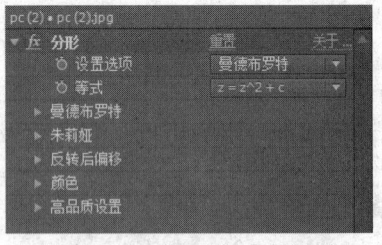

图 9-110　"分形"特效设置

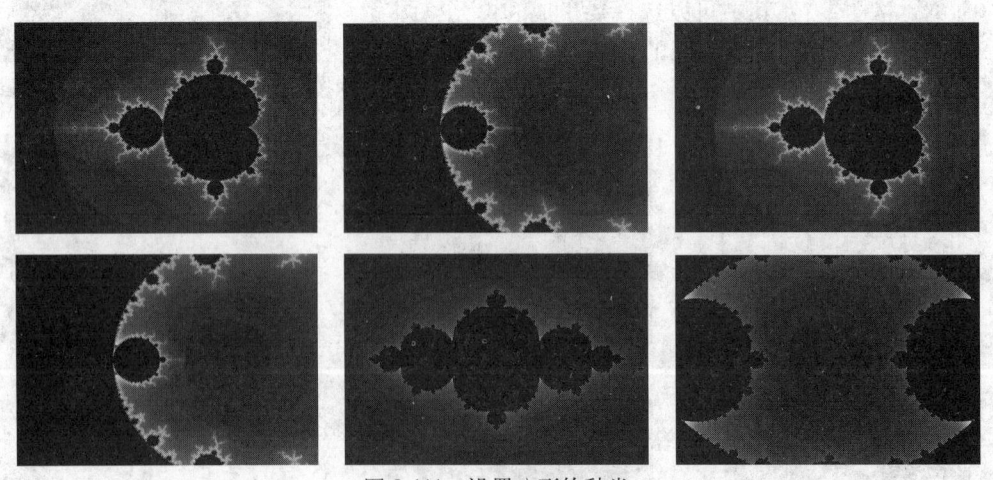

图 9-111　设置分形的种类

- 曼德布罗特/朱莉娅：设置当前所选择数学算法的参数，对不规则纹理的随机效果进行调整。
- 反转后偏移：调节该算法用的参数，XY 用来设置分形倒置后的偏移量。
- 颜色：用于修改和设置不规则纹理的颜色，如图 9-112 所示。

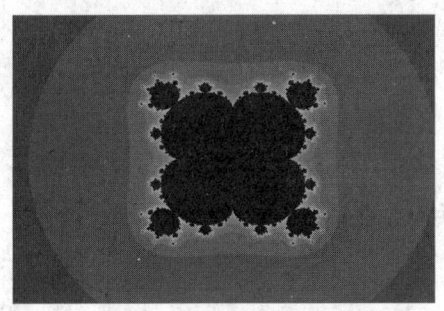

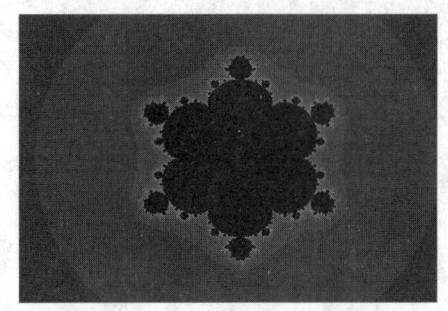

图 9-112 设置纹理颜色

- 高品质设置：设置分形纹理的显示质量。

9.3.3 高级闪电

此特效可以快速在当前图层上模拟出逼真的闪电效果，如图 9-113 所示。

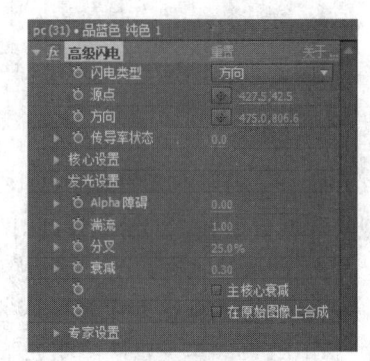

- 闪电类型：可以选择 8 种不同形状构成的闪电类型，如图 9-114 所示。
- 源点：设置闪电起始位置。
- 半径/方向：设置闪电的半径和方向。
- 传导率状态：设置闪电的传导路径变化。
- 核心设置：设置闪电中心部分的电流半径、不透明度及颜色。
- 发光设置：设置闪电电流外围的发光半径、不透明度及颜色。
- Alpha 障碍：设置素材的 Alpha 通道对闪电的遮挡程度。

图 9-113 "高级闪电"特效设置

方向 　　　　　　　　击打 　　　　　　　　阻断

回弹 　　　　　　　　全方位 　　　　　　　随机

图 9-114 各种闪电类型的效果

垂直　　　　　　　　　　　　　双向打击

图 9-114（续）

- 湍流：设置闪电的扰动范围。
- 分叉：设置闪电的分支数。
- 衰减：设置闪电在传导中的衰减度。
- 专家设置：高级设置，包括复杂度、分枝密度、外观形状等。

9.3.4 勾画

此特效用于在对象周围产生运动光带或光点效果，类似夜晚城市里五彩缤纷的霓虹灯效果，如图 9-115 所示。

- 图像等高线：是"描边"下拉列表中的选项之一，此方式根据指定图像内容中的高亮像素产生发光效果，其子属性说明如下。
- 输入图层：指定用于产生目标效果的素材所在的层。选择"无"，则直接应用当前图层中的高亮像素来生成发光效果，如图 9-116 所示。
  ➢ 如果图层大小不同：当用于实现效果的图像与当前图像的大小有差异时，可以选择以下两种处理方式："中心"用于将图像居中，"伸缩以适合"用于拉伸图像以使两个图像大小一致。

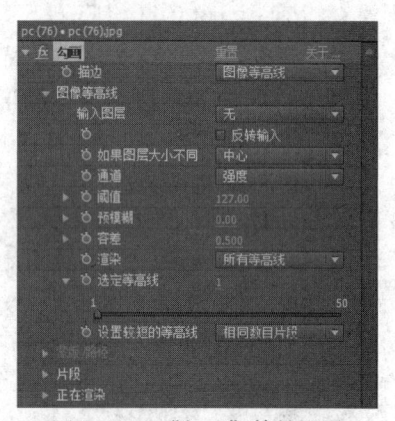

图 9-115　"勾画"特效设置

图 9-116　应用"勾画"特效

➢ 通道：指定用来产生目标效果的通道。
➢ 阈值：设置描边的极限值。
➢ 预模糊：对效果进行预模糊。

- ➢ 容差：设置效果容差范围。
- ➢ 渲染：设置如何渲染发光轮廓，"所有等高线"表示渲染所有轮廓，"选定等高线"表示只渲染选择的轮廓。
- ➢ 选定等高线：选择自发光的轮廓。
- ➢ 设置较短的等高线：设置分段轮廓的数量。
- 蒙版/路径：是"描边"下拉列表中的另一个选项，可以根据素材中的蒙版或路径产生指定形状的发光效果，如图 9-117 所示。

图 9-117 对蒙版/路径应用"勾画"特效

- 片段：设置产生的发光线段的属性。
  - ➢ 片段：设置发光线段的数量，值越小轮廓线越长，值越大轮廓线越短。
  - ➢ 长度：设置轮廓线的长度。
  - ➢ 片段分布：设置光线线段的分布方式，包括"成簇分布"和"均匀分布"。
  - ➢ 旋转：设置线段的旋转角度。
  - ➢ 随机相位：产生随机相位来改变线段的分布状态。勾选该选项后，在下面的"随机植入"选项中输入产生随机相位的种子数量。
- 正在渲染：设置对发光效果的渲染显示属性。
  - ➢ 混合模式：设置该特效和素材图层的混合方式。
  - ➢ 颜色：设置轮廓线的颜色。
  - ➢ 宽度：设置轮廓的宽度。
  - ➢ 硬度：设置轮廓的笔触的方式，值越小笔触越柔和。
  - ➢ 起始点不透明度：设置线段开始时的不透明度。
  - ➢ 中点不透明度：设置线段中部不透明度。
  - ➢ 中点位置：设置中间点的位置。
  - ➢ 结束点不透明度：设置线段结束时的不透明度。

9.3.5 光束

此特效可以快速创建类似于激光束或光柱的效果，也可以通过改变参数生成一种三维透视效果，如图 9-118 所示。

- 起始点：指定一个新创建光束的开始位置。

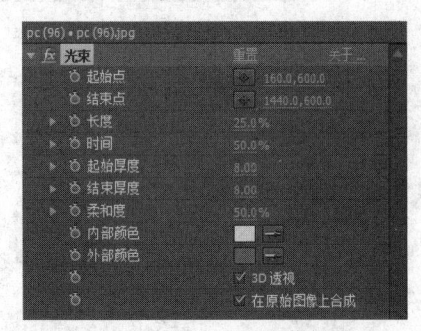

图 9-118 "光束"特效设置

- 结束点：指定一个新创建光束的结束位置。
- 长度：设置激光束在两点之间距离的百分比长度，如图9-119所示。

图9-119　设置激光束的长度

- 时间：指定光束从发出到消失的总时间。
- 起始厚度：指定光束开始点的厚度。
- 结束厚度：指定光束结束点的厚度，如图9-120所示。

图9-120　指定光束端点的厚度

- 柔和度：调节光束内核和外廓的柔和混合度。数值越高，光束越柔和，如图9-121所示。

图9-121　调节柔和混合度

- 内部/外部颜色：指定光束内核和外廓的颜色。
- 3D透视：做动画时，勾选此选项会形成3D透视效果。

9.3.6　镜头光晕

此特效可以模拟出相机镜头拍摄的光晕效果，如图9-122所示。

- 光晕中心：设置光晕的中心点。

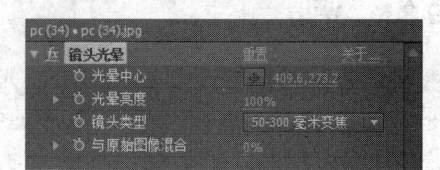

图9-122　"镜头光晕"特效设置

- 光晕亮度：设置光晕的亮度大小，如图 9-123 所示。

图 9-123 设置光晕的亮度大小

- 镜头类型：设置镜头焦距的类型，包括 50～300mm 变焦镜头、35mm 定焦镜头和 105mm 定焦镜头 3 种类型，如图 9-124 所示。

图 9-124 设置镜头类型

9.3.7 描边

此特效通过对图层的一个或多个蒙版层生成边框轮廓线来产生效果，如图 9-125 所示。

- 路径：选择要生成边框线效果的蒙版。
- 颜色：设置生成边框线的颜色。
- 画笔大小：设置生成边框线的宽度，如图 9-126 所示。
- 画笔硬度：设置生成边框线的笔触硬度。
- 起始/结束：设置在蒙版上生成描边效果的开始/结束百分比。

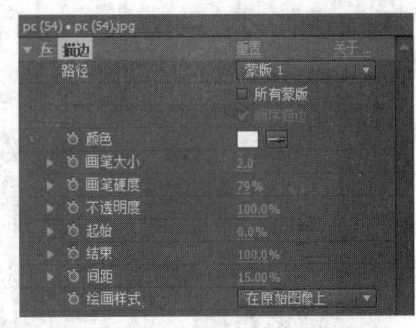

图 9-125 "描边"特效设置

图 9-126 设置边框线的宽度

- 间距：设置生成线段之间的间距，如图 9-127 所示。

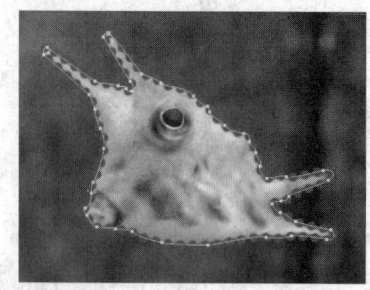

图 9-127 设置不同间距

- 绘画样式：设置笔触绘画效果与原始素材层的混合方式。
  - 在原始图像上：表示和原始素材层的 RGBA 通道合成。
  - 在透明背景上：只与原始素材的透明区域合成。
  - 显示原始图像：则只有在描绘线条的区域显示原始素材图像，如图 9-128 所示。

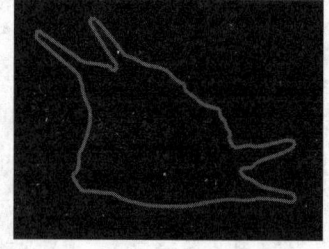

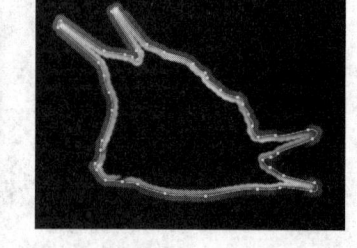

图 9-128　3 种绘画样式

9.3.8　棋盘

此特效的作用是在素材图层上生成类似国际象棋棋盘的方格图案，如图 9-129 所示。

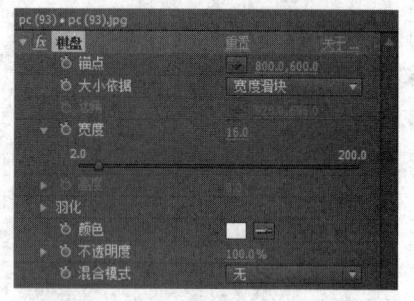

- 锚点：指定方格纹理的中心点位置坐标。
- 大小依据：设置用何种方式来决定方格的方格大小，有 3 种模式可供选择，包括"边角点"、"宽度滑动"、"宽度和高度滑动"。"边角点"：由边角点和方格中心的距离来确定方格的形状。
  - 宽度滑动：不改变每个方格的形状，只是整体地扩大或缩小所有的方格，方格依然保持正方形。
  - 宽度和高度滑动：可以通过两个参数即水平和垂直方向来分别调整方格的整体形状。

图 9-129　"棋盘"特效设置

"边角点"模式　　　　　"宽度滑动"模式　　　　　"宽度和高度滑动"模式

图 9-130　设置尺寸模式

- 边角：选择"边角点"模式时，通过设置的边角点和方格中心的距离来确定每个方格的大小，如图9-131所示。
- 宽度：选择"宽度滑动"或"宽度和高度滑动"模式时，可以设置方格的宽度，如图9-132所示。
- 高度：选择"宽度和高度滑动"模式时，可以设置方格的高度。
- 羽化：设置方格边缘羽化，可以分别设置宽、高两个方向，如图9-133所示。

图 9-131 设置方格的大小

图 9-132 设置方格的宽度

图 9-133 设置方格边缘羽化

- 颜色：设置方格不透明部分的颜色。
- 不透明度：设置方格不透明部分的不透明度。

9.3.9 四色渐变

此特效可以创建四色渐变填充效果，然后与原图像混合，如图9-134所示。

- 位置和颜色：设置4种颜色的分布范围以及它们的颜色。
- 混合：设置4种颜色之间的混合度。
- 抖动：设置色彩的稳定程度，值越小，色彩互相渗透的程度就越小，反之则越大。
- 不透明度：设置色彩的不透明度。

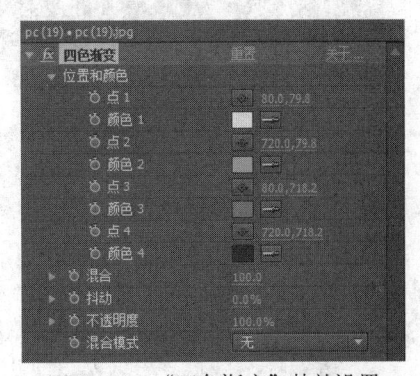

图 9-134 "四色渐变"特效设置

- 混合模式：与图层的混合模式类似，用于设置渐变色层与原素材图像的混合效果，如图 9-135 所示。

图 9-135　原图与应用的不同混合模式

9.3.10　梯度渐变

此特效和四色渐变特效相似，区别在于梯度渐变特效只能产生两种颜色的线性渐变色，如图 9-136 所示。

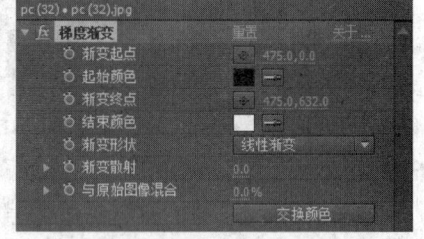

- 渐变起点：渐变色开始点的位置。
- 起始颜色：渐变色开始时的颜色。
- 渐变终点：渐变色结束时的点的位置。
- 结束颜色：渐变结束时的颜色。
- 渐变形状：渐变的类型，有线性和径向两种。
- 渐变散射：消除混合，主要用于防止渐变的过度柔滑。
- 与原始图像混合：调节与原始图像的混合比例，如图 9-137 所示。

图 9-136　"梯度渐变"特效设置

图 9-137　设置与原图像的混合

9.3.11　填充

此特效是将素材图层的蒙版填充为特效设置中所选择的颜色，如图 9-138 所示。

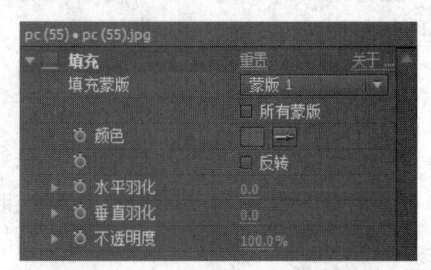

- 填充蒙版：可以在其下拉菜单中选择一个在当前素材层上绘制的蒙版；如果不选择，则填充整个图层；如果选择了所有蒙版，则应用于所有蒙版层，如图 9-139 所示。
- 颜色：选择需要的填充色。

图 9-138　"填充"特效设置

图 9-139　选择要填充的蒙版

9.3.12　涂写

此特效通过对图层的一个或多个蒙版图层生成各种描边线条来产生类似涂鸦绘画的效果，如图 9-140 所示。

- 涂抹：指定特效所使用的蒙版层，可以选择单一蒙版图层或者全部。
- 蒙版：指定用来执行效果的蒙版图层，只有上面的"涂抹"选择了"单个蒙版"时才能打开此选项。
- 填充类型：指定特效对目标蒙版层边缘线的填充方式。
  - 内部：填充蒙版层边缘线内部。
  - 中心边缘：沿着中心向蒙版层边缘线外部填充。
  - 在边缘内：沿内部蒙版层边缘线填充。
  - 外面边缘：从外部沿蒙版层边缘线填充。
  - 左边：填充在遮罩层边缘的左边。
  - 右边：填充在遮罩层边缘的右边，如图 9-141 所示。

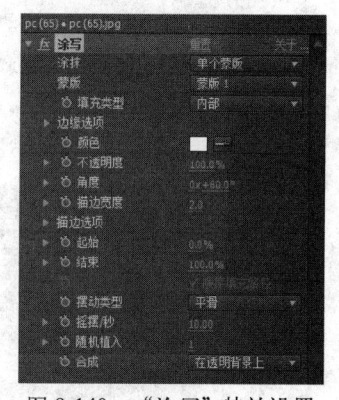

图 9-140　"涂写"特效设置

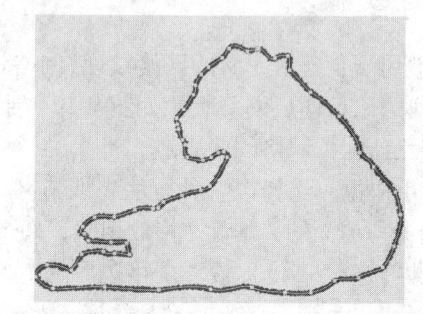

图 9-141　内部填充和边缘填充效果

- 边缘选项：设置边缘线的描绘选项，例如边缘宽度、末端样式、涂抹颜色等。
- 角度：设置描边线条产生的角度。
- 描边宽度：设置描边线条的笔触宽度。
- 描边选项：设置描边线条的笔触属性，例如末端曲率、笔触线条距离等。
- 起始：设置描边线条的开始位置。
- 结束：设置描边线条的结束位置。
- 顺序填充路径：选择该选项，描绘线会联合施加到所有蒙版轮廓线边缘，如果不选择该选项，则会按每层的蒙版轮廓线边缘单独施加。

- 摆动类型：指定描边线条的动态类型。
  - 静态：保持线条的内容恒定。
  - 跳跃性：使描边线条由一种突然变化为另一种。
  - 平滑：使描边线条由一种平滑过渡为另一种。
  - 摇摆/秒：设置在创建动画时，每秒随机产生的线条数量。

9.3.13 椭圆

此特效与"椭圆"特效相似，只是可以分别设置高度和宽度来创建椭圆环形的效果，如图9-142所示。

- 中心：设置圆心的位置。
- 宽度/高度/厚度：设置圆环的宽度/高度/厚度。
- 柔和度：设置椭圆圆环上的填色柔和度。
- 内部/外部颜色：设置圆环光圈的内部和外部颜色，如图9-143所示。

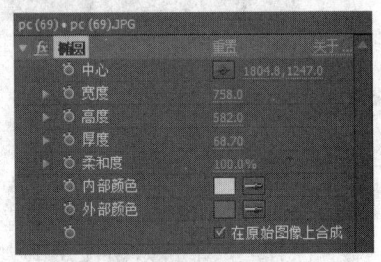

图9-142 "椭圆"特效参数设置

图9-143 "椭圆"特效的设置选项与运用效果

9.3.14 网格

此特效用于创建自定义的网格纹理，网格可以是单色填充也可以作为原始图层的蒙版，如图9-144所示。

- 锚点：定位网格的中心点。
- 大小依据：选择以哪种方法来调节网格大小，设置选项与前面的"棋盘"特效相同，如图9-145所示。
- 边界（宽度/高度）：设置网格边界的宽度，如图9-146所示。
- 羽化：设置网格线的羽化，如图9-147所示。

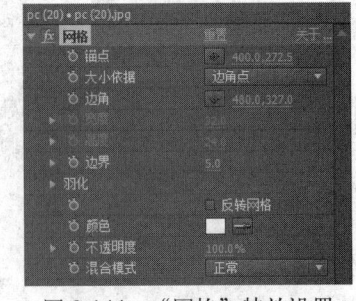

图9-144 "网格"特效设置

图9-145 调节网格大小

图 9-146 设置网格边界的宽度 　　　　图 9-147 设置网格线的羽化

9.3.15 无线电波

此特效可以用来产生以圆心向外扩展的波纹效果，如图 9-148 所示。

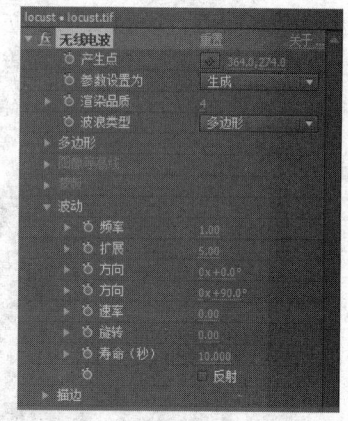

- 产生点：设置波纹开始的圆心点。
- 参数设置为：选择参数的作用位置，包括"生成"（在起始点起作用）和"每帧"（在每一帧起作用）。
- 渲染品质：设置渲染质量数值。
- 波浪类型：设置波纹的类型；选择了波纹类型后，在下面对应显示的选项中设置波纹的形状效果。有"多边形"（自由设置需要的多边形变数来产生波纹）、"图像等高线"（以素材图像的轮廓作为发射源来生成波纹）、"蒙版"（以素材层中的蒙版作为发射源来生成波纹）3 种，如图 9-149 所示。

图 9-148 "无线电波"特效设置

绘制了遮罩的素材层　　　　多边形波纹

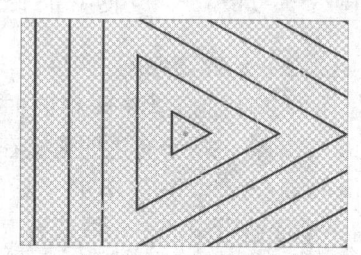

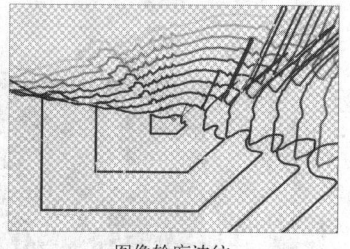

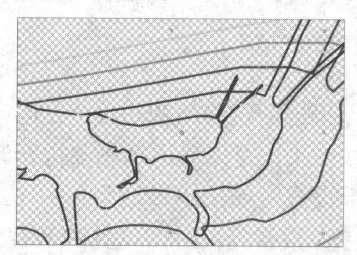

图像轮廓波纹　　　　遮罩形状波纹

图 9-149 波纹类型效果

- 波动：设置波纹的运动方式。
  ➢ 频率：设置波纹的放射频率。

- 扩展：设置波纹的扩大范围。
- 方向（旋转）：设置波纹的旋转程度。
- 方向：设置波纹的传播方向。
- 速率：设置波纹的传播速度。
- 旋转：设置波纹的自旋转。
- 寿命：设置波纹的寿命。
- 反射：开启此选项时，可以反射波纹。

9.3.16 吸管填充

此特效的作用是对图像中某点的颜色采样并为素材图层整体添加这种颜色，如图9-150所示。

- 采样点：设置采样点位置，如图9-151所示。
- 采样半径：设置采样点的半径大小，最终得到的填充色由采样半径范围中像素的平均色彩决定。

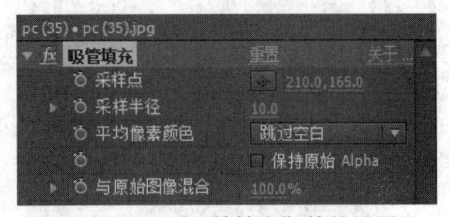

图 9-150 "吸管填充"特效设置

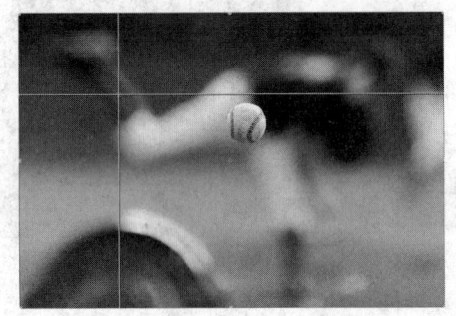

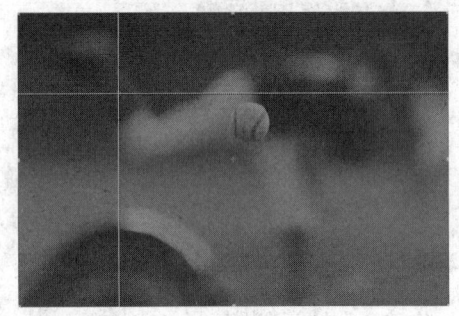

图 9-151 设置采样点的位置

- 平均像素颜色：选择需要的平均颜色采样方式。在"跳过空白"模式下不会采样透明的像素，而是将其他像素的采样值平均作为输出值。
  - 全部：表示将包括带有透明像素在内的所有像素的采样值平均作为输出值。
  - 全部预乘：表示取所有RGB像素的平均值之后乘以Alpha通道的值。
  - 包含Alpha通道：则表示取所有RGB值和Alpha通道的值。
- 保持原始Alpha：激活该选项后，将保留素材的Alpha通道。

9.3.17 写入

此特效可以根据创建的笔触动画，在运动路径上产生类似手写的描线效果。可以对运动画笔进行笔触大小、硬度、不透明度等设置，如图9-152所示。

- 画笔位置：设置当前时间位置的笔触位置。在时间轴窗口中的当前时间位置创建关键帧，然后移动时间指针到下一位置，再移动笔刷的位置，即可在两个时间点之间创建笔触绘画效果，如图9-153所示。

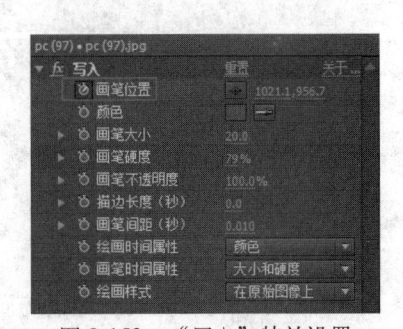

图 9-152 "写入"特效设置

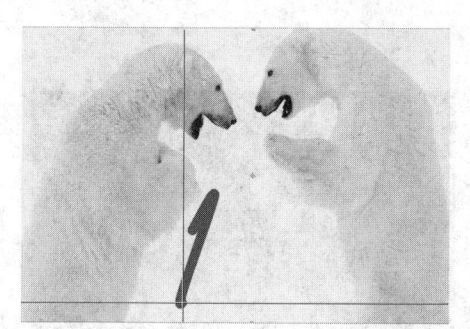

图 9-153　创建手写笔触动画

- 颜色：设置笔触的颜色。
- 画笔大小：设置笔刷的大小。
- 画笔硬度：设置笔触的硬度。
- 画笔不透明度：设置笔触的不透明度。
- 描边长度：以秒为单位设置笔触的持续长度；如果设为 0，则笔触将无限长。
- 画笔间距：以秒为单位设置绘制笔触的频率；数值越小，笔触绘制的频率越高。
- 绘画时间属性：指定是否应用颜色和不透明度的属性到每个笔触段或整个笔触段。
- 画笔时间属性：指定是否应用硬度和尺寸大小的属性到每个笔触段或整个笔触段。

9.3.18　音频波谱

此特效可以将指定音频素材图层中音频的波谱在当前素材图层上生成图形化效果，显示出音频素材的波谱并进行效果设置（不能在音频图层上应用该特效），如图 9-154 所示。

- 音频层：选择音频层。
- 起始点：设置波谱图形的起点位置。
- 结束点：设置波谱图形的终点位置。
- 路径：如果绘制了蒙版路径，可以将其设为波谱的跟随路径。
- 使用极坐标路径：勾选该选项，可以设置一个点作为路径中心，使波谱呈辐射形状。
- 起始频率：设置起始的频率。
- 结束频率：设置终止的频率。
- 频段：设置波谱线的密度，如图 9-155 所示。

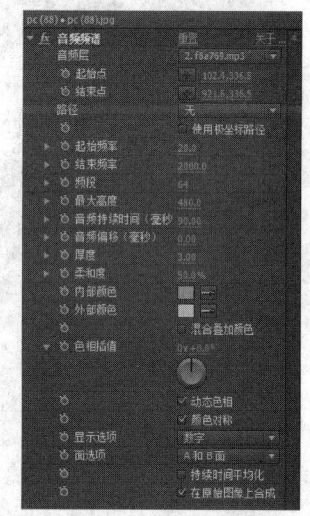

图 9-154　"音频波谱"特效设置

图 9-155　设置不同的波谱线密度

- 最大高度：设置波谱振幅的最大值，如图 9-156 所示。

图 9-156　设置不同的振幅

- 音频持续时间：设置波谱的持续时间，单位为毫秒，最大不能超过 300000，如图 9-157 所示。

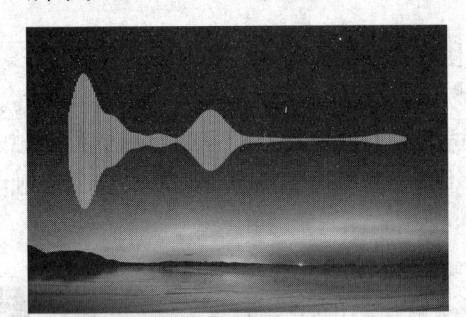

图 9-157　设置不同的波谱持续时间

- 音频偏移：设置波谱偏移量，单位为毫秒，最大不能超过 300000，如图 9-158 所示。

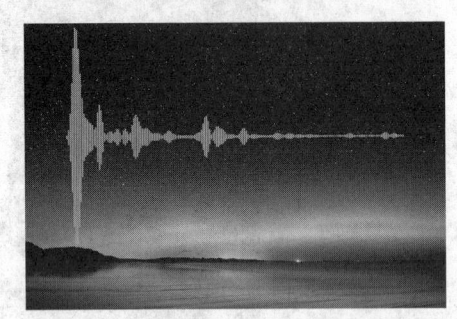

图 9-158　设置不同的波谱位移

- 厚度：设置波谱外部轮廓宽度，最大不能超过 400000，如图 9-159 所示。

图 9-159　设置波谱外区域宽度

- 柔和度：设置外部轮廓边缘柔和度。
- 内部颜色：设置波谱内部颜色。
- 外部颜色：设置外部轮廓颜色。
- 混合叠加颜色：勾选该选项，使波谱颜色重合。
- 色相插值：设置颜色插值，将色环应用到波谱图形上，产生彩色变化效果，如图 9-160 所示。

图 9-160 设置波谱颜色插值

- 动态色相：设置颜色的相位变化。
- 颜色对称：设置颜色对称。
- 显示选项：选择波谱显示方式，如图 9-161 所示。

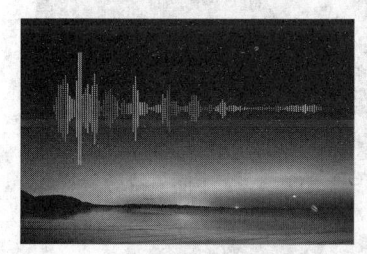

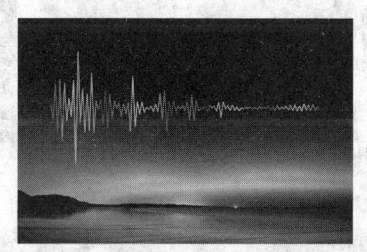

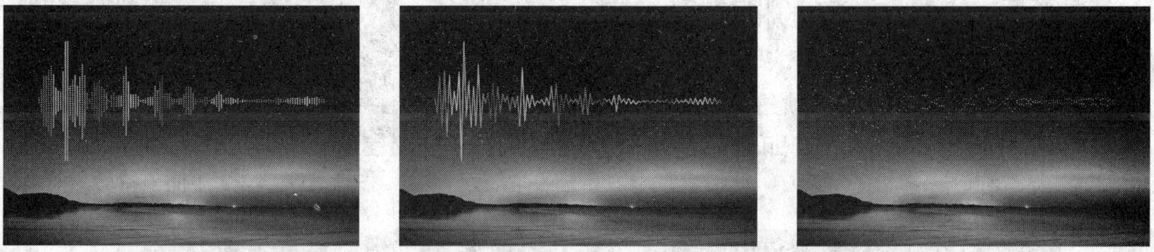

数字　　　　　　　模拟谱线　　　　　　　模拟频点

图 9-161 波谱显示方式

- 面选项：选择波谱显示的边缘。
  - A 面：在路径上方显示。
  - B 面：在路径下方显示。
  - A 和 B 面：上下方全显示。
- 持续时间平均化：使波谱平均化，如图 9-162 所示。

图 9-162 平均化波谱

9.3.19 音频波形

此特效与"音频波谱"基本相同，不同的是音频波形特效主要以波形来显示音频频率，且设置效果更简单，如图 9-163 所示。

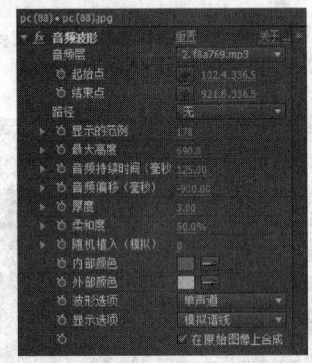

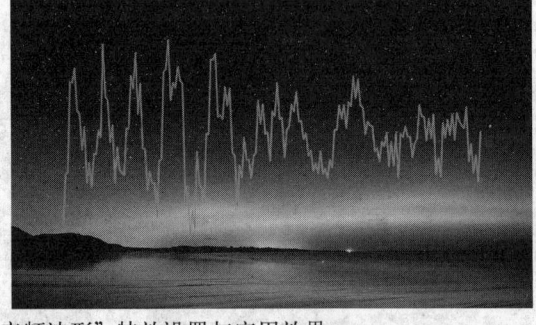

图 9-163 "音频波形"特效设置与应用效果

9.3.20 油漆桶

此特效可以对素材图像中的某一像素颜色相近的区域填充颜色，功能类似 Photoshop 中的油漆桶工具，如图 9-164 所示。

- 填充点：指定要填充的相近像素区域，如图 9-165 所示。
- 填充选择器：指定将颜色涂到哪一个通道中，默认为"颜色和 Alpha"，即将颜色填充到图像的所有通道中。

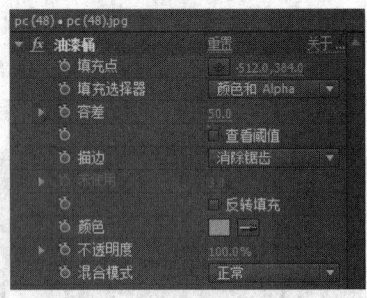

图 9-164 "油漆桶"特效设置

图 9-165 指定填充区域

  ➢ 直接颜色：只填充 RGB 通道中色彩相近的区域。
  ➢ 透明度：对附近的透明区域填充颜色。
  ➢ 不透明度：与"透明度"相反，是指对定点附近的不透明区域填充颜色。
  ➢ Alpha 通道：根据采样点 Alpha 通道的值来向整个图像对应的区域填充颜色。
- 容差：设置填充像素的色彩容差范围，数值越大，可以填充相似范围更大的区域，如图 9-166 所示。
- 查看阈值：在视图中以黑白显示特效能起作用的范围，用于检查"容差"的范围，如图 9-167 所示。

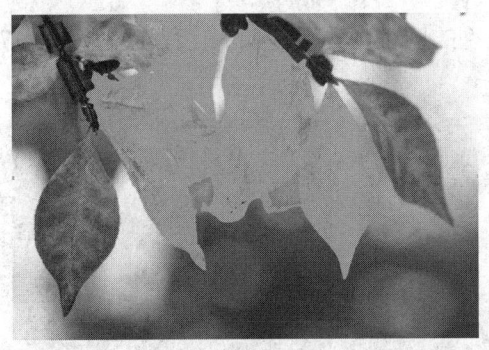

图 9-166 设置更大的容差范围　　　　　图 9-167 黑白显示

- 描边：设置填充区域边缘的处理方式。
  - 消除锯齿：可以用来对填充区域边缘抗锯齿。
  - 羽化：可以用来对填充区域边缘进行羽化。
  - 扩展：可以扩展填充区域。
  - 阻塞：可以缩小填充区域。
  - 描边：表示只对边缘轮廓线进行填充。

9.3.21 圆形

此特效的作用是在素材图层上建立圆形或环形的图案，如图 9-168 所示。

- 中心：设置圆心的位置。
- 半径：设置圆形的半径大小，如图 9-169 所示。
- 边缘：设置圆形边缘类型。
  - 无：只创建圆形，无附加选项。
  - 边缘半径：可以设置下面的"边缘半径"数值来确定圆环中心的半径，同时"羽化"选项下也会添加"羽化内侧/外侧边缘"选项用来羽化圆环内外的边缘。

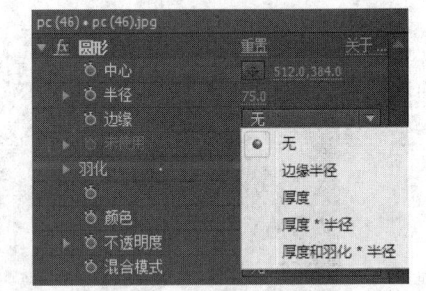

图 9-168 "圆形"特效设置

图 9-169 设置圆形的半径

  - 厚度：此类型的"边缘半径"选项会变为"厚度"，这种模式通过设置圆的厚度来实现圆环效果。
  - 厚度*半径：与"厚度"类型类似，不过这种模式由厚度和半径两个参数来设置厚度，半径增加也会使厚度增加。

➢ 厚度和羽化*半径：使用"边缘半径"类型的同时设置厚度和羽化程度，如图 9-170 所示。

图 9-170 设置圆形边缘类型

- 羽化：设置边缘的羽化度，可以分别设置"羽化外侧边缘"和"羽化内侧边缘"；除了"无"边缘模式外，都可以设置内边缘羽化，如图 9-171 所示。

图 9-171 设置边缘的羽化度

- 反转圆形：反转圆形透明和不透明区域。
- 颜色：指定圆形或环形的填充颜色。

9.4 课堂实训——修复视频抖动

在前面我们已经了解到，使用 After Effects CC 提供的"变形稳定器 VFX"特效，可以对拍摄视频时因为手的抖动造成的画面不稳定进行修复处理，减轻画面播放时的抖动问题。下面通过修复视频抖动范例对使用"变形稳定器 VFX"特效的画面抖动修复功能进行练习。打开本书配套实例光盘中\Chapter 9\修复视频抖动\Export\修复视频抖动.flv 文件，先欣赏本实例的完成效果，在观看过程中分析所运用的编辑功能与制作方法，如图 9-172 所示。

图 9-172　影片编辑完成效果

上机实战　修复视频抖动

1　新建一个项目文件后，按"Ctrl+I"快捷键，打开"导入"对话框，选择本书配套光盘中\Chapter 9\修复视频抖动\Media 目录下的"boy.mp4"素材文件并导入。

2　将导入的视频素材从项目窗口拖入到时间轴窗口中，以素材的视频属性建立合成。按"Ctrl+K"键打开"合成设置"对话框，将合成序列的持续时间修改为原来的 3 倍，也就是 0;00;26;12，如图 9-173 所示。

3　为方便进行稳定处理前后的效果对比，再将视频素材加入两次到时间轴窗口中，并按图层顺序依次排列，如图 9-174 所示。

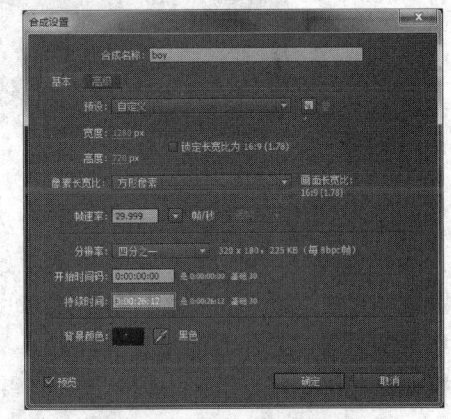

图 9-173　更改序列持续时间

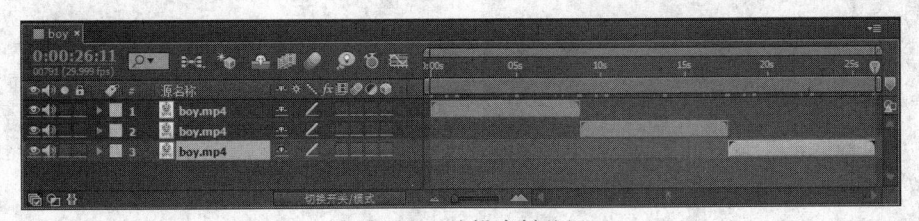

图 9-174　编排素材剪辑

4　在"效果和预设"面板中展开"扭曲"文件夹，选择"变形稳定器 VFX"特效，将其添加到时间轴窗口中的第 2 段素材剪辑上，程序将自动开始对视频素材进行分析，并在分析完成添加后，应用默认的处理方式（即平滑运动）和选项参数对视频素材进行稳定处理，如图 9-175 所示。

5　选择"变形稳定器 VFX"特效，将其添加到时间轴窗口中的第 3 段素材剪辑上，然后在"效果控件"面板中单击"取消"按钮，停止程序自动开始的分析。在"结果"下拉列表中选择"无运动"选项,然后单击"分析"按钮,以最稳定的处理方式对第 3 段视频素材进行分析处理,如图 9-176 所示。

图 9-175 为视频素材应用稳定特效

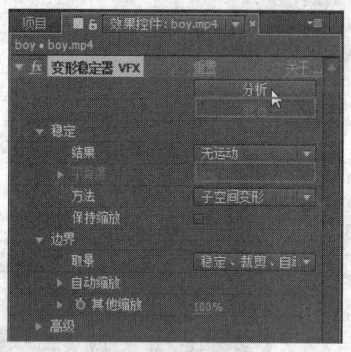

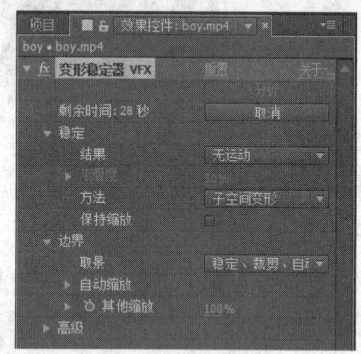

图 9-176 设置特效选项并应用

⑥ 分析完成后,按空格键或拖动时间指针进行播放预览,即可查看到处理完成的画面抖动修复效果。可以看到,第 1 段原始的视频素材剪辑中,手持拍摄的抖动比较剧烈;第 2 段以"平滑运动"方式进行稳定处理的视频,抖动已经不明显,变成了拍摄角度小幅度平滑移动的效果,整体画面略有放大;第 3 段视频稳定效果最好,基本没有了抖动,像是固定了摄像机拍摄一样,但整体画面放大得最多,对画面原始边缘的裁切也最多,如图 9-177 所示。

图 9-177 第一和第三个剪辑中同一时间位置的画面对比

⑦ 在时间轴窗口中单击鼠标右键,并选择"新建→文本"命令,设置合适的文本字体和大小,输入标注视频素材特征的文字,并调整到画面的左下角。在时间轴窗口中将文本图层的持续时间调整为与第 1 段视频素材的持续时间对齐,然后按 T 键打开"不透明度"属性,将文字的不透明度修改为 30%,如图 9-178 所示。

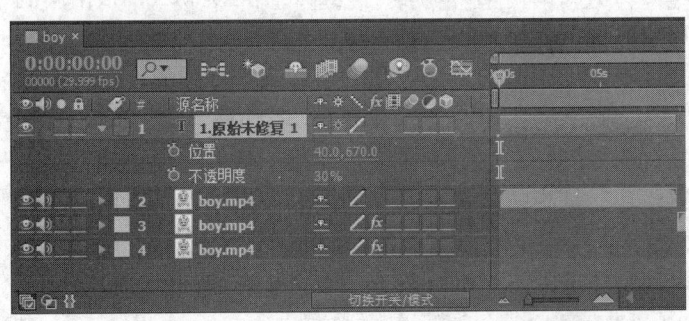

图 9-178 添加视频信息标注文字

8 在时间轴窗口中选择编辑好的文本图层并连续按两次"Ctrl+D"键，对其进行复制分别调整到与第 2、第 3 段视频素材的持续时间对齐，然后修改对应的文字标注内容，如图 9-179 所示。

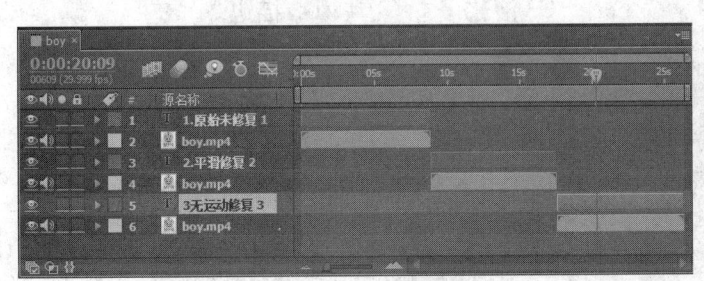

图 9-179 编辑对应的标注文字

9 按"Ctrl+S"键保存项目。按"Ctrl+M"命令，打开"渲染队列"面板，设置合适的渲染输出参数，将编辑好的合成项目输出为影片文件，欣赏完成效果，如图 9-180 所示。

图 9-180 欣赏影片完成效果

9.5 课后习题

一、填空题

（1）＿＿＿＿＿＿特效可以以图像上的某个点为中心，产生特殊的放射或旋转效果，离中心越远模糊越强。

(2)＿＿＿＿＿＿特效可以为当前图像指定另外的一个图层作为模糊层，根据模糊层图像中重叠位置的像素明度来影响模糊程度，亮度越高越模糊。

(3)＿＿＿＿＿＿特效通过自由定位图像的 4 个边角的位置来拉伸图像，得到图像在空间上的透视效果。

(4)＿＿＿＿＿＿特效可以在图像的任意位置和角度创建反射线并产生镜像效果。

(5)＿＿＿＿＿＿特效的主要功能是旋转指定中心点周围的像素排列，模拟出旋涡效果。

(6)＿＿＿＿＿＿特效通过对规则纹理的不断细分衍生，来产生不规则的随机效果。

二、选择题

(1)（　　）特效主要应用在图像的直角坐标系与极坐标系间互相转换，得到不同的变形效果。

　　A. 边角定位　　　B. 改变形状　　　C. 极坐标　　　D. 凸出

(2) 下列特效命令中，能够使下图中猫头鹰的羽毛产生如图 9-181 所示变化的特效是（　　）。

　　A. 球面化　　　B. 涂写　　　C. 液化　　　D. 描边

图 9-181　图像变形效果

三、上机实训

打开本书配套光盘中的\Chapter 9\特效应用练习\Export\飘逸文字.mp4 文件，如图 9-182 所示。在这个实例中，主要应用了"湍流置换"效果并配合关键帧动画的编辑完成文字扭曲动画的表现，再使用"摄像机镜头模糊"特效制作文字图像的虚化飘逸效果。下面请利用配套光盘中\Chapter 9\特效应用练习\Media 目录下准备的素材文件创建合成并完成这个影片效果的练习。

图 9-182　实训效果

第 10 章　影视特效制作综合实例

学习要点

- 掌握制作电视栏目片头的方法，包括娱乐栏目片头、体育栏目片头等
- 掌握电影预告片头的制作方法
- 掌握企业形象影片片头的制作方法

10.1　娱乐栏目片头——娱乐头条

在实际工作中所编辑的项目，并不都需要大量的特效来制作复杂的变化特效，有时候过于纷繁、凌乱的特效堆积，反而会使画面混乱，失去表现主体的基本目的；在实际工作中，应根据实际的情况，分析项目的内容特点、风格类型等因素来设计动态效果。本实例是为一个娱乐资讯类电视栏目设计制作的片头动画，就是一个用单纯的文字动画特效，配合背景画面的动态表现和背景音乐的动感气氛，恰当展现栏目特点与风格的典型应用。

1. 实例效果预览

打开本书配套光盘中的\Chapter 10\10.1\Export\娱乐头条.avi 文件，先欣赏本实例的完成效果，在观看过程中分析所运用的编辑功能与制作方法，如图 10-1 所示。

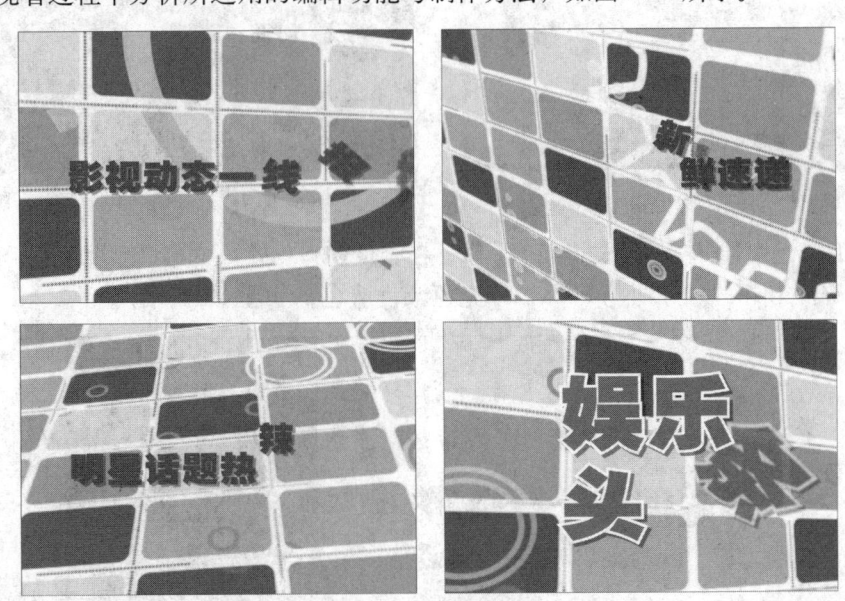

图 10-1　观看影片完成效果

2. 技能应用分析

（1）这个片头影片主要以文字特效来表现动态效果，使用 After Effects CC 预设的文字动画特效，编辑动感、活泼的动画效果，配合快节奏的背景音乐，突出主题氛围。

（2）本实例的制作环节主要分为3个部分，包括编辑标题信息、应用预设动画和添加视觉特效。

（3）本实例中需要注意的地方有：在为一个文字图层应用多个预设动画特效时，需要先定位好时间指针的位置，然后展开图层的属性选项，取消对前一个预设动画的"时间变化秒表"的选择状态，然后再添加新的预设动画，才能在时间指针的当前位置开始新的动画效果。

上机实战　制作娱乐栏目片头——娱乐头条

1 按"Ctrl+I"快捷键，打开"导入文件"对话框后，导入本书光盘中\Chapter 10\10.1\Media\目录下准备的视频和音频文件，如图10-2所示。

2 按"Ctrl+S"快捷键，在打开的"另存为"对话框中为项目文件命名并保存到电脑中指定的目录。

3 将视频素材"bg.avi"加入到时间轴窗口中，直接以该素材的视频属性创建合成。

4 将音频素材"music.mp3"加入到时间轴窗口中，作为影片的背景音乐。为避免在后面的编辑中对背景造成误操作，可以先将它们锁定，如图10-3所示。

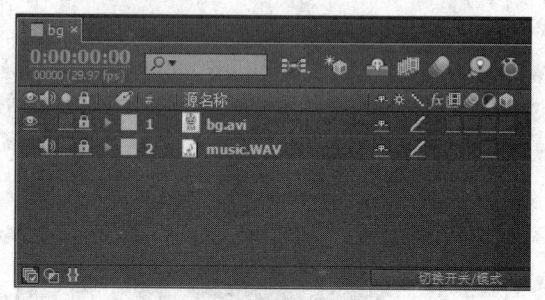

图10-2　导入文件　　　　　　　　图10-3　编辑背景内容

5 在工具栏中选择"横排文本工具"，在合成窗口中输入文字"影视动态一线报道"，设置字体为方正超粗黑，字号为60px，填充色为浅蓝色，如图10-4所示。

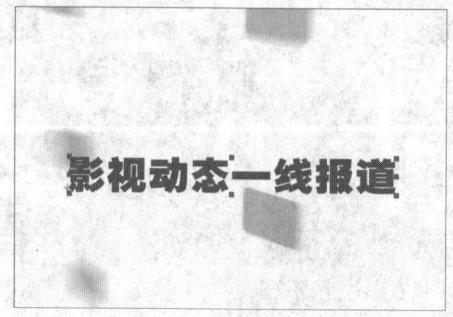

图10-4　编辑文字条目

6 在时间轴窗口中的文字图层上单击鼠标右键，在弹出的菜单中选择"效果→透视→投影"命令，为文字图层应用深蓝色的投影效果，如图10-5所示。

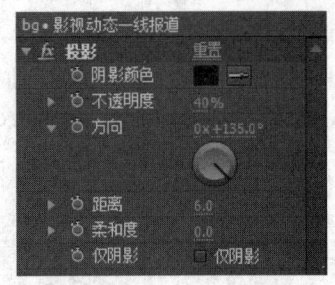

图 10-5　应用投影特效

7　在时间轴窗口中选择文字图层并按两次"Ctrl+D"快捷键，然后分别双击复制得到新图层，进入其文字内容的编辑状态，将它们分别修改为新的文字内容，如图 10-6 所示。

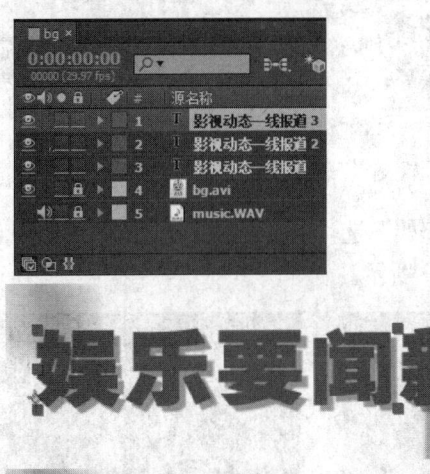

图 10-6　修改新图层的文字内容

8　为方便接下来的编辑操作，先在时间轴窗口中暂时将新复制得到的文字图层隐藏。将时间指针移动到开始的位置，然后打开"特效和预设"面板，选择"动画预设→Text（文字）→3D Text（3D 文字）→3D Flutter In From Left（3D 从左侧飘入）"特效，将其添加到合成窗口中的文字对象上，为其应用该动画特效，如图 10-7 所示。

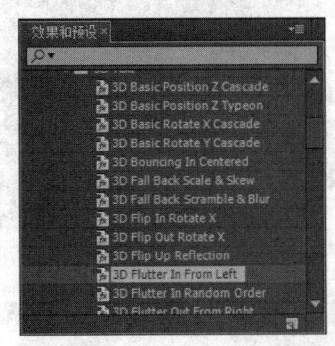

图 10-7　应用预设文字特效

9 将时间指针移动到第 3 秒的位置，展开文字图层的属性选项，任意单击时间轴窗口中的空白处，取消对前一预设动画的"时间变化秒表"的选择状态，然后再从"效果和预设"面板中为文字图层添加"Text（文字）→Animate Out（动画飞出）→Fade Out By Character（逐字符淡出）"特效，编辑出文字在旋转飞入后，从第 3 秒的位置从左向右逐字符淡出的动画效果，如图 10-8 所示。

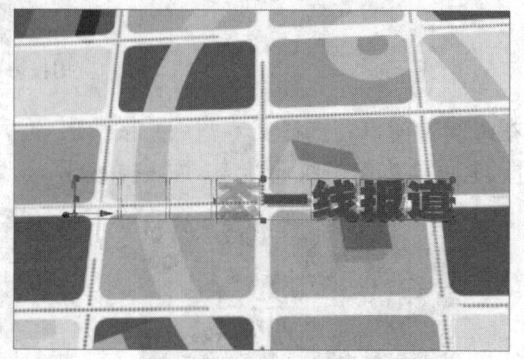

图 10-8　编辑文字飞出动画

10 展开图层的"动画 1"选项，将"起始"选项的结束关键帧移动到 0:00:04:10 的位置结束，调整预设动画的时间位置，如图 10-9 所示。

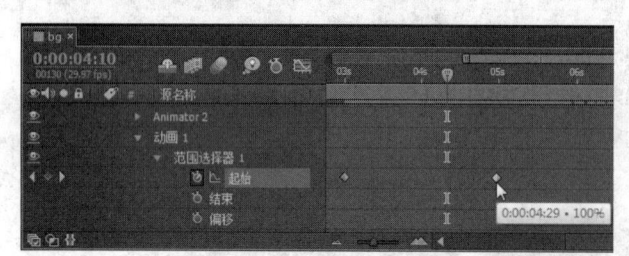

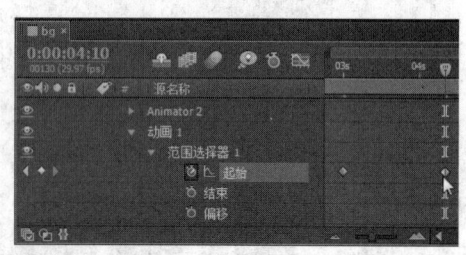

图 10-9　调整预设动画的时间位置

11 使用同样的方法，可以自行尝试其他的预设文字动画效果，编辑另外两个文字条目在飞入画面后，停顿一秒钟再飞出的动画，通过展开图层的属性选项，对预设动画的关键帧时间位置进行调整，得到第 2 个文字条目从 0;00;04;15 开始飞入，在 0;00;09;20 飞出画面；第 3 个文字条目从 0;00;09;25 开始飞入，在 0;00;13;25 淡出画面的动画效果，如图 10-10 所示。

图 10-10　编辑文字动画

12 选择"横排文本工具"，在合成窗口中输入标题文字"娱乐头条"，设置好字体、字号等属性后，同样为其添加投影特效，如图 10-11 所示。

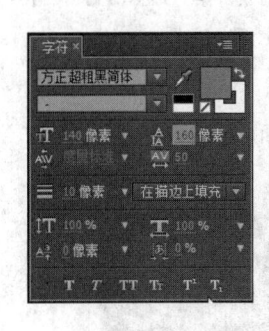

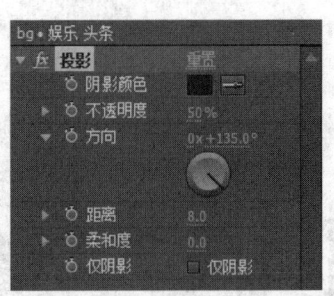

图 10-11　编辑标题文字

13 将标题文字图层的入点调整到 0;00;14;05 的位置，然后为其添加预设的"3D Flutter in from Left（3D 从左飘下）"动画特效，并在时间轴窗口中调整动画的结束关键帧到 0;00;15;15 结束，完成效果如图 10-12 所示。

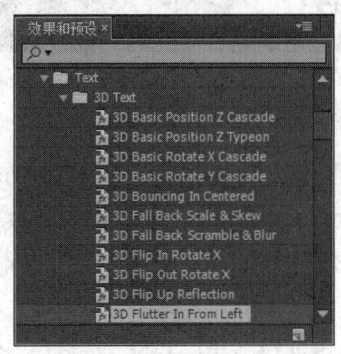

图 10-12　编辑标题文字动画

14 按"Ctrl+S"键保存项目。按"Ctrl+M"命令，打开"渲染队列"面板，设置合适的渲染输出参数，将编辑好的合成项目输出成影片文件，欣赏完成效果，如图 10-13 所示。

图 10-13　影片完成效果

10.2　体育栏目片头——炫彩世界杯

在实际工作中制作影片项目时，除了需要在视觉上丰富特效以外，还需要声音的配合来烘托气氛，强化主题，做到声像合一，为影片增加更多感染力。本实例是为巴西世界杯赛况转播栏目制作的一个片头动画,就是在创建蒙版动画的视觉基础上,配合热情动感的背景音乐来突出主题的典型案例。

1. 实例效果预览

打开本书配套光盘中的\Chapter 10\10.2\Export\水问.mp4 文件,先欣赏本实例的完成效果,在观看过程中分析所运用的编辑功能与制作方法,如图 10-14 所示。

图 10-14 观看影片完成效果

2. 技能应用分析

(1) 在这个片头影片中,前期在 Photoshop 中做了大量的准备工作,将影片中所需要的各层次背景画面、素材图像编辑好,然后在 After Effects CC 中进行媒体素材的特效合成。

(2) 本实例的制作环节主要分为 3 个部分,包括编辑序列化动画图像内容、编辑蒙版形状关键帧动画和编辑背景音效。

(3) 本实例中需要注意的地方有:对蒙版进行形状关键帧动画的创建与编辑,以及通过添加音量关键帧,编辑声音素材的淡出效果,使声音逐渐消失地结束。

上机实战 制作体育栏目片头——炫彩世界杯

1 按"Ctrl+I"快捷键,打开"导入文件"对话框后,选择本书光盘中的\Chapter 10\10.2\Media\世界杯.psd 文件,在弹出的对话框中设置将 PSD 文件以合成的方式导入,如图 10-15 所示。

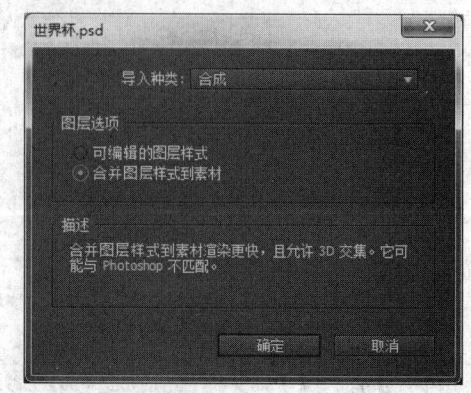

图 10-15 以合成方式导入分层图像素材

2 以导入素材的方式,导入本书实例素材目录中准备的其他素材文件,如图 10-16 所示。

3 按"Ctrl+S"快捷键,在打开的"另存为"对话框中为项目文件命名并保存到电脑中指定的目录。

4 按"Ctrl+N"新建一个合成项目"序列化图像",设置画面尺寸为 720×576 px,像素长宽比为方形像素,持续时间为 12 秒,如图 10-17 所示。

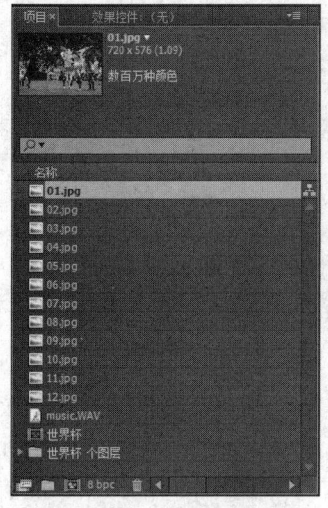

图 10-16　导入其他素材　　　　　　图 10-17　新建合成

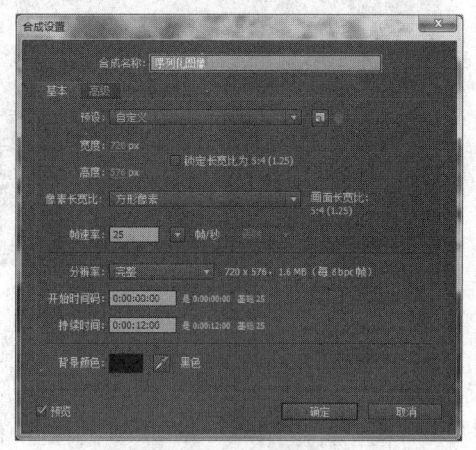

5 将导入的 12 张图像素材全部加入到新建合成的时间轴窗口中,保持对所有图层的选择状态下,执行"动画→z 关键帧辅助→序列图层"命令,在弹出的对话框中勾选"重叠"复选框并设置图层的重叠持续时间为 11 秒,对时间轴中的图像素材进行序列化编排,如图 10-18 所示。

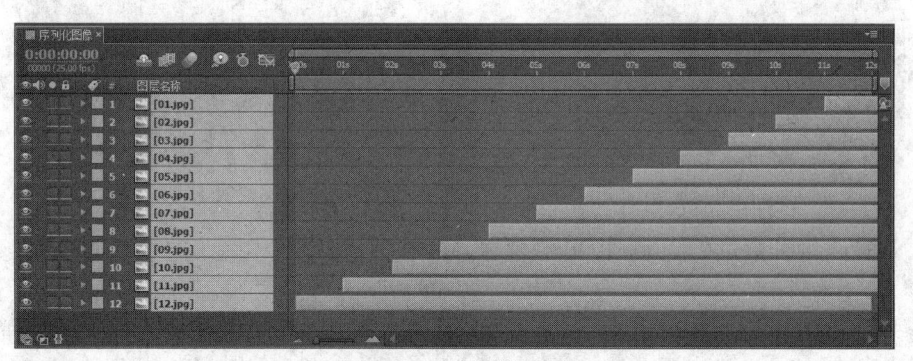

图 10-18　序列化图层

在项目窗口中双击合成"世界杯",在其时间轴窗口打开后,将"色板"图层的入点调整到从第 1 秒开始,将"标志"、"标题"图层的入点调整到从第 2 秒开始,如图 10-19 所示。

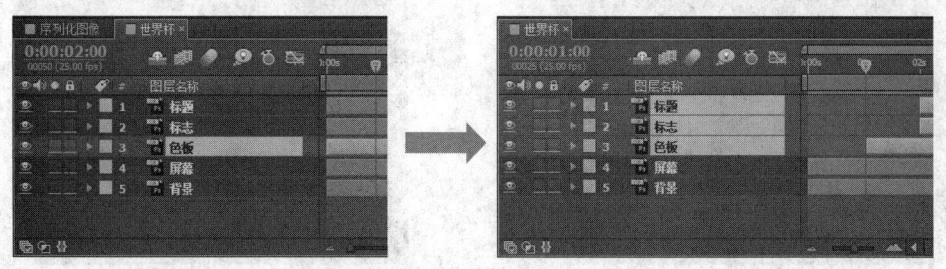

图 10-19　调整素材入点位置

6　将时间指针定位到开始的位置，选择"屏幕"图层，在工具栏中选择"钢笔工具"，在图像的下方绘制一个蒙版路径。为方便后面的编辑操作，可以暂时将蒙版的合成模式设置为"无"，如图10-20所示。

图10-20　绘制蒙版

7　按"蒙版路径"选项前面的"时间变化秒表"，然后将时间指针定位到0;00;00;10的位置，修改监视器窗口中蒙版路径的形状，如图10-21所示。

8　将时间指针定位到0;00;00;15的位置，修改监视器窗口中蒙版路径的形状，如图10-22所示。

图10-21　调整蒙版路径　　　　　图10-22　修改蒙版路径

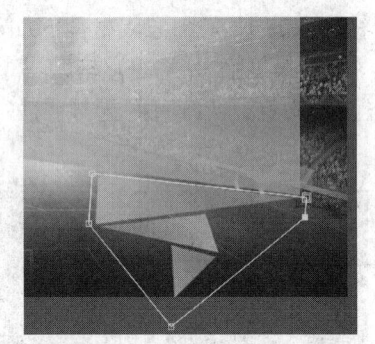

9　将时间指针定位到0;00;00;20的位置，修改监视器窗口中蒙版路径的形状，如图10-23所示。

10　将时间指针定位到0;00;01;00的位置，修改监视器窗口中蒙版路径的形状，使屏幕图像完整地显现出来，如图10-24所示。

图10-23　调整蒙版路径　　　　　图10-24　修改蒙版路径

第 10 章 影视特效制作综合实例 **239**

11 将项目窗口中的"序列化图像"合成加入到时间轴窗口中"屏幕"图层的上层,然后为其编辑"不透明度"属性在第 1 秒到 0;00;01;10 之间从 0% 到 100% 的关键帧动画,得到合成图像快速淡入的动画效果,如图 10-25 所示。

图 10-25 编辑图像淡入动画

12 应用"特效→扭曲→边角定位"特效,分别定位各个角点的位置到适合"屏幕"图像的范围上,完成效果如图 10-26 所示。

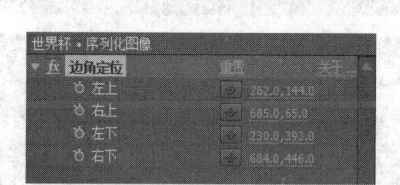

图 10-26 应用边角定位特效

13 选择"色板"图层,参考上面编辑"屏幕"图层的蒙版关键帧动画的方法,为其编辑从第 1 秒到第 2 秒,逐步完整显现的蒙版动画,如图 10-27 所示。

图 10-27 编辑蒙版关键帧动画

14 使用同样的方法,为"标志"图层编辑从 0;00;02;00 到 0;00;02;15 的蒙版显现关键帧动画,如图 10-28 所示。

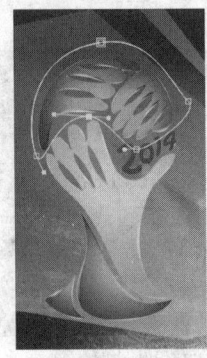

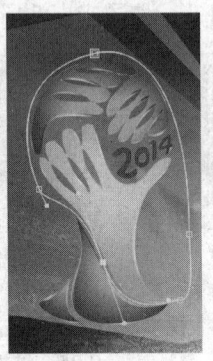

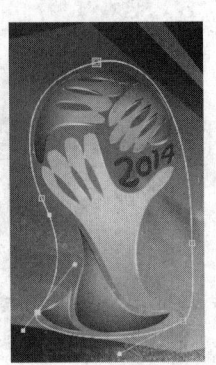

图 10-28　编辑蒙版关键帧动画

15 使用同样的方法,为"标题"图层编辑从 0;00;02;00 到 0;00;03;00 的蒙版显现关键帧动画,如图 10-29 所示。

图 10-29　编辑蒙版关键帧动画

16 为"标志"图层应用"效果→风格化→发光"特效,并为其编辑从第 2 秒到第 13 秒的关键帧动画,如图 10-30 所示。

		00;00;02;00	00;00;06;00	00;00;10;00	00;00;13;00
⏱	发光阈值	60%	80%	60%	80%
⏱	发光强度	1	3	1	2

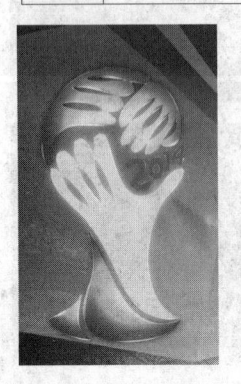

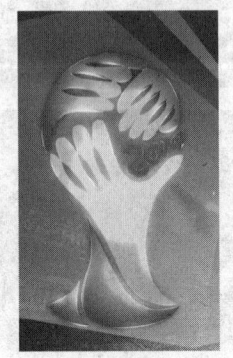

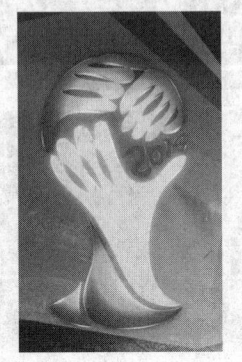

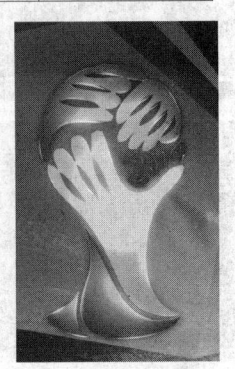

图 10-30　编辑特效动画

17 拖动工作区域的结尾标记到第 13 秒的位置，将合成的渲染持续时间调整为 13 秒，如图 10-31 所示。

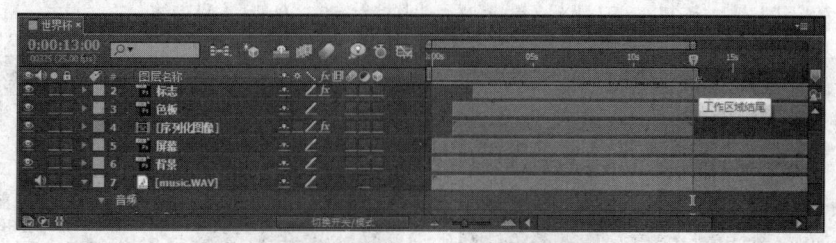

图 10-31　调整工作区域持续时间

18 将音频素材"music.wav"加入到时间轴窗口中，展开其属性选项，按"音频电平"选项前面的"时间变化秒表"按钮，为其编辑从第 12 秒到第 13 秒逐渐降低音量的淡出效果，如图 10-32 所示。

图 10-32　编辑音频的淡出效果

19 将所有绘制的蒙版的合成模式恢复为"相加"。按"Ctrl+S"键保存项目。按"Ctrl+M"命令，打开"渲染队列"面板，设置合适的渲染输出参数，将编辑好的合成项目输出成影片文件，欣赏完成效果，如图 10-33 所示。

图 10-33　观看影片完成效果

10.3　电影预告片头——决战猩球

After Effects CC 提供的部分特效具有非常复杂的创造性，通过恰当的参数设置，可以产生丰富的视觉特效。本实例是为一部电影设计的预告片片头，应用一个特效命令并设置选项参数，在二维合成中制作出真实立体效果的特效。

1. 实例效果预览

打开本书配套光盘中的\Chapter 10\10.3\Export\决战猩球.mp4 文件，先欣赏本实例的完成效果，在观看过程中分析所运用的编辑功能与制作方法，如图 10-34 所示。

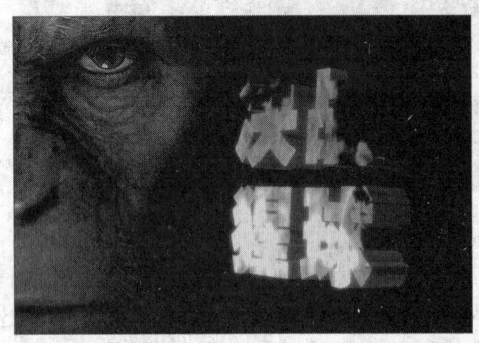

图 10-34　观看影片完成效果

2. 技能应用分析

（1）在这个片头影片中，主要的编辑工作是对应用的特效命令设置选项参数来生成立体文字效果。

（2）本实例的制作环节主要分为 3 个部分，包括编辑文字、设置特效参数和编辑关键帧动画。

（3）本实例中需要注意的地方有：在设置"碎片"特效的参数时，应根据所生成立体图像效果的变化来调整具体数值，得到合适的图像效果。

上机实战　制作电影预告片头——决战猩球

1 按"Ctrl+I"快捷键，打开"导入文件"对话框后，导入本书实例光盘中\Chapter 10\10.3\Media\目录下准备的所有素材文件，如图 10-35 所示。

2 按"Ctrl+S"快捷键，在打开的"另存为"对话框中，为项目文件命名并保存到电脑中指定的目录。

3 按下"Ctrl+N"键新建一个合成项目，在"预设"下拉列表中选择 NTSC DV，并设置持续时间为 15 秒，如图 10-36 所示。

图 10-35　导入素材　　　　　　　　　　图 10-36　新建合成

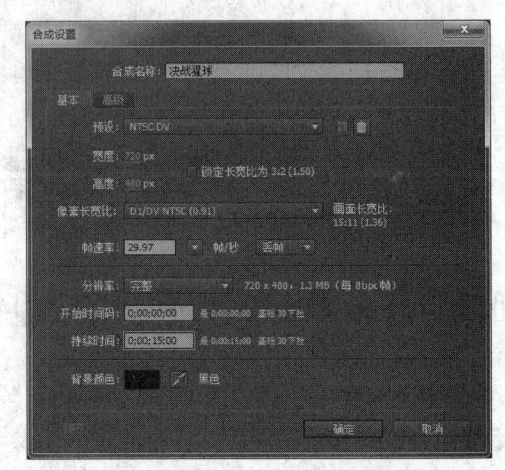

4 依次将音频、视频、图像素材加入到时间线窗口中,如图 10-37 所示。

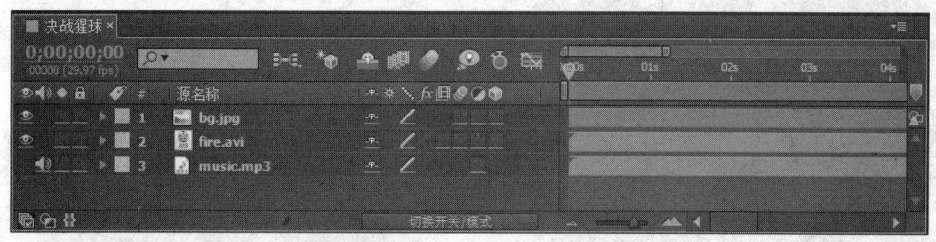

图 10-37 编排素材

5 选择"横排文字工具",在监视器窗口中输入文字"决战猩球",并通过"字符"面板设置好文字的属性效果,如图 10-38 所示。

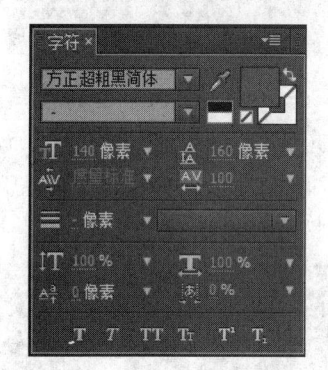

图 10-38 编辑文字

6 选择文字图层,为其应用"效果→模拟→碎片"特效命令。在合成监视器窗口中的文字层改变形状后,选择文字对象并移动位置,将其中心点对齐到特效的碎裂中心点对齐,如图 10-39 所示。

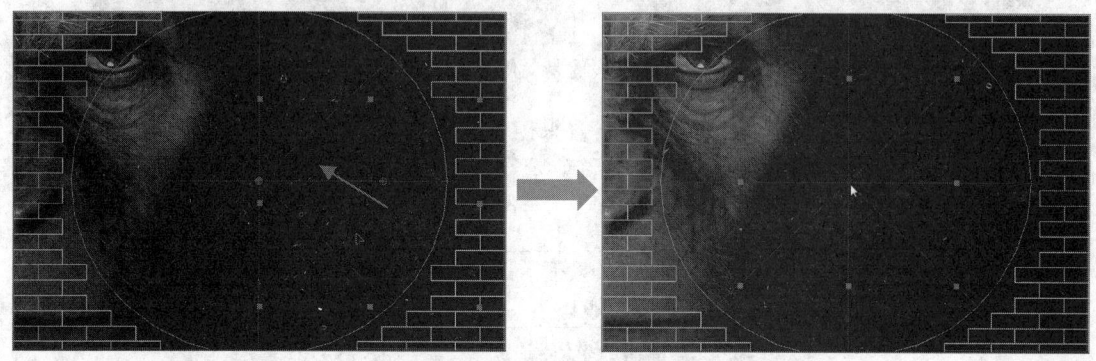

图 10-39 移动文字对象位置

7 在"效果控件"面板中,设置"视图"为"已渲染","渲染"为"块"。在"形状"选项组中,设置"图案"为"自定义",在"自定义碎片图"下拉列表中选择文字图层,并设置"凸出深度"为 2.0;在"作用力 1"选项组中设置"强度"为 0,如图 10-40 所示。

8 在"物理学"选项组中设置"重力"为 0,在"纹理"选项组中设置"正面图层"、"侧面图层"、"背面图层"都为图层"3.fire.avi",即将立体文字的正面、侧面、背面都以图层 3 中的视频素材作为纹理贴图,如图 10-41 所示。

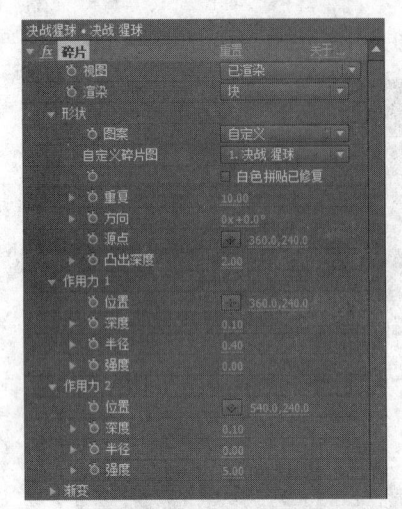

图 10-40　设置特效参数　　　　　　　　　图 10-41　设置特效参数

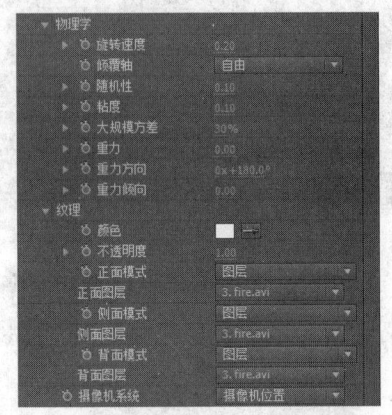

9　展开"灯光"选项组，设置"灯光类型"为"点光源"，"灯光强度"为 1.5，"灯光颜色"为黄色。将监视器窗口中的文字对象移动到合适的位置，此时在时间轴窗口中拖动时间指针，即可预览编辑完成的立体文字效果，如图 10-42 所示。

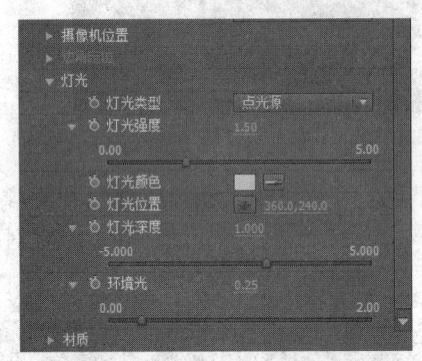

图 10-42　设置特效的灯光参数

10　将时间指针定位到开始位置，在"效果控件"面板中展开"摄像机位置"选项组，按"X 轴旋转"、"Y 轴旋转"选项前的"时间变化秒表"按钮，编辑立体文字逐渐旋转并平铺到画面中的关键帧动画，如图 10-43 所示。

		00;00;00;00	00;00;10;00
⏱	X 轴旋转	0x，+0.0°	0x，-10.0°
⏱	Y 轴旋转	0x，+90.0°	0x，+0.0°

图 10-43　编辑关键帧动画

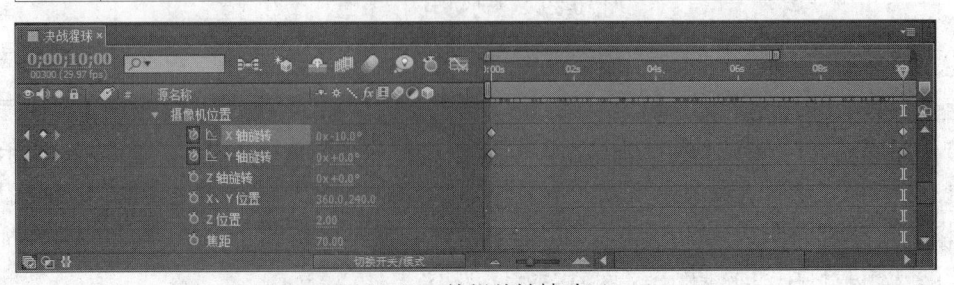

11 按 T 键展开文字图层的"不透明度"属性选项,为其创建从开始到第 3 秒,不透明度从 0%到 100%的淡入动画。

12 为文字图层应用"效果→风格化→发光"特效,保持默认的参数选项不变,完成对立体文字动画与效果的编辑,如图 10-44 所示。

图 10-44　应用视觉特效

13 选择"横排文字工具",在监视器窗口中立体文字的下方输入文字"2015 年 5 月 1 日　战火重燃",并通过"字符"面板设置好文字的属性效果,如图 10-45 所示。

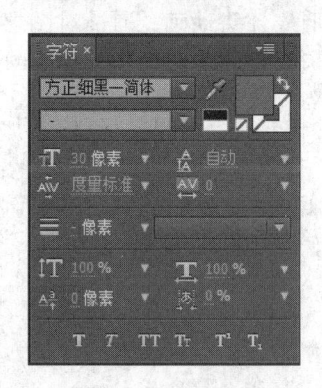

图 10-45　编辑信息文字

14 按 S 键后,再按"Shift+T"键,展开新建文字图层的"缩放"和"不透明度"属性选项,为其创建从 0;00;10;10 到 0;00;10;20,文字从 500%大小缩放至 100%并淡入显示的关键帧动画,如图 10-46 所示。

图 10-46　编辑关键帧动画

15 按"Ctrl+S"键保存项目。按"Ctrl+M"键,打开"渲染队列"面板,设置合适的渲染输出参数,将编辑好的合成项目输出为影片文件,欣赏完成效果,如图 10-47 所示。

图 10-47 观看影片完成效果

10.4 企业形象片头——新尚传媒

在 After Effects 中编辑三维空间的影片项目时，除了要注意对象在三维空间中的属性特点，还需要熟练掌握各种类型的灯光的使用，以及配合摄像机的运动变化，创建出更逼真的立体空间效果。本实例是为一个广告传媒公司制作的企业形象片头动画，通过对图层在三维空间中进行变换和组合，制作出真实的立方体效果，在展示企业商业服务信息的同时，体现出企业的创意特色。

1. 实例效果预览

打开本书配套光盘中的\Chapter 10\10.4\Export\新尚传媒.avi 文件，先欣赏本实例的完成效果，在观看过程中分析所运用的编辑功能与制作方法，如图 10-48 所示。

图 10-48 观看影片完成效果

2. 技能应用分析

（1）在这个片头影片中，主要的编辑工作是对三维立方体对象的制作，以及通过添加和设置灯光，创建逼真的空间光线效果。

（2）本实例的制作环节主要分为 3 个部分，包括编辑立方体对象、创建关键帧动画、添加灯光对象并设置属性。

（3）本实例中需要注意的地方有：在素材的准备阶段，需要以合适的尺寸准备需要的图形内容，才能在 After Effects 中顺利编辑出立方体效果。

上机实战 制作企业形象片头——新尚传媒

1 按"Ctrl+I"快捷键,打开"导入文件"对话框后,以导入"合成"的方式,导入本书光盘中的\Chapter 10\10.4\Media\新尚传媒.psd 文件,如图 10-49 所示。

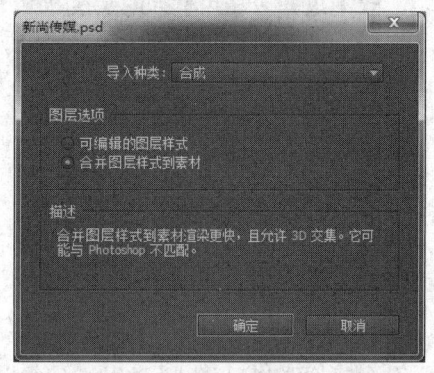

图 10-49 以合成方式导入 PSD 素材

2 按"Ctrl+I"快捷键,以导入"素材"的方式,导入光盘中本实例素材目录下准备的两个音频文件。

3 按"Ctrl+S"快捷键,在打开的"另存为"对话框中为项目文件命名并保存到电脑中指定的目录。

4 在项目窗口中双击合成"新尚传媒",打开其时间轴窗口,按"Ctrl+K"快捷键,在打开的"合成设置"对话框中,将合成的持续时间修改为 16 秒,如图 10-50 所示。

5 在时间轴窗口中将所有图层的持续时间延长到与合成的持续时间对齐。打开除"背景"层外所有图层的 3D 图层开关,并暂时关闭"新尚传媒"图层的显示状态,如图 10-51 所示。

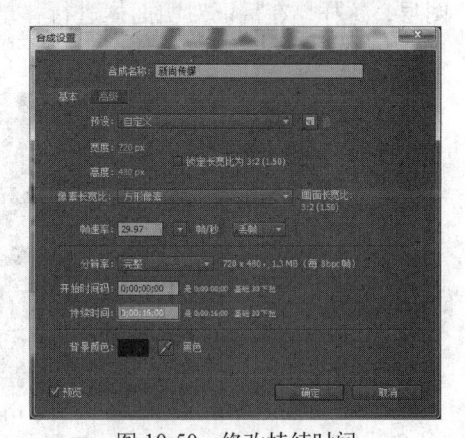

图 10-50 修改持续时间

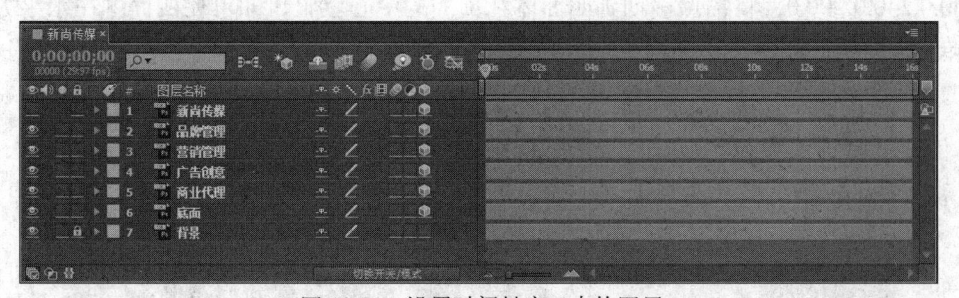

图 10-51 设置时间轴窗口中的图层

6 在时间轴窗口中选中第 2、3、4、5、6 号图层,按 P 键后,再按"Shift+R"键,展开图层的"位置"和"旋转"选项组,参考如图 10-52 所示的参数设置,在三维空间中调整各图层的位置和旋转角度,编辑出四面体和纵向底面的图像效果。

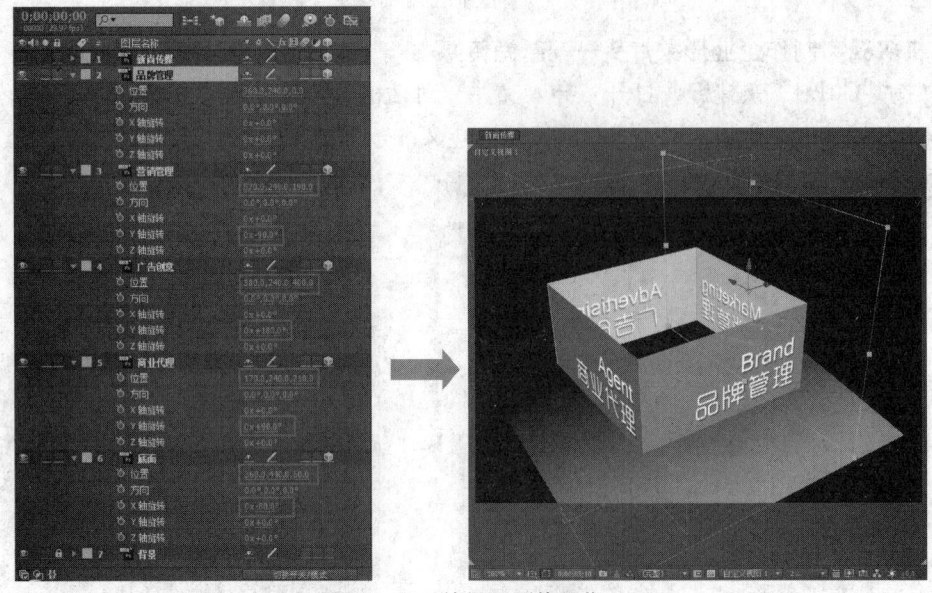

图 10-52 编辑四面体图像

7 在时间轴窗口中显示出"父级"面板,将第 3、4、5 号图层都设置为 2 号图层的子图层,这样,在后面对四面体进行移动或旋转时,即可产生联动作用,保持四面体的整体效果,如图 10-53 所示。

图 10-53 设置父子图层关系

8 选择图层"品牌管理"并按 A 键,展开该图层的"锚点"属性选项,将其参数修改为 360.0,240.0,200.0,将锚点移动到四面体在顶面的中心位置,即可使四面体在水平方向进行旋转时,围绕其立体中心进行旋转,如图 10-54 所示。

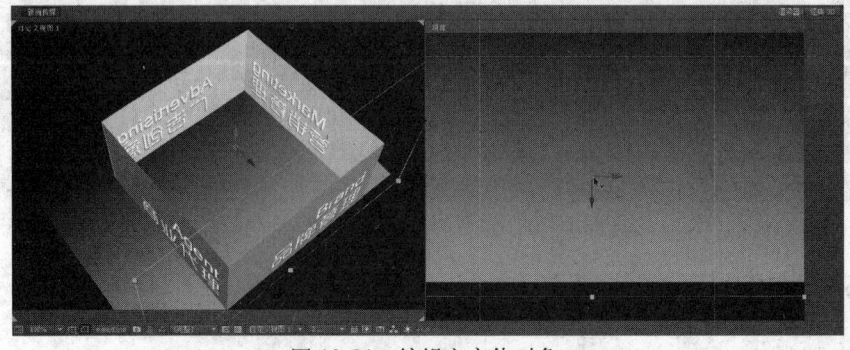

图 10-54 编辑立方体对象

9 执行"图层→新建→摄像机"命令，在弹出的"摄像机设置"对话框中，设置摄像机的类型为"单节点摄像机"，并在"预设"下拉列表中选择35毫米，然后单击"确定"按钮，新建一个摄像机图层，如图10-55所示。

10 在时间轴窗口中展开摄像机图层的"位置"属性和"底面"图层的"缩放"属性，参考监视器窗口中"摄像机1"视图中的图像画面，将摄像机定位到合适的位置，并将其"底面"图层缩放到合适的大小，以配合画面的显示需要，如图10-56所示。

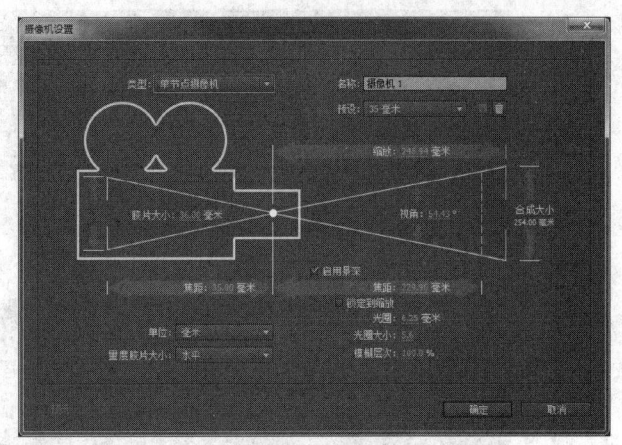

图10-55 新建摄像机

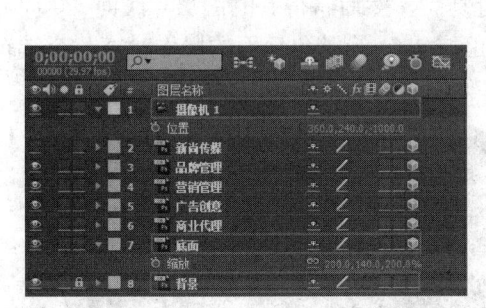

图10-56 修改轴心点位置

11 在时间轴窗口中选择图层"底面"并按"Ctrl+D"键，然后为复制得到的图层"底面2"应用"效果→生成→圆形"特效，在"效果控件"面板中按如图10-57所示设置效果参数。

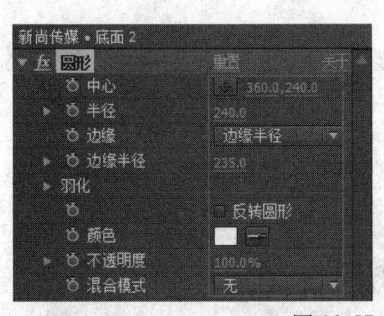

图10-57 为新图层应用"圆形"特效

12 将图层"底面2"的"缩放"参数设置为300.0,210.0,300.0%，然后在第2、4、6、8、10、12、14、16秒的位置添加关键帧，如图10-58所示。

13 为图层"底面2"的"缩放"参数在开始位置添加关键帧并设置参数为3.0,2.1,3.0%，然后选择该关键帧并按"Ctrl+C"进行复制，粘贴到后面每个关键帧的下一帧，编辑出圆形在合成中循环放大的关键帧动画，如图10-59所示。

图 10-58 添加关键帧

图 10-59 编辑关键帧动画

14 选择图层"底面 2"并按"Ctrl+D"进行复制,然后将得到的图层"底面 3"向后移动到从 1 秒开始,即得到两层圆形次第放大的动画效果。为避免后面的操作对这几个编辑好的图层造成误操作,可以暂时将它们锁定起来,如图 10-60 所示。

图 10-60 复制图层并调整入点位置

15 选择图层"品牌管理"并按 R 键,展开其"旋转"属性选项,为其创建旋转关键帧动画,如图 10-61 所示。

		0s	1s	2s	3s	4s	5s	6s	7s	8s	9s	12s
	Y 轴旋转	0x+0°	2x+0°	2x+350°	3x+10°	4x+80°	4x+100°	5x+170°	5x+190°	6x+260°	6x+280°	11x+0°

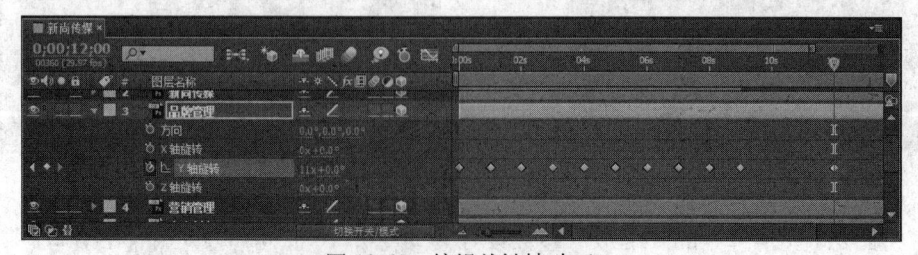

图 10-61 编辑关键帧动画

16 选择图层"品牌管理"并按 P 键,展开其"位置"属性选项,在开始位置、1 秒、9 秒、0;00;10;15、12 秒的位置添加关键帧,然后修改开始位置和最后两个关键帧中图层的位置,为其创建从画面右侧远处飞入,旋转后再飞出画面左侧的关键帧动画,如图 10-62 所示。

		0;00;00;00	0;00;01;00	0;00;09;00	0;00;10;15	0;00;12;00
⏱	位置	1680,250,970	360,240,0.0	360,240,0.0	580,240, -200	-910,240,850

图 10-62 编辑关键帧动画

17 将监视器窗口切换为水平两个视图，将其中一个视图切换为"顶部"，然后用鼠标调整位置关键帧的路径形状，使四面体的位置运动变成曲线运动，如图 10-63 所示。

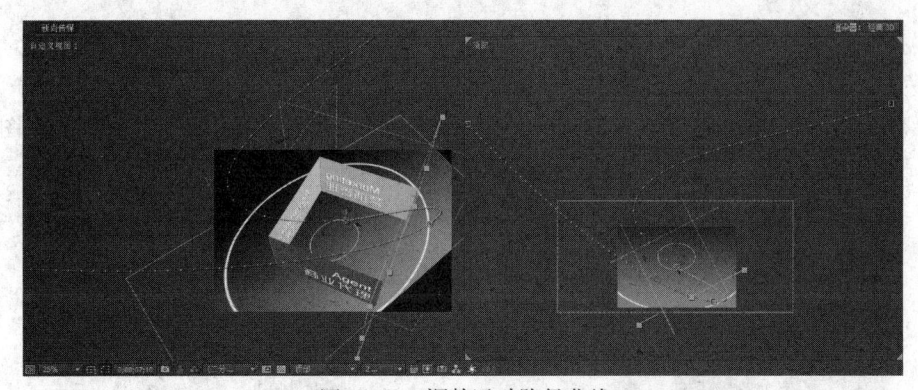

图 10-63 调整运动路径曲线

18 恢复图层"新尚传媒"的显示，按 R 键后按"Shift+S"、"Shift+T"键，显示出图层的"旋转"、"缩放"和"不透明度"属性选项，为其创建旋转飞入画面中的关键帧动画，如图 10-64 所示。

		0;00;12;15	0;00;13;15
⏱	缩放	300%，300%，300%	100%，100%，100%
⏱	Y 轴旋转	1x+0.0°	0x+0.0°
⏱	不透明度	0%	100%

图 10-64 编辑旋转飞入动画

19 为图层"新尚传媒"应用"效果→生成→镜头光晕"特效,并为其创建从标题文字左上移动到右下的关键帧动画,如图10-65所示。

		0;00;14;00	0;00;14;20
⊙	光晕中心	60.0,50.0	825.0,350.0

图10-65 编辑特效关键帧动画

20 执行"图层→新建→灯光"命令,新建一个灯光层,设置灯光类型为"环境",颜色为浅蓝色,强度为100%,然后单击"确定"按钮,如图10-66所示。

21 新建一个聚光灯图层,设置颜色为淡绿色,强度为80%,半径为200,如图10-67所示。

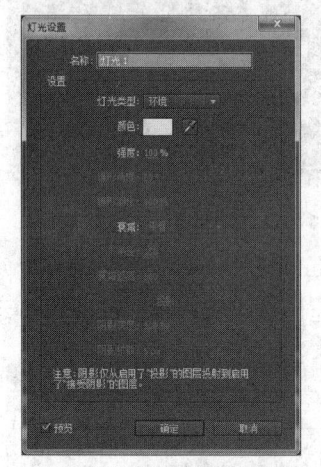

图10-66 新建环境灯图层　　　　图10-67 新建聚光灯图层

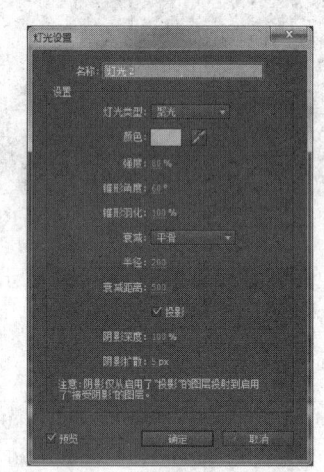

22 选择聚光灯图层并展开其"位置"属性选项,将其定位到四面体的右上方位置,如图10-68所示。

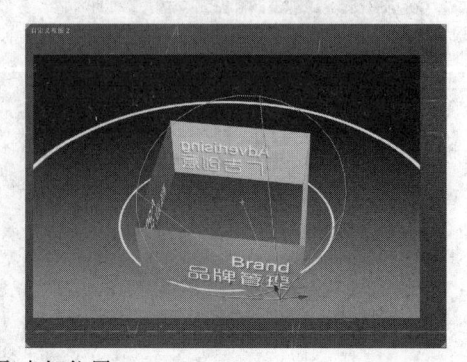

图10-68 设置聚光灯位置

23 打开项目窗口，将其中的音频素材加入到时间轴窗口中合适的位置，完成影片内容的编辑，如图 10-69 所示。

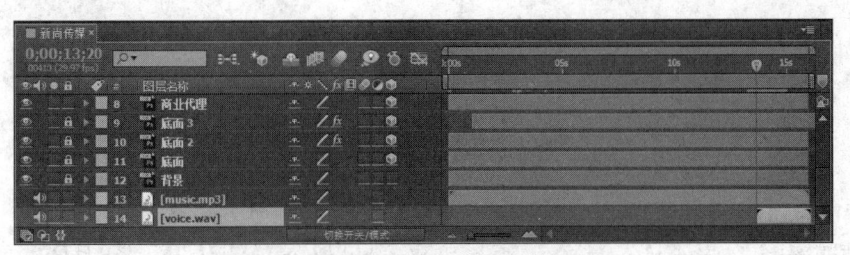

图 10-69　加入音频素材

24 按"Ctrl+S"键保存项目。按"Ctrl+M"键，打开"渲染队列"面板，设置合适的渲染输出参数，将编辑好的合成项目输出为影片文件，欣赏完成效果，如图 10-70 所示。

图 10-70　影片完成效果

习题参考答案

第1章

一、填空题
(1) 帧速率　帧/秒（fps）
(2) 冒号 (:)　分号 (;)
(3) Ctrl　~
(4) 项目

二、选择题
(1) C　(2) B　(3) D　(4) B
(5) A

第2章

一、填空题
(1) Ctrl+I
(2) 合成
(3) 锁定外观比为
(4) 入点　出点
(5) RAM 预览　内存预览

二、选择题
(1) B　(2) C　(3) B

第3章

一、填空题
(1) 波纹插入编辑
(2) Alt
(3) 调整
(4) 时间伸缩

二、选择题
(1) C　(2) A　(3) B　(4) B

第4章

一、填空题
(1) 时间变化秒表
(2) 添加顶点工具
(3) 随着路径方向的变化而改变方向

(4) 透视跟踪

二、选择题
(1) C　(2) B　(3) B

第5章

一、填空题
(1) 封闭
(2) 蒙版扩展
(3) 相减
(4) 颜色差值键

二、选择题
(1) C　(2) D

第6章

一、填空题
(1) 字符文本　文本框
(2) 源文本
(3) 垂直于路径
(4) 除首字符外全部小型大写字母

第7章

一、填空题
(1) 广播颜色
(2) 更改为颜色
(3) 颜色平衡
(4) 保留颜色

二、选择题
(1) A　(2) B　(3) C

第8章

一、填空题
(1) 0°到360°　从一个角度一次性移动到目标角度
(2) 世界轴模式

(3) 仅
(4) 启用景深
二、选择题
(1) B (2) C (3) A

第 9 章

一、填空题
(1) 径向模糊
(2) 符合模糊
(3) 边角定位
(4) 镜像
(5) 旋转扭曲
(6) 分形

二、选择题
(1) C (2) C